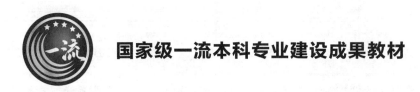

国家级一流本科专业建设成果教材

过程设备机械基础

徐建民　林纬　曾真　主编　　郑小涛　主审

Mechanical Basis of Process Equipment

内容简介

本书按照新版压力容器、压力管道等特种设备设计标准要求，结合课程思政特点编写，力求达到培养普通高校和独立院校化工类、能源动力类本科学生的工程应用能力及实践创新能力的目的。本书内容包括过程设备的特点、力学基础知识、压力容器与压力管道基础知识、压力容器用材料，压力容器设计的基本理论及内压容器设计、外压容器设计、压力容器零部件及标准，典型过程静设备的结构及设计要点、典型过程动设备的工作原理及选型。附录列出了压力容器、压力管道等承压设备常用标准和规范，以便理论教学过程和实践环节使用。

本书可作为高等院校化工类、能源动力类专业教材，也可作为有关专业技术人员的培训教材。

图书在版编目（CIP）数据

过程设备机械基础 / 徐建民，林纬，曾真主编.
北京：化学工业出版社，2024.12. -- （国家级一流本科专业建设成果教材）. -- ISBN 978-7-122-46947-2

Ⅰ. TQ051
中国国家版本馆 CIP 数据核字第 20246S2H12 号

责任编辑：丁文璇　　　　　　　文字编辑：孙月蓉
责任校对：李　爽　　　　　　　装帧设计：张　辉

出版发行：化学工业出版社
　　　　　（北京市东城区青年湖南街 13 号　邮政编码 100011）
印　　装：北京云浩印刷有限责任公司
787mm×1092mm　1/16　印张 15¾　字数 404 千字
2025 年 2 月北京第 1 版第 1 次印刷

购书咨询：010-64518888　　　售后服务：010-64518899
网　　址：http://www.cip.com.cn
凡购买本书，如有缺损质量问题，本社销售中心负责调换。

定　　价：50.00元　　　　　　　版权所有　违者必究

前言

过程设备机械基础

"过程设备机械基础"("化工设备机械基础")是化工类、能源动力类专业本科生必修的一门学科基础课程。随着科学技术的发展，与压力容器、压力管道等特种设备相关的标准规范也在不断更新改进。同时，随着我国教育事业不断发展壮大，本科人才培养由精英教育向大众教育转变，需要一本既重视基础理论学习，又有利于培养学生工程应用能力和实践创新能力的教材。经过多轮教学使用检验和经验积累，编者编写了本书。

作为化工类、能源动力类专业的学科基础课，本书希望学生掌握过程设备设计和分析的基本理论以及相关基础知识，熟悉和遵守有关标准、规范，毕业后能够进行工程实际应用，理解有关标准和规范的理论背景知识，既知道要怎么做，又懂得为什么要这么做。为此，本书编者在总结多年的教学改革与工程实践经验的基础上，对内容的选取和表达等方面做了创新处理。本书作为武汉工程大学一流本科专业建设的成果教材，主要特点体现在以下几个方面。

1. 基本理论阐述简明，重视基本概念及相关参数与工程实际的结合，突出工程应用，便于学生理解和提高学习兴趣。如在讲述无力矩理论的应用时，提及因为圆柱形容器的周向应力是经向应力的两倍，其筒体上纵焊缝要比环焊缝危险，如果要在筒体上开设椭圆孔，应使椭圆孔的长轴垂直于筒体的轴线，这样做有利于设备的安全。再比如在讲述外压容器设置加强圈的意义时，特意指出，对于长圆筒，如设置加强圈后仍属于长圆筒（即加强圈设置过少），则并不能提高外压容器抗失稳的能力，因此就不能达到节约材料的目的。

2. 书中针对压力容器、压力管道、典型过程静设备和动设备编写了有关安全管理方面的知识和内容，为学生将来从事设备管理方面的工作奠定基础，这是许多其他同类教材所缺少的。

3.书中附有承压设备常用规范和标准、承压设备用钢板国内外牌号对照表和常用钢板、钢管和锻件许用应力数据表，可为学生解决实际工程问题提供方便。

4.书中每章还编写了能力训练题，用于培养学生解决过程设备相关复杂工程问题的能力，理解本专业大学生的历史使命并在今后工作中积极践行社会主义核心价值观。

本书由武汉工程大学徐建民教授、林纬教授和曾真副教授主编，郑小涛教授主审。徐建民教授编写了本书的第1章、第5章和附录；马志敏副教授编写了第2章；曾真副教授编写了第3章和第4章；汪威副教授编写了第6章，徐青山副教授编写了第7章；林纬教授编写了第8章和第9章。

由于编者水平有限，书中缺点和疏漏在所难免，恳请读者批评指正。

编者
2024年4月于武汉

目录

过程设备机械基础

1 绪论 1
    1.1 过程工业在国民经济中的地位   1
    1.2 过程设备特点及本书任务   2
    能力训练题   3

2 力学基础知识 4
    2.1 物体受力分析及其平衡条件   4
        2.1.1 力、力矩和力偶   4
        2.1.2 约束与约束力   7
        2.1.3 力学建模与受力图   9
        2.1.4 平面力系简化和平衡条件   10
    2.2 构件应力及校核   16
        2.2.1 保证构件安全基本要求   16
        2.2.2 构件及杆件变形基本形式   16
        2.2.3 内力、应力、应变与胡克定律   18
        2.2.4 内力计算   20
        2.2.5 直杆受轴向拉伸或压缩时横截面上应力及强度条件   24
        2.2.6 强度理论简介   30
    思考题   32
    习题   32
    能力训练题   34

3 压力容器与压力管道基础知识 35
    3.1 压力容器基础知识   35
        3.1.1 压力容器基本结构及特点   35
        3.1.2 介质危害与分组   37
        3.1.3 压力容器分类   37
        3.1.4 压力容器基本要求   39
        3.1.5 压力容器标准与法规   39

   3.1.6 压力容器安全管理 41
  3.2 压力管道基础知识 42
   3.2.1 压力管道定义 42
   3.2.2 压力管道分类、分级 42
   3.2.3 压力管道特点及基本要求 43
   3.2.4 压力管道标准与法规 44
   3.2.5 压力管道安全管理 45
  思考题 46
  能力训练题 46

4 压力容器用材料   47

  4.1 金属材料力学性能及其影响因素 47
   4.1.1 金属材料力学性能 47
   4.1.2 钢材力学性能影响因素 48
  4.2 压力容器用金属材料 51
   4.2.1 压力容器用钢 51
   4.2.2 有色金属及其合金 54
  4.3 压力容器用非金属材料 56
   4.3.1 无机非金属材料 56
   4.3.2 有机非金属材料 57
  4.4 压力容器防腐蚀措施 58
   4.4.1 金属腐蚀定义及分类 58
   4.4.2 防腐蚀措施 60
  思考题 62
  能力训练题 62

5 内压容器设计   63

  5.1 内压薄壁容器设计理论 63
   5.1.1 无力矩理论及其应用 63
   5.1.2 边缘应力特点及工程处理方法 69
   5.1.3 均布载荷作用下圆形薄板应力特点 71
  5.2 压力容器失效与设计准则 73
   5.2.1 压力容器失效 73
   5.2.2 压力容器设计准则 73
  5.3 内压薄壁容器厚度设计 73
   5.3.1 内压圆筒厚度设计 73
   5.3.2 内压球壳厚度设计 75
   5.3.3 内压封头厚度设计 76
   5.3.4 设计参数确定 82
   5.3.5 耐压试验及应力校核 84
  思考题 89
  习题 89

能力训练题　　　　　　　　　　　　　　　　　　　90

6　外压容器设计　　　　　　　　　　　　　　　　91

6.1　受均布横向外压圆筒临界压力　　　　　　　91
　　　6.1.1　圆筒稳定性概念　　　　　　　　　　91
　　　6.1.2　影响外压圆筒临界压力的因素　　　　91
　　　6.1.3　受均布横向外压圆筒临界压力公式　　92
6.2　外压圆筒厚度设计　　　　　　　　　　　　94
　　　6.2.1　图算法原理　　　　　　　　　　　　94
　　　6.2.2　外压薄壁圆筒厚度设计　　　　　　　97
6.3　加强圈设计　　　　　　　　　　　　　　　99
　　　6.3.1　加强圈结构　　　　　　　　　　　100
　　　6.3.2　加强圈计算　　　　　　　　　　　100
6.4　外压球壳稳定性分析及外压凸形封头厚度设计　102
　　　6.4.1　外压球壳稳定性分析　　　　　　　102
　　　6.4.2　外压凸形封头厚度设计　　　　　　103
　　　思考题　　　　　　　　　　　　　　　　　106
　　　习题　　　　　　　　　　　　　　　　　　106
　　　能力训练题　　　　　　　　　　　　　　　106

7　压力容器零部件及标准　　　　　　　　　　　107

7.1　标准化基本参数　　　　　　　　　　　　107
　　　7.1.1　公称直径　　　　　　　　　　　　107
　　　7.1.2　公称压力　　　　　　　　　　　　108
7.2　筒体和封头　　　　　　　　　　　　　　108
　　　7.2.1　筒体　　　　　　　　　　　　　　108
　　　7.2.2　封头及标准　　　　　　　　　　　109
7.3　压力容器开孔补强　　　　　　　　　　　114
　　　7.3.1　压力容器开孔与附件　　　　　　　114
　　　7.3.2　开孔补强设计　　　　　　　　　　116
　　　7.3.3　补强圈标准　　　　　　　　　　　121
7.4　法兰连接　　　　　　　　　　　　　　　125
　　　7.4.1　法兰结构与分类　　　　　　　　　125
　　　7.4.2　法兰密封机理及法兰连接密封的影响因素　126
　　　7.4.3　密封面型式及特点　　　　　　　　128
　　　7.4.4　密封垫片　　　　　　　　　　　　128
　　　7.4.5　压力容器法兰标准　　　　　　　　129
　　　7.4.6　管法兰标准　　　　　　　　　　　135
7.5　容器支座　　　　　　　　　　　　　　　141
　　　7.5.1　卧式容器支座及标准　　　　　　　141
　　　7.5.2　立式容器支座及标准　　　　　　　144
　　　思考题　　　　　　　　　　　　　　　　　149

习题　149
　　　能力训练题　150

8　典型过程静设备　151

　8.1　换热设备　151
　　　8.1.1　管壳式换热器结构类型及特点　151
　　　8.1.2　管壳式换热器设计概要　154
　　　8.1.3　管壳式换热器结构设计　156
　　　8.1.4　管板强度计算　158
　8.2　塔设备　160
　　　8.2.1　塔设备载荷分析　160
　　　8.2.2　塔体圆筒轴向应力计算与校核　170
　　　8.2.3　裙座设计　173
　8.3　搅拌反应设备　178
　　　8.3.1　搅拌反应器总体结构　178
　　　8.3.2　搅拌罐　178
　　　8.3.3　搅拌装置　181
　　　8.3.4　轴封　187
　8.4　过程静设备管理　190
　　　8.4.1　设计、制造与安装　190
　　　8.4.2　使用、修理与改造　190
　　　8.4.3　定期检验　191
　　　8.4.4　安全附件、密封件与紧固件　191
　　　思考题　191
　　　习题　192
　　　能力训练题　192

9　典型过程动设备　193

　9.1　概述　193
　　　9.1.1　过程流体机械　193
　　　9.1.2　过程流体机械分类　194
　9.2　压缩机结构及工作原理　194
　　　9.2.1　压缩机应用　194
　　　9.2.2　压缩机分类　195
　　　9.2.3　活塞式压缩机　197
　　　9.2.4　离心式压缩机　199
　　　9.2.5　其他压缩机　203
　　　9.2.6　几种压缩机适用范围　204
　9.3　泵结构及工作原理　205
　　　9.3.1　泵分类　205
　　　9.3.2　离心泵　205
　　　9.3.3　往复活塞泵　222

    9.3.4 螺杆泵 223
    9.3.5 泵选型 224
  9.4 过程动设备管理 229
    9.4.1 润滑管理 229
    9.4.2 密封管理 232
    9.4.3 冷却管理 233
  思考题 234
  习题 234
  课程思政及能力训练题 234

附录 235

  附录Ⅰ 承压设备常用规范和标准 235
  附录Ⅱ 承压设备用钢板国内外牌号对照表 236
  附录Ⅲ 常用钢板许用应力 237
  附录Ⅳ 钢管许用应力 238
  附录Ⅴ 锻件许用应力 239

参考文献 241

1 绪 论

1.1 过程工业在国民经济中的地位

工业生产种类繁多,从生产方式、扩大生产的方法以及生产过程中原材料所经受的主要变化来看,工业生产可以分为过程工业(process industry)与产品(生产)工业(product industry)两大类。

过程工业也称流程工业,是指以流程性物料为主要对象,通过物理变化和化学变化进行的生产过程。包括石油化工、生物化工、化学、制药、食品、冶金、环保、能源、动力、建材、造纸等工业领域,这类工业具有下列特点:

i. 生产使用的原料,多为自然资源。

ii. 原料中的物质在生产过程中经过了化学变化或物理变化。

iii. 生产过程多是密闭连续生产,且多具有压力、高(低)温环境及腐蚀性、易燃易爆介质等。

iv. 产品大多用作产品(生产)工业的原料。

v. 产量的增加主要靠扩大工业生产规模(scale up)来达到。

vi. 一般来说,这类工业污染较重,且治理比较困难。

产品(生产)工业主要指生产电视机、汽车、飞机、冰箱、空调和机床等居民生活或企业生产所使用产品的工业。这类工业使用的原料,大部分为过程工业生产的产品,生产过程基本上是不连续的,主要对物料进行物理加工或机械加工,物料主要发生物理或结构形状变化。其产品大多为人类直接使用,以改善生产条件和提高生活品质。如果没有过程工业,就不可能有产品(生产)工业。

过程工业的产品主要是工农业生产所需的原料及人民生活的必需品。过程工业是一个国家发展生产和增强国防力量的基础,也是现代工业的基础。目前,我国过程工业产值约占工业总产值的37%,占制造业的46.9%,在国民经济中有着举足轻重的地位。过程工业的发展不仅极大丰富了我国的商品供应,而且使我国一些重要工业产品的产量跃居世界前列。

近年来,过程工业的技术进步与技术创新步伐有所加快,其发展主要涉及以下三个环节;物质的转化工艺,实现工艺的过程设备,为实现清洁、高效和低耗转化而进行的多个工艺控制系统的集成。当前,过程工业在实现国家"四深"("深空""深海""深地""深蓝")战略、能源发展战略、"双碳"目标,建设生态文明以及满足人民群众美好生活需要等热点领域发挥着举足轻重的作用。

1.2 过程设备特点及本书任务

过程设备是过程工业中必不可少的三大核心技术(过程工艺、过程设备、过程控制)之一。广义的过程设备包括静设备、动设备及其中间的连接管线等。

静设备与动设备是过程工业领域中常用的两种设备,它们的工作原理、结构特点有很大的区别。

(1)静设备

静设备是过程工业中通过物质的传递和变化来实现其功能,且固定不动的设备。静设备的结构相对较简单,主要包括储存设备、换热设备、分离设备和反应设备等。静设备的维护和检修工作相对较少,但需要定期进行检查,以确保其安全运行。

各类静设备内部结构虽有不同,但基本都有一个承受压力的密闭外壳。该承压外壳统称为压力容器,是保证设备安全运行的关键部分。因此,静设备的设计和制造,大都以压力容器的设计和制造为主体,二者密切相关,互为一体。由于压力容器失效的事故损失和危害较大,故世界各国普遍都将其作为特种设备,对其设计、制造、使用和维护作出专门的规定和要求,并通过标准和法规加以实施和监督。

静设备的安全性,实际指的是压力容器壳体的可靠性。运行安全可靠、技术先进、经济合理,是静设备设计的基本要求。但确保安全是第一位的,其经济性必须以安全性为前提。静设备及其构件的强度、刚度、稳定性及密封性等安全指标须满足有关规定要求,而经济性又往往与技术先进性密不可分。

目前静设备发展的主要趋势是:单元设备大型化,传热、传质等单元设备高效、低耗、操作自动化以及三年以上无检修运行周期等。把握时代要求,尽可能地采用先进技术与工艺,可以取得安全与经济的综合效益。

(2)动设备

动设备是过程工业中将机械能转变为流体的能量,使流体增压并输送流体来实现其功能的旋转设备,如泵和压缩机等。泵的工质为液体,压缩机的工质为气体。在过程工业中,其原料、半成品和成品往往是流体(液体和气体),为了满足各种工艺要求和保证生产的连续性,需要对流体增压和输送。动设备的结构通常比较复杂,包括各种机械部件、电气部件和控制系统等。这些部件需要协同工作,才能实现动设备的功能。此外,动设备还需要定期进行维护和检修,以保证其正常运行。

动设备涉及军工、航空、航天、国家重大装备领域(如炼油、化肥、化纤、乙烯、发电领域),是一个国家整体技术实力的反映,一直受到各国政府、企业、科研院所的极大重视。

目前动设备发展的主要趋势是:先进的气动力学、水动力学设计理论与优化;强度与转子的动力学设计;气固、液固耦合设计;先进的制造技术与监测、控制系统;高速化、小型化、高压比、小流量等。

本书主要从力学基础,压力容器用材料,压力容器的结构、强度和稳定性,以及过程设备的结构、工作原理、选型和安全管理等方面进行介绍,为读者在今后实际工作中进行应用奠定基础。

能力训练题

1-1 查阅相关资料，结合我国"四深"战略、能源发展战略、"双碳"目标、建设生态文明以及满足人民群众美好生活需要等热点领域，调研我国过程设备发展的历史及可能的发展方向，浅谈本专业大学生的历史使命和责任。

2 力学基础知识

在过程装备设计中，往往需要分析设备的支承结构、传力路径和负载分布，以确保装备的安全性、稳定性和经济性。本章将主要介绍物体在平衡状态下的受力情况（包括对物体施加的外力和约束力）、材料在各种外力作用下的行为（包括材料的应力、应变和强度等），为过程设备设计提供重要的基础理论支撑和实践指导。

2.1 物体受力分析及其平衡条件

2.1.1 力、力矩和力偶

（1）力

力是物体间的相互作用。在力的作用下，物体可能发生运动状态改变，也可能产生形状改变，前者称为力的运动效应或外效应，后者称为力的变形效应或内效应。实践表明，力对物体的作用效应取决于力的三要素——大小、方向和作用点，故可以用一个定位矢量 F 表示，其长度和方向，分别代表力的大小和方向，而起点就是力的作用点。

作用于物体上的一群力称为力系，如果物体在力系作用下，处于静止或匀速直线运动，则称物体处于平衡状态。如果两个力系对同一物体所产生的运动效应相同，则称这两个力系是等效的。需要特别强调的是，这里力系等效，是不考虑物体变形效应的。不变形的物体，称为"刚体"，因本节所研究的物体均不考虑其变形效应，故可将研究的物体视为刚体。

根据力作用的形式，可分为集中力与分布力，若力作用的区域相对于物体尺寸很小，可理想化为作用于一点的集中力，其单位是 N，如车轮对地面的力；若分布力沿着某条线分布，称为线分布力，其单位是 N/m，如水平放置细杆的重力；分布力在某个面上分布，称为面分布力，其单位是 N/m^2，如书本对桌面的力；分布力在物体的体积上分布，称为体积力，其单位是 N/m^3，如塔体的重力。

（2）静力学公理

静力学主要研究物体在力系作用下的平衡条件，公理是在反复的实践中被证实和认可的客观规律。下面所介绍的 5 个公理，是静力学的基础，所有静力学的理论都是基于这 5 个公理推理、证明得到的。

公理 1　二力平衡条件　作用在同一刚体上的两个力,使刚体保持平衡的必要和充分条件是:这两个力大小相等,方向相反,且作用在同一直线上。

如果一个构件在两个力作用下,处于平衡状态,则称该构件为二力构件,如图 2-1 所示。二力构件是受力最简单的平衡构件,往往是复杂结构力学分析的突破口。

公理 2　力的平行四边形法则　作用在物体上同一点的两个力 F_1 和 F_2 (图 2-2),可以合成为一个合力 F_R。合力的作用点也在该点,合力的大小和方向,由这两个力为边构成的平行四边形的对角线确定。该法则是汇交力系合成的基础。

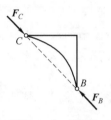

图 2-1　二力构件

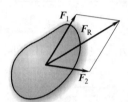

图 2-2　力的合成

公理 3　加减平衡力系原理　在作用于刚体的已知力系上加上或减去任意平衡力系,并不改变原力系对刚体的作用。

由该公理可以得到以下两个重要的推理。

推理 1　力的可传性

作用于刚体上某点的力,可以沿其作用线移到刚体内任一点,而不改变该力对刚体的作用。

证明　刚体在 A 点受集中力 F 作用 [图 2-3(a)],根据公理 3,可在 B 点加上一对平衡力 F_1 和 F_2,且 $F_1=F_2=F$ [图 2-3(b)],亦可在刚体上减去一对平衡力 F 和 F_1 [图 2-3(c)],故图 2-3(c) 和图 2-3(a) 等效,且 $F_2=F$,这样就将力从 A 点滑移到了 B 点。

由此可见,对刚体而言,只需要确定力的大小、方向和作用线,因此,刚体上作用的力,可以视为滑移矢量。

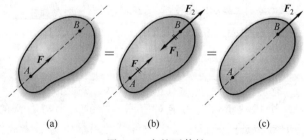

图 2-3　力的可传性

推理 2　三力平衡汇交定理

作用于刚体上三个相互平衡的力,若其中两个力的作用线汇交于一点,则此三力必在同一平面内，且第三个力的作用线通过汇交点。

证明 如图2-4，刚体A、B、C三点分别作用有F_1、F_2、F_3，处于平衡状态，且F_1和F_2汇交于O点。由力的可传性，可将F_1和F_2滑移到O点。由力的平行四边形法则可得两个力的合力F_{12}，这样刚体可视为在F_3和F_{12}作用下处于平衡状态。由二力平衡条件，易知F_3和F_{12}必须共线，因此这三力必在同一平面内，且F_3的作用线必通过汇交点O。

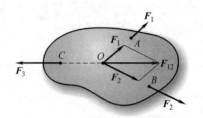

图2-4 三力平衡汇交

公理4 作用和反作用定律 作用力和反作用力总是同时存在，同时消失、等值、反向、共线，作用在相互作用的两个物体上。

该公理是研究多个刚体受力情况的基础。注意，该公理中的两个力是作用在两个物体上，而二力平衡时两个力是作用在同一物体上的，这是这两个公理根本性的区别。

公理5 刚化公理 变形体在某一力系作用下处于平衡，如将此变形体刚化为刚体，其平衡状态保持不变。

如图2-5(a)所示，柔性绳在拉力作用下处于平衡状态，如将其视为刚性杆，如图2-5(b)所示，则其依然处于平衡状态。也就是说，只要变形体是平衡的，它就必须满足刚体的平衡条件。这样，在下一节研究变形体时，就可以将静力学中对刚体得到的力系平衡条件，应用于已知是平衡的变形体上。由此可见，刚化原理建立了变形体平衡与刚体平衡的联系。

图2-5 变形体的刚化

(3) 平面力矩

如图2-6所示，在力F作用下，物体将有绕O点转动或转动的趋势。实践表明，这种转动效应与力的大小和力到O点的垂直距离h（称为力臂）成正比，因此，工程中用力的大小与力臂的乘积Fh并冠以正负号来度量力使物体绕某点转动的效应，称为力对点之矩，简称力矩，记作$M_O(F)$，即

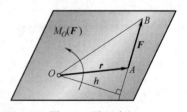

图2-6 平面力矩

$$M_O(F) = \pm Fh \tag{2-1}$$

这里的O点，称为矩心；O点和F所在的平面称为力矩作用面。

平面力对点之矩是一个代数量，它的绝对值等于力的大小与力臂的乘积，其正负规定为：力使物体绕矩心逆时针转动时为正，反之为负，常用单位为$N \cdot m$或$kN \cdot m$。

由式(2-1)，不难得出力偶具有以下性质：

i. 力对点的矩，与矩心的位置有关，同一个力对不同的矩心，其力矩值不同。

ii. 当力的作用线通过矩心时，力矩为零。

（4）平面力偶

在集中力系中，有两种最简单的力系，一种是单个集中力，另一种则是力偶。它是由两个等值、反向、不共线（平行）的力组成的力系，如图2-7所示，记作($\boldsymbol{F},\boldsymbol{F}'$)。在力偶作用下，物体不发生移动，只在两力所在平面（力偶作用面）发生转动，经验表明，其转动效应与力偶中的一个力的大小及两力之间的垂直距离 d（力偶臂）成正比，为度量力偶的这种转动效应，工程中定义

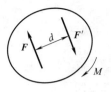

图2-7　平面力偶

$$M = \pm Fd \tag{2-2}$$

为平面力偶($\boldsymbol{F},\boldsymbol{F}'$)的矩，简称力偶矩。

平面力偶矩也是一个代数量，其绝对值等于力偶中一个力的大小与力偶臂的乘积，通常规定：力偶使物体做逆时针方向转动时，力偶取正号；反之，取负号。力偶矩的单位是 N·m 或 kN·m。

根据力偶的定义和力偶对刚体转动效应由力偶矩来度量，可得力偶具有以下性质：

ⅰ. 力偶对任意点取矩都等于它的力偶矩，不因矩心的改变而改变。注意，这一性质与单个力对点的矩的性质截然不同。

ⅱ. 力偶无合力，力偶不能与一个力平衡，力偶只能与力偶平衡。

ⅲ. 作用于刚体同一平面内的两个力偶等效的充分且必要条件为其力偶矩相等。

ⅳ. 力偶可在它的作用面内任意转移，而不改变它对刚体的作用。因此力偶对刚体的作用与力偶在其作用面内的位置无关。

ⅴ. 只要保持力偶矩不变，就可以同时改变力偶中力的大小与力偶臂的长短，对刚体的作用效果不变（图2-8）。

基于力偶的上述性质，工程中常见的力偶表示形式如图2-9所示。

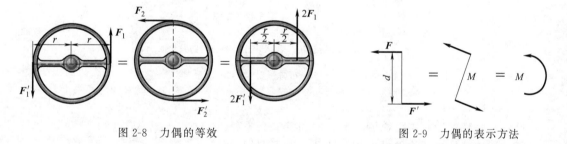

图2-8　力偶的等效　　　　　　　图2-9　力偶的表示方法

2.1.2　约束与约束力

根据物体的运动是否受到其他物体直接的约束，物体可分为两类：自由体和非自由体（受约束体）。如空中飞行的飞机、火箭、炮弹等，其运动不受其他物体直接的约束，为自由体；而工程实际中受到轴承约束的轴、被鞍座限制的卧式储罐等，则为非自由体或受约束体。

对非自由体的运动起限制作用的物体，称为约束。约束对非自由体的这种限制作用，称为约束力。约束力以外的力，均称为主动力或载荷，如作用在化工塔上的重力、风力等。主动力使物体运动或具有运动的趋势，一般是已知的；约束力会随着主动力的变动而变动，是被动力，其方向总是与约束所阻碍物体的运动或运动趋势的方向相反，通常是未知的，需要利用平衡条件来求解。

下面介绍工程中常见的几种约束类型及其约束力的特点。

（1）柔索约束

形式：绳索、履带、链条等。

特点：只能受拉力，不能承压，忽略柔索重力且认为其不能伸长。

约束力：作用在接触点，方向沿柔索背离物体。常用 F、F_T 或 T 表示这类约束力，如图 2-10 所示。

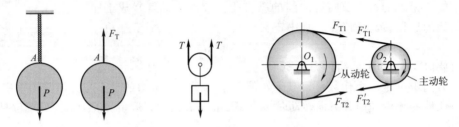

图 2-10　常见柔索约束

（2）光滑接触面约束

形式：面-面接触、面-线接触、面-点接触、线-线接触、线-点接触，如图 2-11 所示。

特点：只限制物体沿接触面公法线方向指向约束的位移，不限制接触表面沿切线方向的位移。

约束力：作用在接触点处，方向沿接触表面的公法线，并指向被约束物体。

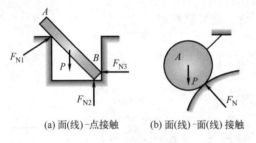

(a) 面(线)-点接触　　(b) 面(线)-面(线) 接触

图 2-11　光滑接触面约束

（3）光滑铰链约束

形式：圆柱铰链、固定铰链支座、活动铰链支座等。

特点：连接处的两构件可以相对转动，但不能相对移动。

① 圆柱铰链　由两个各穿孔的构件及圆柱销钉组成 [图 2-12(a)]。不计摩擦时，销钉与孔在接触处为光滑接触约束，销钉对构件 2 的约束力作用在接触处，沿销钉与孔公法线方向 [图 2-12(b)]。当外界载荷不同时，接触点会变，则约束力的大小与方向均有改变，可用两个通过轴心的正交分力表示 [图 2-12(c)]。圆柱铰链的表示符号如图 2-12(d)。

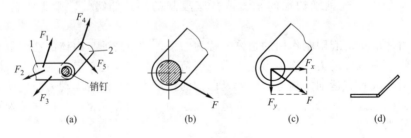

(a)　　(b)　　(c)　　(d)

图 2-12　圆柱铰链

② 固定铰链支座　即固定铰支座。若将铰链约束中一个构件固定在地面或机架上作为支座，如图 2-12 中将构件 1 固定，则就形成了固定铰支座［图 2-13(a)］，固定铰支座对构件产生的约束力与圆柱铰链的类似，仍可用两个正交分力表示［图 2-13(b)］。固定铰支座的表示符号如图 2-13(c) 所示。

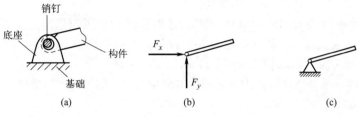

图 2-13　固定铰支座

③ 活动铰链支座　即活动铰支座。在固定铰支座下装几个辊轴，就构成了活动铰支座，如图 2-14(a) 所示。此时底座可在支承面上滑动，只限制构件沿支承面法线方向的位移，故其约束力垂直于光滑支承面［图 2-14(b)］。活动铰支座的表示符号如图 2-14(c) 所示。

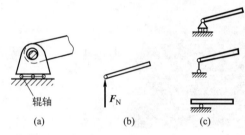

图 2-14　活动铰支座

（4）固定端约束

如图 2-15(a) 所示的化工塔，其根部被地面约束，既不能移动，也不能转动，这种约束称为固定端约束。在图示平面内，根据其对运动的限制情况，可以用两个正交分力表示其对移动的限制，用力偶 M 表示其对转动的限制，如图 2-15(b) 所示，约束力 F_x、F_y，约束力偶 M，工程上统称为约束力。固定端约束的简化符号如图 2-15(c) 所示。

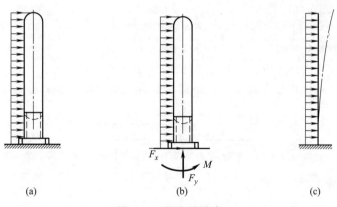

图 2-15　固定端约束

2.1.3　力学建模与受力图

在对实际工程问题进行力学分析时，需要将其简化为力学模型，力学建模的精准与否直接影响计算过程和结果。

力学建模的原则是：抓住关键、本质因素，忽略次要因素。上述四种约束，实际上是经过适当简化后的理想模型。例如，在柔索约束分析中，一般忽略其自重且认为柔索不可伸长，这是忽略次要因素的简化。又如图 2-16 所示的卧式储液罐，在进行力学分析时，其支座并不像图 2-13 那样由销钉与穿孔的底座构成，活动铰支座也不像图 2-14 那样在底座和基础之间有辊轴，但因为储罐放在地面上，接触处的摩擦可以限制储罐产生很大的水平位移，故相当于有一固定铰支座。又因为储罐材料有弹性，可以自由热胀冷缩，所以相当于垫有辊轴，故支座另一端可视为活动铰支座，这是抓约束本质的简化。考虑储罐除两封头外，沿长度方向是等截面的，故其载荷可认为是沿长度方向均匀分布的，因此，储罐可以简化为图 2-16(b) 所示的力学模型。

为进一步求出图 2-16(b) 中的约束力，需要对其进行受力分析，为此需要明确分析的对象，以及研究对象受到哪些力、每个力的作用位置和力作用的方向，这种分析过程称为受力分析。

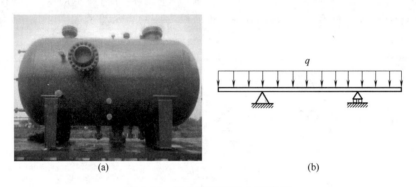

图 2-16　卧式储液罐的力学建模

受力分析的步骤如下：
① 确定研究对象；
② 将研究对象外部的约束去掉，单独画出其简图，这个过程称为取分离体；
③ 在分离体上画出研究对象所受的所有主动力和约束力。

这样所画出的图，称为受力图。

【例题 2-1】　画出图 2-16(a) 所示储罐的受力图。

解　① 取储罐为研究对象，画出其分离体；
② 画主动力：为线分布力，荷载集度为 q；
③ 画约束反力：根据约束的特点，分别画出 A、B 两处的约束反力，如图 2-17 所示。

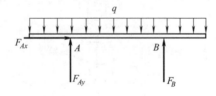

图 2-17　例题 2-1 附图

2.1.4　平面力系简化和平衡条件

力系的简化是指用一个较简单的力系等效替换一个较复杂的力系，其目的是更有利于平衡分析，给出平衡条件。

（1）平面汇交力系的简化与平衡

① 力的分解与合成 如图 2-18 所示，力 F 作用于 A 点，则力在 x、y 轴的分量分别可表示为

$$F_x = F\cos\alpha$$
$$F_y = F\cos\beta \tag{2-3}$$

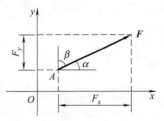

图 2-18 力在坐标轴上的投影

力在坐标轴上的投影是代数量，其正负号规定为：当力的投影指向轴正向时为正，反之为负。则图 2-18 中力的解析表达式可表示为

$$\boldsymbol{F} = F_x\boldsymbol{i} + F_y\boldsymbol{j} \tag{2-4}$$

其中

$$F = \sqrt{F_x^2 + F_y^2}$$

② 平面汇交力系简化及其平衡 如图 2-19 所示，各力的作用线都在同一平面内且汇交于一点的力系，称为平面汇交力系。用力的平行四边形法则，依次将力合成，可将汇交力系合成为一个合力 $\boldsymbol{F}_R$，即

$$\boldsymbol{F}_R = \boldsymbol{F}_1 + \boldsymbol{F}_2 + \cdots + \boldsymbol{F}_n = \sum_{i=1}^{n}\boldsymbol{F}_i \tag{2-5}$$

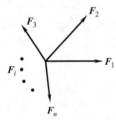

图 2-19 平面汇交力系

将上式写成投影式，则有

$$\boldsymbol{F}_R = F_{Rx}\boldsymbol{i} + F_{Ry}\boldsymbol{j} = \sum_{i=1}^{n}(F_{ix}\boldsymbol{i} + F_{iy}\boldsymbol{j}) = \left(\sum_{i=1}^{n}F_{ix}\right)\boldsymbol{i} + \left(\sum_{i=1}^{n}F_{iy}\right)\boldsymbol{j}$$

故有

$$F_{Rx} = \sum_{i=1}^{n}F_{ix} \tag{2-6a}$$

$$F_{Ry} = \sum_{i=1}^{n}F_{iy} \tag{2-6b}$$

此即为合力投影定理，即合力在某轴的投影等于分力在该轴投影的代数和。

显然，平面汇交力系与合力 $\boldsymbol{F}_R$ 等效，因此力系平衡的充要条件是

$$\boldsymbol{F}_R = \boldsymbol{0}$$

则有

$$F_{Rx} = \sum_{i=1}^{n}F_{ix} = 0, \quad F_{Ry} = \sum_{i=1}^{n}F_{iy} = 0 \tag{2-7}$$

这就是平面汇交力系的平衡方程，有 2 个独立的方程，可以求解 2 个未知量。

【例题 2-2】 如图 2-20(a) 所示结构系统，AB 杆与 CD 杆铰接，已知 $P=2\text{kN}$，求 A、D 处的约束力。

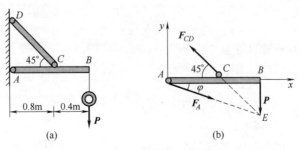

图 2-20 例题 2-2 附图

解 系统中 CD 为二力杆，取 AB 杆为研究对象，画受力图如图 2-20(b) 所示。AB 杆受 A、C 和 B 处的三个力，处于平衡状态，则此三个力必汇交于 E 点，由汇交力系平衡方程可得

$$\sum F_x = 0 \qquad F_A\cos\varphi - F_{CD}\cos 45° = 0$$

$$\sum F_y = 0 \qquad -P - F_A\sin\varphi + F_{CD}\sin 45° = 0$$

由 $EB = BC = 0.4\text{m}$，联立上述方程，可解得

$$\tan\varphi = \frac{EB}{AB} = \frac{0.4}{1.2} = \frac{1}{3}$$

$$F_{CD} = \frac{P}{\sin 45° - \cos 45°\tan\varphi} = 4.24\text{kN}$$

$$F_A = F_{CD}\frac{\cos 45°}{\cos\varphi} = 3.16\text{kN}$$

③ **合力矩定理** 平面汇交力系的合力 $\boldsymbol{F}_R$ 对平面内任一点之矩等于力系中各个力对同一点之矩的代数和，如图 2-21 所示，即

$$M_O(\boldsymbol{F}_R) = \sum M_O(\boldsymbol{F}_i) \tag{2-8}$$

【例题 2-3】 已知力 $\boldsymbol{F}$，作用点 $A(x, y)$ 及其夹角如图 2-22 所示，求力 $\boldsymbol{F}$ 对坐标原点 O 之矩。

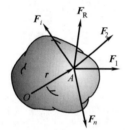

图 2-21 合力矩定理

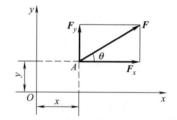

图 2-22 例题 2-3 附图

解 根据合力矩定理，可得

$$M_O(\boldsymbol{F}) = M_O(\boldsymbol{F}_y) + M_O(\boldsymbol{F}_x) = xF\sin\theta - yF\cos\theta = xF_y - yF_x$$

这种方法避免了求力 $\boldsymbol{F}$ 力臂，比较简单。

【例题 2-4】 求图 2-23 所示三角形分布力系合力的大小 P 及其作用点的位置 h，其中 q 为分布强度，量纲为：力/长度。

解 求合力 P 为

$$P = \int_0^l \frac{x}{l} q\,\mathrm{d}x = \frac{1}{2}ql$$

由合力矩定理求合力作用点位置 h：

$$Ph = \int_0^l q'x\,\mathrm{d}x = \int_0^l \frac{x^2}{l}q\,\mathrm{d}x$$

得

$$h = \frac{2}{3}l$$

类似地，还可求得均布载荷合力大小等于线荷载所组成几何图形的面积，且合力的作用线通过荷载图的形心，如图 2-24 所示。

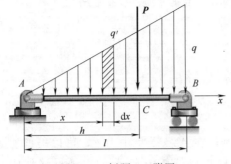

图 2-23 例题 2-4 附图

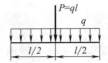

图 2-24 均布载荷及其合力作用点位置

(2) 平面力偶系的简化与平衡

作用于同一平面多个力偶组成的力系，称为平面力偶系。对于平面力偶系中的力偶 [图 2-25(a)]，根据力偶的性质，可以同时改变力偶中力的大小和力偶臂的长度，使其具有相同的力偶臂 d，然后将其在作用平面旋转，使力的作用线重合，并将力偶臂都放在 A、B 位置 [图 2-25(b)]，得到两个汇交力系，将这两个汇交力系合成，便得到一个新的力偶 [图 2-25(c)]，有

$$M = Rd = (P_1 + P_3 - P_2)d = P_1 d + P_3 d - P_2 d = M_1 + M_2 + M_3$$

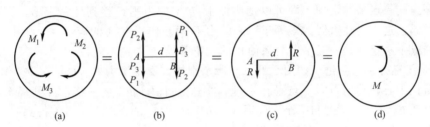

图 2-25 平面力偶系的合成

对于有多个力偶的平面力偶系，同理可得

$$M = \sum M_i \tag{2-9}$$

即合力偶的力偶矩是原来各个力偶矩的代数和。

由此，不难得出，平面力偶系平衡的充要条件为

$$M = \sum M_i = 0 \tag{2-10}$$

【例题 2-5】 如图 2-26 所示结构，已知 $M = 800\text{N} \cdot \text{m}$，求 A、C 两点的约束反力。

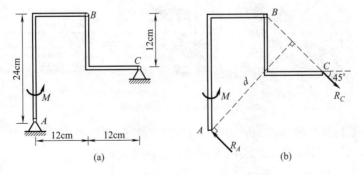

图 2-26 例题 2-5 附图

解 BC 为二力构件，根据力偶只能与力偶平衡，由此可画出整体受力图 [图 2-26(b)]。

由图中几何关系，可得

$$M_{AC} = R_C d = (0.12\sin45° + 0.24\sin45°)R_C = 0.255R_C (\text{N} \cdot \text{m})$$

由力偶平衡条件，有

$$\sum M_i = 0 \quad M_{AC} - M = 0$$

解得

$$R_C = 3137\text{N} = R_A$$

(3) 平面任意力系的简化与平衡

① 力向一点平移定理　如图 2-27(a) 所示刚体在 A 点受集中力 $\boldsymbol{F}$，可以根据加减平衡力系原理，对力进行等效变换 [图 2-27(b)]，就可以把作用在 A 的力平行移到任一点 B [图 2-27(c)]，但多了一个附加力偶，对 B 点的矩为 M_B，且：

$$M_B = M_B(\boldsymbol{F}) = Fd$$

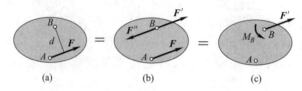

图 2-27　力向一点平移定理

这就是力向一点平移定理，即可以把刚体上点 A 的力平行移到任一点 B，但必须同时附加一个力偶，这个附加力偶的矩等于原来的力 F 对新作用点 B 的矩。

力向一点平移定理是一般平面力系简化的理论基础。

② 平面任意力系的简化　如图 2-28(a) 所示刚体，受 n 个力 $\boldsymbol{F}_1, \boldsymbol{F}_2, \cdots, \boldsymbol{F}_n$ 作用，任选 O 点作为简化中心，利用力向一点平移定理，将这 n 个力向 O 点平移，得到一个汇交于 O 点的汇交力系 $\boldsymbol{F}'_1, \boldsymbol{F}'_2, \cdots, \boldsymbol{F}'_n$ 和一个力偶系 $M_1, M_2, \cdots, M_n$，分别合成后，得到一个合力 $\boldsymbol{F}_R$ 和合力偶 M_O，其中

$$\boldsymbol{F}_R = \boldsymbol{F}'_1 + \boldsymbol{F}'_2 + \cdots + \boldsymbol{F}'_n = \sum_{i=1}^{n} \boldsymbol{F}'_i$$

$$M_O = M_1 + M_2 + \cdots + M_n = \sum_{i=1}^{n} M_i$$

即

$$\boldsymbol{F}_R = \sum_{i=1}^{n} \boldsymbol{F}_i, \quad M_O = \sum_{i=1}^{n} M_O(\boldsymbol{F}_i) \tag{2-11}$$

将 F_R、M_O 分别称为力系的主矢和主矩。

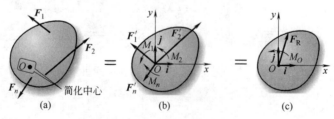

图 2-28　平面任意力系的简化

显然，由力系简化的过程可知，力系的主矢与力系的简化中心无关，是一个自由矢；力系的主矩与力系的简化中心有关，会随着简化中心的变化而变化。

当 $\boldsymbol{F}_R \neq 0$，$M_O = 0$ 时，力系简化为一合力；

当 $\boldsymbol{F}_R = 0$，$M_O \neq 0$ 时，根据力偶的性质，无论力系向哪一点简化，均得到一个力偶；

当 $F_R \neq 0$，$M_O \neq 0$ 时，可将合力向某点 K 平移，使之与 M_O 抵消，力系最终也可简化为一个力。

上述三种情况，均将使物体运动或具有运动的趋势，物体是不平衡的。显然，要使物体平衡，其充要条件为：对任一点简化的主矢和主矩同时等于零，即

$$F_R = 0, \quad M_O = 0 \tag{2-12}$$

由于平面力是矢量，故上式写成分量形式，有

$$\begin{cases} \sum F_x = 0 \\ \sum F_y = 0 \\ \sum M_O = 0 \end{cases} \tag{2-13}$$

式（2-13）为平面任意力系平衡方程的一矩式形式。此外，还可得到平面任意力系平衡方程的另两种形式：

二矩式（AB 连线与 x 轴不垂直）为
$$\begin{cases} \sum F_x = 0 \\ \sum M_A = 0 \\ \sum M_B = 0 \end{cases} \tag{2-14}$$

三矩式（A、B、C 三点不得共线）为
$$\begin{cases} \sum M_A = 0 \\ \sum M_B = 0 \\ \sum M_C = 0 \end{cases} \tag{2-15}$$

这两种形式中，所选的取矩点和投影轴之间应满足一定的条件，才是相互独立的，否则，就是不独立的。虽然由于简化中心选取的任意性，还可以获得更多的力矩方程，但对一个平面平衡力系而言，最多只有三个独立的平衡方程，可求解三个未知量。三个独立平衡方程以外的其他力矩方程都不是独立的，但可以用它们来检验求解结果的正确性。

【例题 2-6】 图 2-29 所示悬臂梁，在长度 $2l$ 范围受均布载荷 q 作用，在自由端受集中力 F 和集中力偶 M 作用，求固定端 A 处的约束反力。（其中 q 的单位为 kN/m，集中力 $F = ql$，集中力偶矩为 $M = ql^2$。）

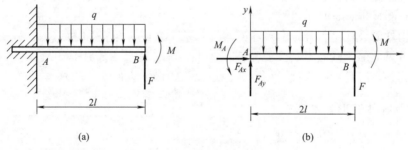

图 2-29 例题 2-6 附图

解 选取 AB 为研究对象，画出 AB 的受力图如图 2-29(b)，这些力构成一个平面平衡力系，使 AB 杆处于平衡状态，列平衡方程可得

$$\sum F_x = 0 \quad F_{Ax} = 0$$
$$\sum F_y = 0 \quad F_{Ay} + F - 2ql = 0$$
$$\sum M_A(F) = 0 \quad M_A - ql \times 2l + M + F \times 2l = 0$$

解得

$$F_{Ax}=0, \quad F_{Ay}=ql, \quad M_A=-ql^2$$

M_A 计算结果为负值，说明实际转向与图示转向相反，为顺时针转向。

2.2 构件应力及校核

2.2.1 保证构件安全基本要求

工程结构或机械的各组成部分，如建筑物的梁和柱、机床的轴等，统称为构件。当工程结构或机械工作时，构件将受到载荷的作用。例如，车床主轴受齿轮啮合力和切削力的作用，建筑物的梁受自身重力和其他物体重力的作用。这些构件一般由固体材料制成。在外力作用下，固体材料具有抵抗破坏的能力，但这种能力是有限度的。承受外力过程中固体材料的尺寸和形状所发生的变化，称为变形。

为保证工程结构或机械的正常工作，构件应有足够的能力承载起需求的载荷。因此，它应当满足以下要求：

① 强度要求　在规定载荷作用下的构件不应发生破坏。例如，冲床曲轴不可折断，储气罐不应爆破。强度要求就是指构件应具有足够抵抗破坏的能力。

② 刚度要求　在载荷作用下，即使构件具有足够的强度保证其不被破坏，但若变形过大，仍不能正常工作。例如，若齿轮轴变形过大，将造成齿轮和轴承的不均匀磨损，引起噪声。机床主轴变形过大，将影响加工精度。刚度要求就是指构件应具有足够抵抗变形的能力。

③ 稳定性要求　有些受轴向压力作用的细长杆，如千斤顶的螺杆、内燃机的挺杆等，应始终维持原有的类直线平衡形态，保证其不被压弯。稳定性要求就是指构件应具有足够保持原有平衡形态的能力。

为保证机械或建筑物安全地工作，需要其组成的各构件具有足够承受载荷的能力（简称为承载能力）。如果构件设计薄弱，或选用的材料不恰当，不能安全地工作，将会影响到整体的安全，甚至造成严重事故。另一方面，如果构件设计得强度、刚度、稳定性过高，或选用的材料过好，虽然构件、整体都能安全工作，但构件的承载能力不能充分发挥，既浪费材料又增加重量和成本，也是不可取的。

显然，构件的设计是否合理有着相互矛盾的两个方面，即安全性和经济性。设计时，既要使构件具有足够的承载能力，又要经济、适用。解决这对矛盾正是工程设计的任务所在，通过设计使构件具有足够的强度、刚度、稳定性，是保证构件安全的基本要求。

2.2.2 构件及杆件变形基本形式

(1) 本节研究对象和基本假设

在 2.1 节中，主要研究物体的平衡规律，不考虑物体的变形效应，可将物体视为刚体。在本节中，需要考虑物体的变形效应，研究对象是变形体。工程中常见的变形固体根据几何形状，又可分为杆件、板、壳和块体四种，如图 2-30(a)、(b) 所示为杆件，特征是其轴线方向的尺寸远大于其他两个方向的尺寸；如图 2-30 (c)、(d) 所示为板和壳，其特征是某一个方向的尺寸远小于其他两个方向的尺寸。对于板和壳，如其曲率为无穷大，则为板，如图 2-30(c) 所示；如曲率为有限值，则为壳，如图 2-30(d) 所示。对于块体，其特征是三个方向尺寸相当，如图 2-30(e) 所示。本节主要研究杆件在载荷作用下的变形效应。

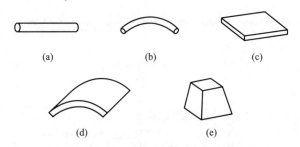

图 2-30 工程中常见的变形固体几何形状

进行工程构件设计，一定会涉及选材，实际材料的结构性能非常复杂，为了便于研究，需要对材料作一定的简化与假定。本节所涉及内容，对变形固体作以下假定：

① 连续性假设　即假定物体在其整个体积内毫无空隙地充满了材料。实际上从微观结构看，材料的粒子之间是有空隙的，但这些空隙的大小和构件的尺寸相比极其微小，故可以认为物体内部是密实无空隙的。根据这一假设，物体内的一些物理量（例如应力、变形和位移等）就可用位置坐标的连续函数表示。

② 均匀性假设　即假定物体在其整个体积内的结构和性质处处相同。对于实际材料，材料基本组成部分（如材料分子）的力学性能往往存在不同程度的差异。但是由于构件或从构件中取出的任意微小部分的尺寸都远大于其基本组成部分，因此，从统计学角度，仍可将材料看成是均匀的。根据这一假设，从构件中取出的任一部分来研究材料的性质，其结果可用于整个构件。

③ 各向同性假设　即认为物体在各个方向具有相同的性质。就常用金属的单一晶粒来说，在不同的方向有不同的性质。但构件中包含有无数颗晶粒，且晶粒在构件内杂乱无章地排列着，最后，在各个方向上的力学性能就基本相同了，在宏观上可以认为晶体结构的材料是各向同性的，这样就可以用某个方向的力学参数代表各个方向所表现的力学性能。一般的金属材料都是各向同性材料，如钢，铝等。沿各个方向力学性能不同的材料，称为各向异性材料，如木材、纤维增强复合材料和某些人工合成材料等。

综上所述，在本节中，可将材料看作连续、均匀且各向同性的变形固体。

④ 小变形假定　假定所研究的构件在外载荷作用下发生的变形相对其自身尺寸都是微小的，例如结构工程中的梁，它在载荷作用下，整个跨度上所产生的最大位移比梁横截面的尺寸小很多。

有了小变形假定，变形固体的受力分析和计算便可以在未变形的形态（原形状和尺寸）上进行，这样在本节中的大多数分析情况下可以直接使用刚体静力学的知识，并且在分析的过程中一些参量（如变形等）可以忽略其高阶小量，直接线性化，便于求解。

(2) 杆件变形的基本形式

杆件受力的情况不同，则杆件的变形形式就不同。工程上杆件变形的基本形式主要有以下四种：

① 轴向拉伸或压缩　杆件受力如图 2-31 所示，此时杆件将发生轴向拉伸或压缩变形。其受力特点是杆件上作用的外力沿杆件轴线方向。起吊重物的钢索、桁架中的杆件，液压缸的活塞杆，其受力都具有这一特点，因此都将发生拉伸或压缩变形。

② 剪切　如图 2-32(a) 所示连接件，铆钉将受到剪切，表现形式为受剪杆件沿外力作用方向发生相对错动［图 2-32(b)］。其受力特点是外力方向与杆件横截面平行。工程中常用的连接件，如销钉、螺栓等，其受力均具有这一特点，都将产生剪切变形。

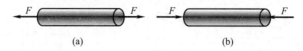

图 2-31 拉伸或压缩变形

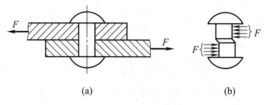

图 2-32 剪切变形

③ 扭转　轴受力如图 2-33 所示，此时杆件将发生扭转变形。其受力特点是作用力偶的矢量方向沿杆件轴线方向。汽车的传动轴、电机和水轮机的主轴的受力都具有这一特点，是典型的受扭杆件。

④ 弯曲　如图 2-34 所示杆件，在一对力偶作用下将发生弯曲变形。其受力特点是作用力偶的矢量方向与杆件横截面平行。桥式起重机的大梁、高架桥桥面等的变形，都属于弯曲变形。

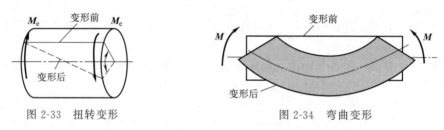

图 2-33 扭转变形　　　　　　图 2-34 弯曲变形

上述四种变形中，剪切变形通常与弯曲变形同时发生，相应的这类杆件称为梁；对于单独受拉的杆件，称为拉杆，单独受压的杆件，称为压杆或柱；单独受扭或以受扭为主的杆件称为轴。工程中，除梁外，很多杆件也会同时发生多种基本变形，例如车床主轴工作时发生弯曲、扭转和压缩三种基本变形，偏心受压柱同时发生压缩和弯曲两种变形，这种情况称为组合变形。不管变形情况如何复杂，都可以简化为上述四种基本变形的组合。

2.2.3　内力、应力、应变与胡克定律

(1) 内力

由物理知识可知，物体各质点之间存在着相互作用的内力。在外力作用下，变形会引起各质点之间相对位置的改变，由于这种位置改变而产生的质点间相互作用力的改变量，称为附加相互作用力，简称"附加内力"。这种附加内力，就是材料力学中所指的弹性体的内力。

根据连续性假定，弹性体内各部分的内力必然是连续分布的。由静力学的知识可知，为显示两物体之间的相互作用力，必须将这两物体分开；同样，为显示弹性体的内力，也必须假想用一截面将物体切开 [图 2-35(a)]，则在切开的截面处 [图 2-35(b)]，存在着连续分布的内力系。

(2) 应力

强度的破坏往往始于构件中的某一点，因此研究内力在各点的强弱程度即内力集度是至关重要的。内力在一点集度称为应力。

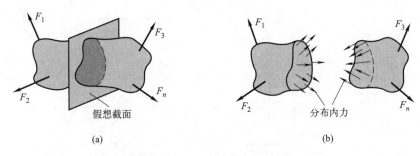

图 2-35　弹性体受力变形引起的连续分布内力

如图 2-36(a) 所示，若在截面上任一点 M 周围取一微小面积 ΔA，设作用在该截面上的内力为 ΔF，则 ΔF 与 ΔA 的比值

$$P_m = \frac{\Delta F}{\Delta A} \tag{2-16}$$

称为微面积 ΔA 上的平均应力。

若 ΔA 趋近于零，则平均应力趋近于一个极限值，称为点 M 的应力或总应力，即

$$P = \lim_{\Delta A \to 0} \frac{\Delta F}{\Delta A} = \frac{dF}{dA} \tag{2-17}$$

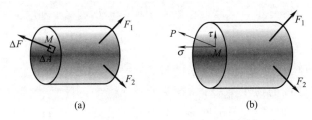

图 2-36　截面上的正应力与切应力

应力的国际单位是 Pa（帕），$1\text{Pa} = 1\text{N/m}^2$，由于这个单位太小，使用不便，工程上常用的单位还有 MPa（兆帕，$1\text{MPa} = 10^6\text{Pa}$）和 GPa（吉帕，$1\text{GPa} = 10^9\text{Pa}$）。

从应力的定义式可知，应力是个矢量，其方向与 ΔF 的极限方向一致。一般情况下，总应力 P 既不与截面垂直，也不与截面平行。工程上，将总应力 P 在截面垂直方向上的应力分量称为正应力，记为 σ；而在截面平行方向上的应力分量称为切应力（或剪应力），记为 τ，如图 2-36(b) 所示。

(3) 应变

为了研究构件内各点处的变形，可取一微六面体进行分析，当微六面体三个方向尺寸趋于无穷小时，则该六面体就趋于所分析的点。下面讨论正应力与切应力单独作用时微元体的变形情况。

对于图 2-37(a) 所示微元体，在图示正应力作用下，将产生 x 方向的伸长，设六面体沿 x 轴方向的原长为 Δx，变形后的长度为 $\Delta x + \Delta u$。x 方向的伸长量 Δu 与 x 方向的原长 Δx 的比值称为 x 边的平均正应变，记为 ε_m，即有

$$\varepsilon_m = \frac{\Delta u}{\Delta x} \tag{2-18}$$

当微元尺寸趋近于无穷小，Δx 趋近于零时，平均正应变的值趋于一个极限值，称为微元体所在点 K 的正应变，记为 ε_x，即有

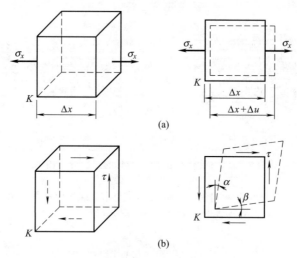

图 2-37 正应变与切应变

$$\varepsilon_x = \lim_{\Delta x \to 0} \frac{\Delta u}{\Delta x} = \frac{\mathrm{d}u}{\mathrm{d}x} \tag{2-19}$$

对于图 2-37(b) 所示微元体，在切应力作用下，微元体所发生的变形称为剪切变形，此时微元体相邻棱边所夹直角的改变量，称为切应变，记为 γ，如图 2-37(b) 中有

$$\gamma = \alpha + \beta \tag{2-20}$$

切应变的单位是 rad（弧度）。

显然，正应变与切应变均为量纲为一的量。

（4）应力与应变之间的物性关系——胡克定律

通过实验，可以发现，弹性范围内加载时（应力小于某一极限值），应力与应变之间存在以下线性关系：

$$\sigma_x = E\varepsilon_x \tag{2-21a}$$

$$\tau = G\gamma \tag{2-21b}$$

式（2-21a）由单向受力实验得到，称为胡克定律；式（2-21b）由纯剪切实验得到，称为剪切胡克定律。比例系数 E 和 G 是与材料有关的常量，分别称为弹性模量和剪切模量。

2.2.4 内力计算

（1）内力分量

将横截面上的分布内力系向截面形心简化，得到一主矢 F_R 和一主矩 M，如图 2-38(a) 所示。

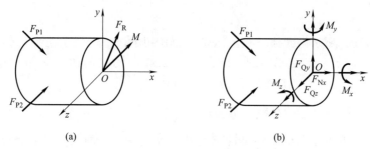

图 2-38 内力与内力分量

将内力主矢 F_R 向 3 个坐标轴投影得到 3 个内力分量——F_{Nx}、F_{Qy} 和 F_{Qz},将内力主矩 M 向 3 个坐标轴投影得到 3 个力矩分量——M_x、M_y 和 M_z,如图 2-38(b) 所示。

F_{Nx} 称为轴力,它将使杆件产生轴向变形(伸长或缩短)。

F_{Qy} 和 F_{Qz} 称为剪力,它们将使杆件产生剪切变形。

M_x 称为扭矩,它将使杆件产生绕杆轴线转动的扭转变形。

M_y 和 M_z 称为弯矩,二者均使杆件产生弯曲变形。

(2) 内力分量的正负号规定

承受外力的弹性杆件,从任意截面截开后,如图 2-39 所示,其两侧截面上都存在内力,互为作用力和反作用力,二者大小相等、方向相反。

材料力学中为保证杆件同一处左、右两侧截面上内力具有相同的正负号,对内力的正负号规定如下。

轴力 F_{Nx}:无论作用在哪一侧截面上,使杆件受拉者为正,受压者为负。

剪力 F_{Qy}、F_{Qz}:使杆件截开部分产生顺时针转动者为正,逆时针方向转动者为负。

扭矩 M_x:扭矩矢量方向与截面外法线方向一致者为正,反之为负。

弯矩 M_y、M_z:使梁的下面受拉、上面受压的弯矩为正;使梁的下面受压、上面受拉的弯矩为负。

这样,无论留下哪一侧,内力的正负号都相同。因此,材料力学中,左右两侧内力可用相同的力学符号表示,如图 2-39 所示。图中 F_{Nx}、F_{Qy}、M_x、M_z 均为正方向。

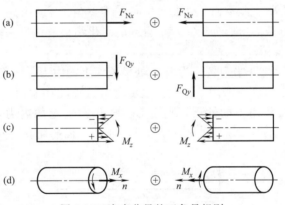

图 2-39 内力分量的正负号规则

(3) 内力的求解方法

① 截面法 为显示和计算构件的内力,假想地用截面把构件切开,分成两部分,由弹性体平衡原理易知,杆件任意部分均处于平衡状态。取其中一部分为研究对象,进行受力分析,由平衡方程,即可得该截面上的内力。这一方法称为截面法。

例如,图 2-40(a) 所示直杆受沿杆件轴线的一对力 F_P 作用时,为求 C 截面上的内力,可在此处假想将杆切成两部分,并以左段为研究对象。如图 2-40(b) 所示,作用于左段上的力,除外力 F_P 外,在 C 截面上还有右段对它作用的内力,根据左段杆件的平衡条件,可得

$$\sum F = 0 \qquad F_N = F_P$$

如果再次运用截面法求 C 截面的内力,但留下右段部分,如图 2-40(c) 所示,这时 F_N 代表左段部分对右段部分的作用力,同样可得

$$\sum F = 0 \qquad F_N = F_P$$

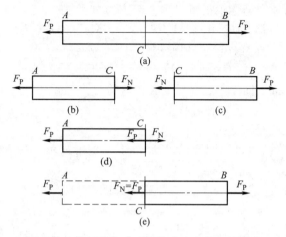

图 2-40 截面法和力系简化法确定拉杆的轴力

截面法是材料力学中研究内力的一个基本方法，由截面法还能推演出求内力的其他方法。

② 力系简化法　力系简化法是在截面法的基础上演化而来的确定杆件横截面上内力分量的方法。

依然以图 2-40(a) 所示拉杆为例，由左段力系平衡条件易知，图 2-40(d) 中左段的力向截面形心简化后的力 F_P 与左段截面上内力 F_N 必定大小相等、方向相反，但此简化结果恰好与右段截面上的内力 F_N 大小相等、方向相同［图 2-40(e)］。由此，不难得出，将横截面一侧的力向另一侧部分截面形心处简化，所得到的简化结果就是另一侧部分横截面上的内力分量。

再以图 2-41 中所示悬臂梁为例。为求 B 处横截面上的内力，将作用在 A 点的力向 B 截面简化，其结果如图 2-41(b) 所示；由截面法可求出 AB 段 B 截面上的内力，如图 2-41(c) 所示；根据作用力与反作用力的性质，画出 BC 段 B 截面上的内力，如图 2-41(d) 所示。比较图 2-41(b) 和图 2-41(d)，不难发现，力 F_P 向 B 截面的简化结果与 BC 段上 B 截面的内力相同。

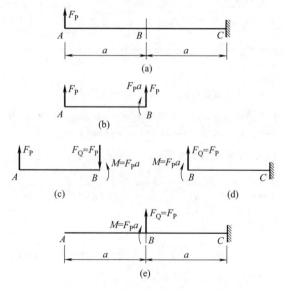

图 2-41 力系简化法确定悬臂梁横截面上的剪力和弯矩

实际操作时,分三步进行即可:
i. 将外力向所求内力截面形心简化。
ii. 判定得到的结果是哪一部分横截面上的内力分量,这一步很重要,否则会导致内力正负号错误。
iii. 根据内力正负号规定,确定所求截面内力的正负号[图 2-41(e)]。

由此可见,力系简化法在确定横截面上的内力时,省去了将横截面截开、画受力图、列方程求解的麻烦,熟练掌握后,能快速求出横截面上的内力分量。

(4) 杆件内力变化的一般规律

当杆件受力较多时,如图 2-42 所示,显然杆件不同位置处的内力将不同。因此,杆件的内力是关于杆件横截面位置 x 的函数。不难证明,当杆件上的外力(包括已知载荷和约束反力)沿杆的轴线发生突变时,内力函数也将发生变化。所以,准确来说,杆件内力是关于杆件横截面位置 x 的分段函数,集中力、集中力偶作用点以及分布荷载的起点和终点,是分段函数的分段点。

在一段杆上,内力按一种函数规律变化,这一段杆的两个端截面称为控制面。据此,下列截面均可为控制面:

集中力作用点两侧截面,如图 2-42 中 A,B,C,H 截面。

集中力偶作用点两侧截面,如图 2-42 中 F,G 截面。

分布载荷的起点和终点处截面,如图 2-42 中 D,E 截面。

在 AB、CD、DE、EF、GH 等各段中内力分别按不同的函数规律变化。控制面上的内力,对应着每一段函数起点和终点处的内力值。

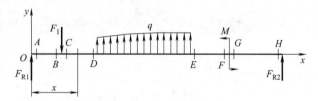

图 2-42 杆件上的控制面

工程上重要的是确定杆件哪一截面上内力有极值,绘制内力函数图像是确定杆件内力极值最直观有效的方法。

(5) 拉压杆的轴力图

当所有外力均沿杆的轴线方向作用时,杆的横截面上只有轴力 F_N 一种内力分量。轴力沿杆轴线方向变化的表达式和图形,分别称为轴力方程(或轴力函数)和轴力图。

绘制轴力图的方法和步骤如下:

① 确定作用在杆件上的荷载与约束力。

② 确定轴力图的分段点,如集中力作用处或分布载荷的起点和终点处。

③ 利用力系简化法,获得每一段的轴力函数,初步确定轴力图形状。

④ 建立 F_N-x 坐标系,画出轴力函数的图像(轴力图)。

【例题 2-7】 试作出图 2-43(a) 所示拉(压)杆的轴力图。

解 ① 确定约束反力 本例没有约束反力,作用在直杆上的 3 个集中力自相平衡。

② 确定分段 根据外力作用点位置将杆分为 AB 和 BC 两段,由于 AB、BC 中间没有分布载荷作用,轴力函数为常函数。所以,在每一段中,只要任意取一截面,这一截面上的轴力就是这一段中所有截面上的轴力。

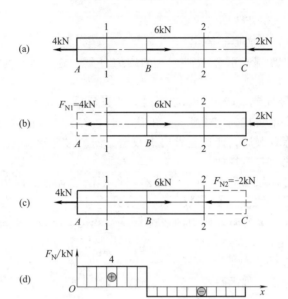

图 2-43 例题 2-7 附图

③ 应用力系简化法确定各段截面上的轴力 在 AB 段任取截面 1—1，如图 2-43(b) 所示，将作用在这一截面左边的外力向右边的截面形心简化，得到 AB 段的轴力为

$$F_{N1} = 4\text{kN}$$

其方向自截面向外，为拉力，故为正。

当然，也可将 1—1 截面右边的外力向左边的截面形心简化，可以获得完全相同的结果，请读者自行分析。

对于 BC 段，在其上任取截面 2—2，如图 2-43(c) 所示，将作用在这一截面右边的力向左边的截面形心简化，得到 BC 段的轴力为

$$F_{N2} = -2\text{kN}$$

其方向自截面向里，为压力，故为负。

同样，也可将 2—2 截面左边的外力向右边的截面形心简化，可以获得完全相同的结果，请读者自行分析。

④ 绘制轴力图 建立 F_N-x 坐标系，其中，x 轴平行于杆的轴线，以表示横截面的位置；F_N 轴垂直于杆的轴线，以表示轴力的大小和正负，并规定正的轴力（拉力）绘制在 F_N 轴正向；负的轴力（压力）绘制在 F_N 轴负向。根据上述计算结果，即可作出该直杆的轴力图如图 2-43(d) 所示。

2.2.5 直杆受轴向拉伸或压缩时横截面上应力及强度条件

(1) 拉压杆横截面上的正应力

为进一步确定杆件强度破坏的位置，需要弄清横截面上内力的分布情况，即确定横截面上各点处的应力。应力虽然看不见摸不着，但应力和应变有关，而应变与变形有关，因此考察拉杆的变形特点，就能了解正应力分布情况。

为方便观察杆件在轴向力作用下的变形情况，在杆件上画垂直于轴线的横向线 ab 和 cd，如图 2-44 所示。在拉力 F 作用下，杆件到达图 2-44 中虚线所示位置，试验结果表明，横向线 ab 和 cd 分别平行移至 $a'b'$ 和 $c'd'$，且横向线 $a'b'$ 和 $c'd'$ 仍为直线，仍然垂直于轴

线。根据杆件表面的现象，推测杆件内部的变形情况，假设变形前为平面的横截面，变形后仍保持为平面，且仍垂直于轴线。这就是平面假定。基于这一假定，若将杆件视为由无数条平行于轴线的纵向纤维组成，则显然各纵向纤维的伸长量应相同。注意到材料力学中假设材料都是均匀且各向同性的，因此各纵向纤维所受的力也相同，故轴向载荷杆件横截面上的正应力是均匀分布的，如图 2-45 所示。

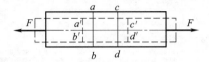

图 2-44　杆件在轴向力作用下的变形特征

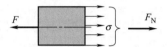

图 2-45　拉杆横截面上的正应力分布

若以 A 表示横截面面积，则面积微元 dA 上的内力微元 σdA 组成了一个空间平行力系，整个面积 A 上内力系的合力就是轴力 F_N。同理，压杆的情况也符合上述结果。

于是拉（压）杆的横截面上正应力的计算公式为

$$\sigma = \frac{F_N}{A} \tag{2-22}$$

式中，σ 为正应力；F_N 为横截面上的轴力；A 为横截面面积。根据公式可知，正应力 σ 的正负号与轴力 F_N 保持一致，即拉应力为正，压应力为负。

【例题 2-8】　变截面圆杆 $ABCD$ 受到轴向载荷如图 2-46 所示。已知 $F_1=20\text{kN}$，$F_2=35\text{kN}$，$F_3=35\text{kN}$。$l_1=l_3=300\text{mm}$，$l_2=400\text{mm}$。Ⅰ—Ⅰ、Ⅱ—Ⅱ、Ⅲ—Ⅲ 截面直径分别为 $d_1=12\text{mm}$、$d_2=16\text{mm}$、$d_3=24\text{mm}$，$E=210\text{GPa}$。试求：

① Ⅰ—Ⅰ、Ⅱ—Ⅱ、Ⅲ—Ⅲ 截面的轴力并作轴力图。

② 杆的最大正应力 $\sigma_{\max}$。

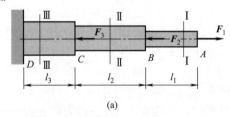

(a)

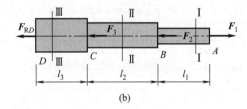

(b)

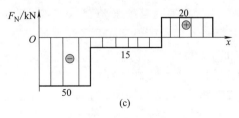

(c)

图 2-46　例题 2-8 附图

解 ① 求约束反力 取整体为研究对象,受力如图 2-46(b) 所示,由轴线方向力的平衡条件,可得支座反力为

$$F_{RD} = F_1 - F_2 - F_3 = -50\text{kN}$$

② 求Ⅰ—Ⅰ、Ⅱ—Ⅱ、Ⅲ—Ⅲ截面的轴力并画轴力图 由截面法或力系简化法,求得各截面上的轴力为

$$F_{N1} = 20\text{kN}(+)$$
$$F_{N2} = -15\text{kN}(-)$$
$$F_{N3} = -50\text{kN}(-)$$

画轴力图如图 2-46(c)所示。

③ 求杆的最大正应力 σ_{max}

AB 段:$\sigma_{AB} = \dfrac{F_{N1}}{A_1} = \dfrac{20 \times 10^3 \text{N}}{\dfrac{\pi}{4} \times 12^2 \times 10^{-6} \text{m}^2} = 176.8 \times 10^6 \text{Pa} = 176.8 \text{MPa}(+)$

BC 段:$\sigma_{BC} = \dfrac{F_{N2}}{A_2} = \dfrac{-15 \times 10^3 \text{N}}{\dfrac{\pi}{4} \times 16^2 \times 10^{-6} \text{m}^2} = -74.6 \times 10^6 \text{Pa} = -74.6 \text{MPa}(-)$

DC 段:$\sigma_{DC} = \dfrac{F_{N3}}{A_3} = \dfrac{-50 \times 10^3 \text{N}}{\dfrac{\pi}{4} \times 24^2 \times 10^{-6} \text{m}^2} = -110.5 \times 10^6 \text{Pa} = -110.5 \text{MPa}(-)$

故 $\sigma_{max} = 176.8 \text{MPa}$,发生在 AB 段。

(2) 轴向载荷作用下的变形分析与计算

① 轴向变形 假设直杆的初始长度为 l,横截面面积为 A,如图 2-47 所示。在轴向载荷 F 的作用下,长度由 l 变为 l_1,有

$$\Delta l = l_1 - l \tag{2-23}$$

式中,Δl 为杆件长度的伸长量(或缩短量)。将 Δl 除以 l 得到杆件轴线方向的变形率,称为杆件的轴向应变,或正应变,为

$$\varepsilon_x = \dfrac{\Delta l}{l} \tag{2-24}$$

工程上规定,当杆件伸长时,正应变 ε_x 为正;当杆件缩短时,正应变 ε_x 为负。

图 2-47 轴向变形与横向变形

将式 (2-22) 和式 (2-24) 代入胡克定律式 (2-21a),整理可得

$$\Delta l = \dfrac{F_N l}{EA} \tag{2-25}$$

上式表明,杆件的伸长量 Δl 与所承受的轴力 F_N、杆件的原长度 l 成正比,与横截面面积 A 和弹性模量 E 的乘积成反比。EA 反映了杆件抵抗拉压变形的能力,称为杆件的抗拉(压)刚度。轴向伸长量(或缩短量)Δl 与轴力 F_N 具有相同的正负号,即伸长为正,缩短为负。

若拉压杆的轴力、弹性模量或截面面积为沿轴线 x 的分段常数,可分段利用式 (2-25)

计算出各段的变形，然后将各段的变形代数相加，即得到杆的总伸长量（或总缩短量）：

$$\Delta l = \sum_{i=1} \Delta l_i = \sum_{i=1} \frac{F_{Ni} l_i}{E_i A_i} \tag{2-26}$$

② 横向变形　杆件受到轴向载荷时，不仅会发生沿轴向的变形，在垂直于杆件轴线方向也会产生变形，称为横向变形。如图 2-47 所示，直杆初始横向尺寸为 b，受拉变形后横向长度变为 b_1，变形量为

$$\Delta b = b_1 - b \tag{2-27}$$

式中，Δb 称为杆件的膨胀量（或收缩量），数值为正则表示膨胀，为负则表示收缩。Δb 与 b 的比值称为横向变形率，又称横向应变，即

$$\varepsilon_y = \frac{\Delta b}{b} \tag{2-28}$$

实验结果表明，当变形处于弹性范围内时，轴向应变 ε_x 与横向应变 ε_y 存在以下关系：

$$\varepsilon_y = -\mu \varepsilon_x \tag{2-29}$$

式中，μ 是材料的另一个弹性常数，称为泊松比。它是一个无量纲量，没有单位。

需要指出的是，材料力学中假设材料是各向同性的，因此弹性模量、泊松比都是标量，在不同方向上都一样。表 2-1 中给出了几种常用金属材料的弹性模量 E 和泊松比 μ 的值。

表 2-1　常用金属材料的 E、μ 的数值

材料	E/GPa	μ
低碳钢	196～216	0.25～0.33
铜及其合金	72.6～128	0.31～0.42
合金钢	186～216	0.24～0.33
灰铸铁	78.5～157	0.23～0.27
铝合金	70	0.33

【例题 2-9】　求例题 2-8 中 B 截面的位移及 AD 杆的变形。

解　由例题 2-8 可知，AD 杆的内力、截面面积为沿轴线的分段函数，利用式（2-26）分别计算 AB、BC、CD 段的变形量为

$$\Delta l_{AB} = \frac{F_{N1} l_1}{EA_1} = \frac{20 \times 10^3 \times 300 \times 10^{-3}}{210 \times 10^9 \times \frac{\pi}{4} \times 12^2 \times 10^{-6}} \mathrm{m} = 2.53 \times 10^{-4} \mathrm{m} = 0.253 \mathrm{mm}$$

$$\Delta l_{BC} = \frac{F_{N2} l_2}{EA_2} = \frac{-15 \times 10^3 \times 400 \times 10^{-3}}{210 \times 10^9 \times \frac{\pi}{4} \times 16^2 \times 10^{-6}} \mathrm{m} = -1.42 \times 10^{-4} \mathrm{m} = -0.142 \mathrm{mm}$$

$$\Delta l_{CD} = \frac{F_{N3} l_3}{EA_3} = \frac{-50 \times 10^3 \times 300 \times 10^{-3}}{210 \times 10^9 \times \frac{\pi}{4} \times 24^2 \times 10^{-6}} \mathrm{m} = -1.58 \times 10^{-4} \mathrm{m} = -0.158 \mathrm{mm}$$

则 B 截面的位移为 $\Delta l_B = \Delta l_{CD} + \Delta l_{BC} = -0.3 \mathrm{mm}$，

AD 杆的总变形量为 $\Delta l_{AD} = \Delta l_{AB} + \Delta l_{BC} + \Delta l_{CD} = -0.047 \mathrm{mm}$。

(3) 拉压杆的强度条件

材料的轴向受力试验表明，无论是轴向受拉还是受压，低碳钢等韧性材料正应力达到屈服极限（屈服强度，记作 R_{eL}）时，都将产生屈服或出现显著塑性变形 [图 2-48(a)、(b)]。而铸铁等脆性材料，当拉应力达到拉伸强度极限（抗拉强度，记作 R_m）时，会引起横截面

的脆性断裂[图2-48(c)];当压应力达到压缩强度极限(抗压强度,记作R_m^c)时,会沿与轴线约成45°~50°的斜面剪断[图2-48(d)],且$R_m^c > R_m$,因此,工程上,认为韧性材料是拉压性能相同的材料,而脆性材料是拉压性能不等的材料,并将脆性断裂、出现塑性变形或剪断统称为强度失效。

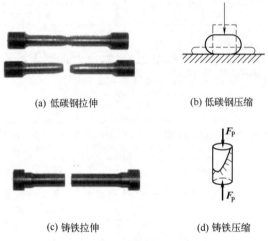

图 2-48 拉压破坏后的试样

所谓强度设计指将杆件中的最大应力限制在允许的范围内,以保证杆件正常工作,不仅不发生强度失效,还有一定的安全裕度。于是拉压杆的强度条件为

$$\sigma_{max} \leqslant [\sigma] \tag{2-30}$$

式中,σ_{max}为根据计算所得构件的最大正应力,亦称为最大工作应力;$[\sigma]$为构件的许用应力。

对韧性材料,此时材料的许用拉应力和许用压应力相等,即

$$[\sigma] = \frac{R_{eL}}{n_s} \tag{2-31a}$$

但对于铸铁等脆性材料,其许用拉应力和许用压应力不等,分别为

拉伸时,$[\sigma]$为构件的许用拉应力:$[\sigma] = \dfrac{R_m}{n_b} \tag{2-31b}$

压缩时,$[\sigma]$为构件的许用压应力:$[\sigma] = \dfrac{R_m^c}{n_b} \tag{2-31c}$

式中,R_{eL}、R_m、R_m^c是材料强度失效时所对应的应力,统称为构件失效时的极限应力。大于1的系数n_s和n_b称为安全系数,从相应设计规范中可以查到。在一般的静强度设计中,考虑到实际材料的组成成分、结构等方面可能与试样材料存在差异,力学建模具有不精确性,杆件可能发生的失效形式和工程对杆件安全裕度的要求等因素的影响,对韧性材料,安全系数n_s通常取1.4~2.2,对脆性材料,安全系数n_b通常取2.5~5.0。脆性材料的安全系数比韧性材料的安全系数大,很重要的原因是脆性材料失效(断裂)前没有明显预兆,破坏具有突发性,故其安全系数须取大些;韧性材料失效时有明显变形,便于采取措施加以防范,故安全系数可取小些。

根据强度条件,可以解决以下3类问题:

① 强度校核 在已知杆件的几何尺寸、受力大小以及许用应力的情况下,判定是否满足式(2-30)。若满足,则杆件的强度安全;否则是不安全的。

② 设计截面尺寸 已知拉压杆的受力大小与许用应力，根据式（2-30）可以反过来计算杆件的横截面积，进而确定横截面尺寸。例如，对于等截面拉压杆，横截面面积须满足：

$$\frac{F_\mathrm{N}}{A} \leqslant [\sigma] \Rightarrow A \geqslant \frac{F_\mathrm{N}}{[\sigma]}$$

③ 确定许用载荷 已知拉压杆的横截面面积和许用应力，根据式（2-30）确定杆件所能承受的最大轴力，进而确定杆件或构件所能承受的最大外加载荷（许用载荷）。即有

$$\frac{F_\mathrm{N}}{A} \leqslant [\sigma] \Rightarrow F_\mathrm{N} \leqslant A[\sigma] = [F_\mathrm{P}]$$

式中，$[F_\mathrm{P}]$ 为许用载荷。

应当指出，强度校核时，考虑到工程实际中安全系数往往取得较为充裕，若工作应力超出许用应力，但未超过许用应力的 5%，在工程计算中也是允许的。

【例题 2-10】 图 2-49(a) 所示的简易起重设备中，AC 杆由两根 80mm×80mm×7mm 的等边角钢组成，AB 杆由两根 10 号工字钢组成，材料均为 Q235 钢，许用应力 $[\sigma]=170\mathrm{MPa}$。求允许的最大起吊载重 $F_{\max}$。

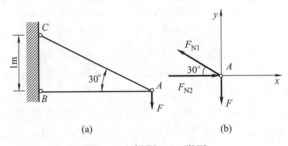

图 2-49 例题 2-10 附图

解 型钢截面面积可由型钢表查得：

等边角钢为 $A_1 = 10.86\mathrm{cm}^2 \times 2 = 2172 \times 10^{-6}\mathrm{m}^2$

10 号工字钢为 $A_2 = 14.3\mathrm{cm}^2 \times 2 = 2860 \times 10^{-6}\mathrm{m}^2$

① 受力分析 取节点 A 为研究对象，受力分析如图 2-49(b) 所示，由节点 A 的平衡方程

$$\sum F_y = 0 \quad F_{\mathrm{N1}}\sin30° - F = 0$$
$$\sum F_x = 0 \quad F_{\mathrm{N2}} - F_{\mathrm{N1}}\cos30° = 0$$

得

$$F_{\mathrm{N1}} = 2F, \quad F_{\mathrm{N2}} = 1.732F$$

② 确定最大起吊载重 根据强度条件，确定 AC 杆的许用载荷：

$$F_{\mathrm{N1}} = 2F \leqslant [\sigma]A_1 = 170 \times 10^6 \times 2172 \times 10^{-6}\mathrm{N} = 369.24 \times 10^3\mathrm{N}$$

因此，为保证 AC 杆的强度安全，起吊载重 F 必须满足：

$$F \leqslant \frac{[\sigma]A_1}{2} = \frac{369.24 \times 10^3\mathrm{N}}{2} = 184.62\mathrm{kN}$$

同理，AB 杆的许用载荷为

$$F_{\mathrm{N2}} = 1.732F \leqslant [\sigma]A_2 = 170 \times 10^6 \times 2860 \times 10^{-6}\mathrm{N} = 486.20 \times 10^3\mathrm{N}$$

从而为保证 AB 杆强度安全，起吊载重 F 也要满足：

$$F \leqslant \frac{[\sigma]A_2}{1.732} = \frac{486.2 \times 10^3\mathrm{N}}{1.732} = 280.7\mathrm{kN}$$

综上,要使起吊设备正常工作,最大起吊载重应取上述结果中的较小者,即允许的最大起吊载重 $F_{max}=184.62\text{kN}$。

2.2.6 强度理论简介

(1) 一点处应力状态的概念与确定方法

① 一点处应力状态的概念　构件受力后,从前面给出的应力计算公式可知,一般情况下杆件横截面上不同点的应力是不相同的。而杆件内的同一点,在不同截面上应力一般也是不同的。因此,当提及应力时,应明确是"哪一个面哪个点"的应力,或是"哪个点哪个方向面"上的应力。对一点不同方向面上应力的集合,称为这一点的应力状态。

② 确定一点处应力状态的方法　为研究受力杆件中任一点的应力状态,可围绕该点截取一个微小的立方体,称为单元体。这一单元体具有以下特征:

i. 单元体在三个方向的尺寸趋于无穷小时,单元体便趋于所考察的点;

ii. 单元体的尺寸无限小,故六个方向面上应力可视为均匀分布;

iii. 任意一对平行方向面上的应力相等。

在围绕一点截取微立方体时,一般使微立方体中一个方向面在构件横截面上,然后利用单元体的第3个特征和切应力互等定理确定其他方向面上的应力。

③ 主平面与主应力　一般来说,从受力构件某一点处取出的单元体,其方向面上既有正应力,又有切应力,如图 2-50。但是,可以证明,在该点处以不同方位截取的诸单元体中,必有一个特殊的单元体,在这个单元体的方向面上只有正应力而无剪应力,这样的单元体称为该点处的主单元体,如图 2-51 所示。主单元体每一个方向面都是主平面,主平面上的正应力称为主应力。过一点所取的主单元体的三对方向面上有三个主应力,这三个主应力按照代数值由大到小的顺序排列,分别记为 σ_1、σ_2、σ_3,即有 $\sigma_1 \geqslant \sigma_2 \geqslant \sigma_3$。

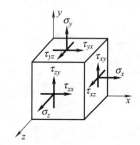

图 2-50　一般三向应力状态

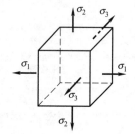

图 2-51　主单元体

(2) 强度理论简介

大量试验结果表明,材料在常温、静载作用下,主要发生两种形式的强度失效:一种是屈服,以低碳钢拉伸和扭转时的塑性屈服为代表;另一种是断裂,以铸铁试件拉伸和扭转时的脆性断裂为代表。相应地,强度设计准则也分成两类,一类是说明材料屈服条件的,一类是说明材料断裂条件的。下面按不同的失效类别来介绍常用的三个强度理论及其适用范围。

① 关于脆性断裂的强度理论　工程上常用的脆性断裂强度理论是最大拉应力准则。

最大拉应力准则又称为第一强度理论。这一理论认为,无论材料处于什么应力状态,只要发生脆性断裂,其共同原因都是由于微元内的最大拉应力 σ_1 达到某个共同的极限值 σ_1^0。

其失效判据为
$$\sigma_1 = \sigma_1^0 \tag{2-32}$$

脆性材料单向拉伸发生脆性断裂时，最大拉应力 σ_1 达到了材料的强度极限（抗拉强度）R_m，故有

$$\sigma_1^0 = R_m$$

据此，失效判据可改写为

$$\sigma_1 = R_m \tag{2-33}$$

在上式中引入脆性材料的安全系数 n_b 后，即得到相应的设计准则为

$$\sigma_1 \leqslant [\sigma] = \frac{R_m}{n_b} \tag{2-34}$$

这一理论最早由英国的兰金（Rankine W. J. M.）提出，他认为引起材料断裂破坏的原因是最大正应力达到了某个共同的极限值。后来被修正为最大拉应力准则。这一准则与均质的脆性材料（如玻璃、石膏等）的实验结果吻合较好。

此外，关于断裂的设计准则还有最大拉应变准则（即第二强度理论），由于这一准则只与少数脆性材料实验结果吻合，目前工程上较少采用，这里就不展开介绍了。

② 关于屈服的强度理论　关于屈服的强度理论主要有：最大剪应力准则和畸变能密度准则。

ⅰ. 最大剪应力准则。最大剪应力准则又称为第三强度理论。这一准则认为，无论材料处于什么应力状态，只要发生屈服（或剪断），其共同原因都是微元内最大剪应力（切应力）τ_{max} 达到了某个共同的极限值 τ_{max}^0。

根据这一准则，屈服失效判据可以写成

$$\tau_{max} = \tau_{max}^0 \tag{2-35}$$

在使用这一判据过程中，对于任一应力状态，由材料力学应力状态分析可知：

$$\tau_{max} = \frac{\sigma_1 - \sigma_3}{2} \tag{2-36}$$

某个共同的极限值 τ_{max}^0 可由单向拉伸试验结果确定。对于单向应力状态，由拉伸试验可知材料发生屈服时，有 $\sigma_1 = R_{eL}$，$\sigma_2 = \sigma_3 = 0$，此时，相应最大剪应力为

$$\tau_{max} = \frac{R_{eL} - 0}{2} = \frac{R_{eL}}{2} \tag{2-37}$$

因此 $R_{eL}/2$ 为所有应力状态下发生屈服时最大剪应力的极限值 τ_{max}^0。

将式（2-36）、式（2-37）代入式（2-35），则失效判据可表示为

$$\sigma_1 - \sigma_3 = R_{eL} \tag{2-38}$$

在上式中引入安全系数 n_s 后，即得到相应的设计准则：

$$\sigma_1 - \sigma_3 \leqslant [\sigma] = \frac{R_{eL}}{n_s} \tag{2-39}$$

最大剪应力准则最早由法国工程师、科学家库仑于 1773 年提出，是关于剪断的准则，并应用于建立土的破坏条件；1864 年特雷斯卡（Tresca）通过挤压试验研究屈服现象和屈服准则，将剪断准则发展为屈服准则，因而这一准则又称为特雷斯卡屈服准则。

最大剪应力准则比较成功地解释了韧性材料的屈服现象。比如，低碳钢拉伸时，沿和轴线成 45°的方向出现了滑移线，这是材料内部沿该方向滑移的痕迹。恰好，沿该方向的斜面上，剪应力达到最大值。

ⅱ. 畸变能密度准则。畸变能密度准则又称为第四强度理论。此准则认为，无论材料处于什么应力状态，只要发生屈服（或剪断），其共同原因都是微元内的畸变能密度 v_d 达到了某个极限值 v_d^0。其失效判据为

$$v_d = v_d^0 \qquad (2\text{-}40)$$

对于任一应力状态，由材料力学相关知识分析可知，畸变能密度可表示为

$$v_d = \frac{1+\mu}{6E}[(\sigma_1-\sigma_2)^2+(\sigma_2-\sigma_3)^2+(\sigma_3-\sigma_1)^2] \qquad (2\text{-}41)$$

同样，各种应力状态下发生屈服时畸变能密度的极限值 v_d^0 可由拉伸试验结果确定。材料单向拉伸至屈服时，$\sigma_1=R_{eL}$、$\sigma_2=\sigma_3=0$，这时的畸变能密度由式（2-41）可得

$$\frac{1+\mu}{6E}[(R_{eL}-0)^2+(0-0)^2+(0-R_{eL})^2] = \frac{1+\mu}{3E}R_{eL}^2 = v_d^0 \qquad (2\text{-}42)$$

将式（2-41）、式（2-42）代入式（2-40），则失效判据可表示为

$$\frac{1}{2}[(\sigma_1-\sigma_2)^2+(\sigma_2-\sigma_3)^2+(\sigma_3-\sigma_1)^2] = R_{eL}^2 \qquad (2\text{-}43)$$

在上式中引入安全系数 n_s 后，即得到相应的设计准则为

$$\sqrt{\frac{1}{2}[(\sigma_1-\sigma_2)^2+(\sigma_2-\sigma_3)^2+(\sigma_3-\sigma_1)^2]} \leqslant [\sigma] = \frac{R_{eL}}{n_s} \qquad (2\text{-}44)$$

畸变能密度准则是米泽斯（Richard von Mises）于1913年从修正最大剪应力准则出发提出的。1924年德国的亨奇（H. Hencky）从畸变能密度出发对这一准则做了解释，从而形成了畸变能密度准则，因此，这一准则又称为米泽斯屈服准则。

实验表明，对于塑性材料，畸变能密度准则比最大剪应力准则更符合试验结果。在纯剪切的情况下，由式（2-44）算出的结果，比由式（2-39）算出的结果大接近15%，这是两者最大差异的情形。尽管如此，这两个理论在工程中依然得到广泛应用。

上述设计准则只适用于某种确定的失效形式。工程实践表明，在大多数应力状态下，脆性材料将发生脆性断裂，一般选用最大拉应力准则；而韧性材料往往会发生屈服或韧性断裂，一般选用最大剪应力准则或畸变能密度准则。

思考题

2-1 力矩和力偶有哪些相同点和不同点？

2-2 力的可传性、加减平衡力系原理、力向一点平移定理对变形体是否成立？为什么？

2-3 力的主矢和主矩是否都与简化中心有关？为什么？

2-4 平面一般力系最多可列出多少个独立的平衡方程？

2-5 固定端约束和固定铰支座有什么不同？

2-6 杆件有哪几种基本变形？

2-7 何谓线应变？它有何意义？它的量纲是什么？如何确定它的正负？

2-8 试指出下列各量的区别和联系：内力、应力与应变。

2-9 用强度条件可以解决哪几类强度问题？

2-10 什么是主平面和主应力？

2-11 强度理论有哪些？如何选用？

习 题

2-1 试画出图2-52所示各刚体的受力图，假定各接触处光滑，刚体的重量除注明者外均不计。

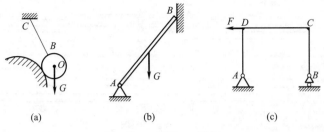

图 2-52　习题 2-1 附图

2-2　指出图 2-53 所示多刚体系统中的二力构件，并绘制各构件的受力图。

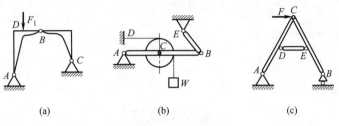

图 2-53　习题 2-2 附图

2-3　如图 2-54 所示机构，A 处为固定铰支座，滑块 C 在光滑滑槽内，AB 杆与 BC 杆铰接，试求机构在图示位置保持平衡时主动力系的关系。

2-4　试求图 2-55 所示外伸梁的约束反力，其中 $F_P=10\mathrm{kN}$，$F_{P1}=20\mathrm{kN}$，$q=20\mathrm{kN/m}$，$d=0.8\mathrm{m}$。

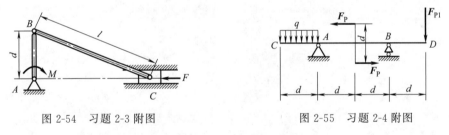

图 2-54　习题 2-3 附图　　　　　　图 2-55　习题 2-4 附图

2-5　试求图 2-56 所示多刚体系统在 A、B、C 三处的全部约束反力。已知 d、q 和 M。

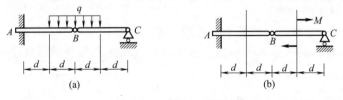

图 2-56　习题 2-5 附图

2-6　试绘制图 2-57 所示各杆的轴力图。

2-7　如图 2-58 所示的阶梯杆，已知 AC 段的横截面面积 $A_1=200\mathrm{mm}^2$，CB 段的横截面面积 $A_2=150\mathrm{mm}^2$，材料的弹性模量 $E=200\mathrm{GPa}$，$[\sigma]=260\mathrm{MPa}$，试计算该阶梯杆的轴向变形，并校核其强度。

2-8　如图 2-59 所示，一钢制阶梯圆截面杆受到轴向载荷作用，材料的许用应力 $[\sigma]=180\mathrm{MPa}$，试设计该阶梯杆的直径。

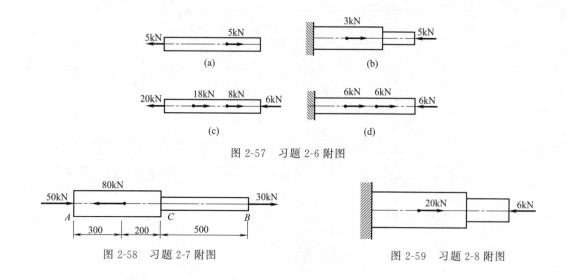

图 2-57 习题 2-6 附图

图 2-58 习题 2-7 附图

图 2-59 习题 2-8 附图

能力训练题

2-1 竹，历来为国人所赞誉；塔设备，是过程工业中重要的单元操作设备（图 2-60）。请查阅相关资料，结合现有力学知识，阐述竹子的力学美，分析竹子和化工塔设备在力学上的异同，并谈谈带给你的设计启示，撰写小报告。

图 2-60 竹与塔设备

2-2 查阅资料，结合专业相关工程案例，阐述材料力学强度、刚度和稳定性问题在工程中的重要性，浅谈作为未来工程师的历史使命和责任担当，自拟题目，撰写小报告。

3

压力容器与压力管道基础知识

压力容器与压力管道广泛用于化工、石油化工、医药、冶金、机械、采矿、电力、航空航天、交通运输等工业生产领域，在农业、民用和军工领域也颇为常见。它们主要用于储存和输送各种流体，如气体、液体。压力容器与压力管道类似于锅炉，是承受压力的密闭容器。有些压力容器或压力管道盛装可燃气体，一旦发生泄漏，可燃气体立即与空气混合并达到爆炸极限，若遇到火源即可导致二次爆炸、燃烧等连锁反应，造成特大火灾、爆炸和伤亡事故。掌握压力容器及压力管道的相关基础知识，对预防事故的发生至关重要。

3.1 压力容器基础知识

3.1.1 压力容器基本结构及特点

压力容器是指压力作用下盛装流体介质的密闭容器。这是 GB/T 26929 在标准范围内首次给出了压力容器的定义。压力容器通常由筒体、封头、开孔与接管、密封装置、支座、安全附件等部件组成。图 3-1 为一台卧式压力容器的总体结构图，下面结合该图对压力容器的基本结构作简单介绍。

① 筒体　筒体的作用是提供工艺所需的承压空间，是压力容器最主要的受压元件之一，其内直径和容积往往需由工艺计算确定。

② 封头　与圆筒连接形成密闭的空间，根据几何形状的不同，封头可以分为球形、椭圆形、碟形、球冠形、锥形和平盖等几种。

③ 密封装置　压力容器上需要有许多密封装置，如封头和筒体间的可拆式连接、容器接管与外管道间的可拆连接，以及人孔、手孔盖的连接等。在很大程度上，压力容器的安全运行取决于密封装置的可靠性。

④ 开孔与接管　由于工艺要求和检修的需要，常在压力容器的筒体或封头上开设各种大小的孔或安装接管，如人孔、手孔、视镜孔、物料进出口接管，以及安装压力表、液面计、安全阀、测温仪表等接管开孔。

⑤ 支座　压力容器靠支座支承并固定在基础上。圆筒形容器和球形容器的支座各不相同。

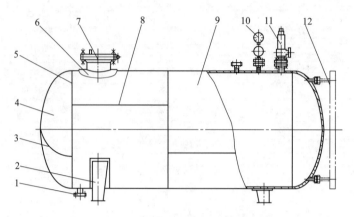

图 3-1 卧式压力容器总体结构

1—法兰；2—支座；3—封头拼接焊缝；4—封头；5—环焊缝；6—补强圈；
7—人孔；8—纵焊缝；9—筒体；10—压力表；11—安全阀；12—液面计

⑥ 安全附件 由于压力容器的使用特点及其内部介质的工艺特性，往往需要在容器上设置一些安全装置和测量、控制仪表来监控工作介质的参数，以保证压力容器的使用安全和工艺过程的正常进行。压力容器的安全附件主要有安全阀、爆破片装置、紧急切断阀、安全联锁装置、压力表、液面计、测温仪表等。

上述六大部件即构成了一台压力容器的外壳。对于储存用的容器，这一外壳即为容器本身；对于用于化学反应、传热、分离等工艺过程的容器，则须在外壳内装入工艺所需求的内件，才能构成一个完整的产品。

压力容器具有的特点如下：

① 应用的广泛性 如一个年产 30 万吨的乙烯装置，约有 793 台设备，其中压力容器 281 台，占了 35.4%。蒸汽锅炉也属于压力容器，但它是用直接火焰加热的特种受压容器，至于民用或工厂用的液化石油气瓶，更是到处可见。

② 操作的复杂性 压力容器的操作条件十分复杂，甚至近于苛刻。如：石油加氢为 10.5~21MPa，高压聚乙烯为 100~200MPa，合成氨为 10~100MPa，人造水晶高达 140MPa。温度从 -196℃ 低温到超过 1000℃ 的高温，而处理介质则包含易燃、易爆、有毒、腐（蚀）、磨损等品种。操作条件的复杂性使压力容器从设计、制造、安装到使用、维护都不同于一般机械设备，而成为一类特殊设备。

③ 安全的高要求 首先，压力容器承受各种静、动载荷或交变载荷，还有附加的机械或温度载荷；其次，大多数容器容纳压缩气体或饱和液体，若容器破裂，会导致介质突然卸压膨胀，瞬间释放出来的破坏能量极大；同时，压力容器绝大多数系焊接制造，容易产生各种焊接缺陷，一旦操作失误容易发生爆炸破裂，器内易爆、易燃、有毒的介质将向外泄漏，势必造成极具灾难性的后果。

④ 高事故率 2022 年，全国共发生特种设备和相关事故 108 起，死亡 101 人，与 2021 年相比，事故数量减少 2 起，降幅 1.82%，死亡人数增加 2 人，增幅 2.02%。按设备类别划分，锅炉事故 4 起，占比 3.70%；压力容器事故 7 起，占比 6.48%；气瓶事故 5 起，占比 4.63%；压力管道事故 2 起，占比 1.85%；场（厂）内专用机动车辆事故 42 起，占比 38.89%；起重机械事故 25 起，占比 23.15%；电梯事故 22 起，占比 20.37%；大型游乐设施事故 1 起，占比 0.93%。

3.1.2 介质危害与分组

介质危害是指承压设备服役过程中介质的物理、化学变化造成设备设施损害，或因泄漏致使介质与人体接触造成伤害，或造成火灾、爆炸和环境危害。

(1) 毒性介质

毒性介质是指物质经呼吸道、经皮肤或经口进入人体而对人类健康产生危害的介质。承压设备使用或储存介质的毒性危害分类主要依据为急性毒性，综合考虑最高容许浓度和职业性慢性危害等因素，将介质的毒性危害程度分为极度危害（Ⅰ级）、高度危害（Ⅱ级）、中度危害（Ⅲ级）、轻度危害（Ⅳ级）四个等级。

危害介质在环境中的最高容许浓度分别为：极度危害$<0.1\mathrm{mg/m^3}$，高度危害$0.1\sim<1.0\mathrm{mg/m^3}$，中度危害$1.0\sim<10\mathrm{mg/m^3}$，轻度危害$\geq10\mathrm{mg/m^3}$。

(2) 易爆介质

指气体或者液体的蒸气、薄雾与空气混合形成的爆炸混合物，并且其爆炸下限小于10%，或者爆炸上限和爆炸下限的差值大于或者等于20%的介质。

(3) 介质分组

压力容器的介质，根据其危害程度，分为两组：

第一组介质为毒性危害程度为极度、高度危害的化学介质，易爆介质，液化气体。

第二组介质为除第一组以外的介质。

介质的危害分类按照GB/T 42594《承压设备介质危害分类导则》执行。

3.1.3 压力容器分类

(1) 按照设计压力的大小分类

按照容器内外压力的相对大小，压力容器可分为内压容器与外压容器。内压容器的内部压力大于外部压力，外压容器则相反。外压容器中，当容器外部环境为大气压力，而内部绝对压力小于一个大气压时称为真空容器。

按照设计压力p的大小，内压容器又分为如下四个等级：

i. 低压容器（代号 L），$0.1\mathrm{MPa}\leq p<1.6\mathrm{MPa}$；

ii. 中压容器（代号 M），$1.6\mathrm{MPa}\leq p<10.0\mathrm{MPa}$；

iii. 高压容器（代号 H），$10.0\mathrm{MPa}\leq p<100.0\mathrm{MPa}$；

iv. 超高压容器（代号 U），$p\geq100.0\mathrm{MPa}$。

(2) 按作用原理和用途分类

i. 反应压力容器（代号 R），主要是用于完成介质的物理、化学反应的压力容器，如各种反应器、反应釜、聚合釜、合成塔、变换炉、煤气发生炉等；

ii. 换热压力容器（代号 E），主要是用于完成介质的热量交换的压力容器，如各种热交换器、冷却器、冷凝器、蒸发器、加热器等；

iii. 分离压力容器（代号 S），主要是用于完成介质的流体压力平衡缓冲和气体净化分离的压力容器，如各种分离器、过滤器、集油器、缓冲器、干燥塔等；

iv. 储存压力容器（代号 C，其中球罐代号 B），主要是用于储存或盛装气体、液体、液化气体等介质的压力容器，如各种型式的储罐等。

在一种压力容器中，如同时具备两个以上的工艺作用原理，应当按照工艺过程中的主要作用来划分。

(3) 按安装方式分类

根据容器的安装方式可分为固定式压力容器和移动式压力容器。通常后者的设计制造要求更严些。

(4) 按重要程度分类

为方便对压力容器的安全技术监督和管理，我国根据压力容器发生事故的可能性以及发生事故后的二次危害程度的大小，对压力容器进行了综合分类。这种分类方法综合考虑了以下几种因素：设计压力的大小、工作介质的危害性、容器几何容积的大小。这种分类方法将压力容器分为Ⅰ、Ⅱ、Ⅲ类，从安全的角度反映压力容器的重要性和对压力容器的不同要求。设计时，首先应根据介质分组选择图 3-2 或图 3-3，再按设计压力和容积的大小划分压力容器的所属类别。该类别是拟定压力容器制造技术要求的基本依据，在设计图样上要予以标出。

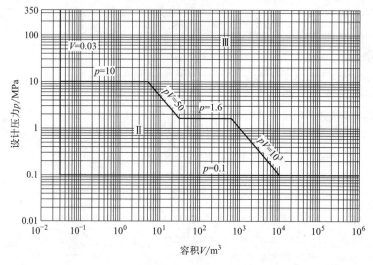

图 3-2　压力容器分类图——第一组介质

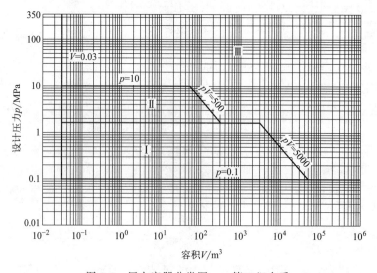

图 3-3　压力容器分类图——第二组介质

对于多腔压力容器（如热交换器的管程和壳程、夹套压力容器等），应当分别对各压力腔进行分类，划分时设计压力取本压力腔的设计压力，容积取本压力腔的几何容积；以各压力腔的最高类别作为该多腔压力容器的类别，并且按照该类别进行使用管理。但是应当按照每个压力腔各自的类别分别提出设计、制造技术要求。

3.1.4 压力容器基本要求

压力容器应先满足工艺过程的要求，即其结构应能在生产条件（压力、温度和物理条件）下完成规定的任务。压力容器的基本要求是安全性和经济性，安全是核心问题，在充分保证安全的前提下尽可能做到经济。经济性包括材料的节约，经济的制造过程，经济的安装、维护及使用，而容器的长期安全运行本身就是最大的经济。当然，一台压力容器能否做到始终安全运行，决定因素很多，例如操作人员是否严格执行操作规程、是否有足够的安全保护措施等，但重要的关注点是压力容器本身是否安全可靠。应当指出，充分的安全可靠并不等于保守。因此，为了保证压力容器自身安全可靠，其机械设计应满足如下要求：

① 强度　容器及其零部件应有抵抗外力破坏的能力，以保证安全。

② 刚度　容器及其零部件应有抵抗外力使其变形的能力，以防止在使用、运输或安装过程中发生不允许的变形。

③ 稳定性　容器及其零部件在外力作用下应有维持其原有形状的能力，以防止被压瘪或出现皱褶。

④ 耐久性　容器及其零部件应有一定的抵抗介质及大气腐蚀的能力，以保证一定的使用年限。

⑤ 密封性　容器在承受压力或处理有毒介质时应有可靠的密封性，以提供良好的劳动环境和维持正常的操作。

⑥ 其他　应节约材料，便于制造、运输、安装、操作和维护，符合有关国家标准和行业标准的规定。

3.1.5 压力容器标准与法规

压力容器具有潜在的危险性，故不论国内还是国外，其设计制造都是依据有关技术标准和技术法规进行的。并且随着科学技术的进步与经验的积累，各国的标准与法规也在不断修改、补充、完善和提高，从而形成了本国的压力容器标准和法规体系。

（1）国外压力容器标准与法规

① 美国压力容器标准与法规　美国是世界上最早制定压力容器标准的国家，但美国没有全国统一的压力容器安全法律法规。有关压力容器安全管理的联邦或各州法规，则大量引用相关标准，如美国国家标准或美国机械工程师协会（ASME）标准等。其中在世界上影响广泛并具有权威的是 ASME 标准，该标准为世界许多国家所借鉴或应用，现已成为美国的国家标准。ASME 标准有如下特点：

ⅰ.规模庞大，内容全面，体系完整，是目前世界上最大的封闭型标准体系。即它不必借助其他标准或法规，仅依靠自身就可以完成压力容器的选材、设计、制造、检验、试验、安装及运行等全部环节。

ⅱ.技术先进，安全可靠，修改更新及时，每三年出版一个新的版本，每年有两次增补。

目前，ASME 标准共有 12 卷，外加两个设计案例。其中与压力容器有关的主要是第Ⅷ

卷《压力容器》、第Ⅹ卷《玻璃纤维增强塑料压力容器》和第Ⅻ卷《移动式压力容器》。第Ⅷ卷又分为以下三个分篇。

ASME Ⅷ-1，即第 1 分篇《压力容器建造规则》。系常规设计标准，采用弹性失效设计准则，仅对总体薄膜应力加以限制，具有较强的经验性，设计计算简单，适用于设计压力≤20MPa 的情况。

ASME Ⅷ-2，即第 2 分篇《压力容器建造另一规则》。系分析设计标准，采用不同的失效设计准则，对不同性质的应力，视其对容器危害程度的不同分别加以限制，适用于设计压力≤70MPa 的情况。

ASME Ⅷ-3，即第 3 分篇《高压容器建造另一规则》。系分析设计标准，适用于设计压力>70MPa 的情况。

② 欧盟压力容器标准与法规　欧洲原来的压力容器标准较为著名有英国的 BS 5500、德国的 AD 2000 和法国的 CODAP 2000 等，但这些标准逐步更新，与欧盟各国强制执行的承压设备法令（简称 PED，属法规类）相协调一致，PED 对于工作压力大于 0.05MPa 的锅炉、压力容器、管道、承压附件等的基本安全要求作出了规定，而与 PED 配套的 EN 协调标准共有 700 多个，内容涉及压力容器和工业管道的材料、部件、设计、制造、安装、使用、检验等诸多方面。其中 EN 13445 系列标准是压力容器方面的基础标准，由总则、材料选择、设计、制造、检测和试验、铸铁压力容器和压力容器部件设计与生产要求、合格评定程序使用指南等 7 部分构成。此外还有简单压力容器通用标准 EN 286、系列基础标准 EN 764 和一些特定压力容器产品标准，如换热器、液化气体容器、低温容器、医疗用容器等。

(2) 中国压力容器标准与法规

① 中国压力容器标准系列　中国标准由四个层次组成：国家标准（代号为 GB）、行业标准（曾经称为部标准或专业标准）、企业标准、地方标准。此处要明确，国家标准是级别最高的和应用最广的标准，但其技术要求和质量指标往往是最低的，仅是保证压力容器安全的底线。一般而言，仅满足国家标准的产品，可能只是一个合格的产品，而不一定是优质产品。通常行业标准或企业标准的技术指标高于相应国家标准指标。

目前以 GB/T 150.1~4—2024《压力容器》（后简称 GB/T 150）为核心的压力容器建造方法及性能标准体系中，共有 64 个国家标准和 48 个行业标准。包括基础标准、材料标准、焊接标准、检验标准、设备元件标准、标准零部件标准和单项设备标准等，形成了压力容器标准体系的基本框架。我国的压力容器标准在技术内容上既参照了国外标准的相应要求，也考虑了我国压力容器行业各生产环节的现状，基本上能够满足行业的需要。

GB/T 150 是针对固定式压力容器的常规设计标准，其技术内容与 ASME Ⅷ-1 大致相当，是基于经验的设计方法，适用于设计压力≤35MPa 的钢制容器，及设计压力低于 0.1MPa 且真空度不低于 0.02MPa 的容器。它采用弹性及失稳失效设计准则与最大主应力理论，设计计算简单，应用方便。该标准基本内容包括圆筒和球壳的设计计算，压力容器零部件结构和尺寸的确定，密封设计，超压泄放装置的设置，及容器的制造、检验与验收要求等。

GB/T 4732.1~6—2024《压力容器分析设计》（后简称 GB/T 4732）适用设计压力 $0.1\text{MPa} \leq p < 100\text{MPa}$，真空度不低于 0.02MPa。其基本思路与 ASME Ⅷ-2 相同，以应力分析为基础，采用最大剪应力理论对容器进行分析设计和疲劳设计，是一种先进合理的设计方法，但设计计算工作量大。

GB/T 34019—2017《超高压容器》亦是分析设计标准,适用于按设计疲劳曲线法和断裂力学法要求做疲劳分析的压力容器,设计压力 $p \geqslant 100\text{MPa}$。

NB/T 47003.1—2022《常压容器 第1部分:钢制焊接常压容器》亦是常规设计标准,适用于设计压力 $-0.02\text{MPa} < p < 0.1\text{MPa}$ 的情况。代号中的"T"表示为推荐性标准。

② 中国压力容器法规体系 为保证压力容器产品质量与安全生产,我国还建立了较为完整的压力容器法规体系,相应颁布了《中华人民共和国特种设备安全法》《特种设备安全监察条例》《特种设备生产和充装单位许可规则》《特种设备使用管理规则》等。2016年2月22日国家质量监督检验检疫总局(现国家市场监督管理总局)修订颁布的 TSG 21—2016《固定式压力容器安全技术监察规程》(简称《固容规》)是容器法规体系中的核心。它根据国内多年以来压力容器事故和管理实践经验教训,制定了某些较国家标准规定更为严格细致的条款,对工作压力大于等于 0.1MPa 的压力容器,从材料、设计、制造、安装、改造与修理、使用管理等环节提出了监督检查要求。以《固容规》为核心的技术法规体系促使中国压力容器的管理与监督工作规范化。国家和地方有关行政安全管理机构,依据这些法规来控制和监管压力容器的设计、制造、使用、维修等各个环节。

3.1.6 压力容器安全管理

压力容器的设计、制造、安装、维修与检验单位均须具有质量技术监督管理部门颁发的相应资质。压力容器的使用单位,对新投运的和在用的压力容器,必须向县级以上地方各级人民政府特种设备安全监管部门办理使用登记,并领取《特种设备使用登记证》。对在用压力容器的安全附件、安全保护装置及其附属仪器仪表,必须按有关法规要求进行定期校验、检修。无证压力容器禁止使用。

压力容器的定期检验分为外部检查、内外部检验和耐压试验。外部检查是指专业人员在压力容器运行中的定期在线检查,每年至少一次。内外部检验是指专业检验人员在压力容器停机时的检验,其周期分为:容器安全状况等级为1、2级的,一般每6年检验一次;安全状况等级为3级的,一般每3年至6年检验一次。安全状况等级为4级的,监控使用,其检验周期由检验机构确定,累计监控使用时间不得超过3年,在监控使用期间,使用单位应当采取有效的监控措施;安全状况等级为5级的,应当对缺陷进行处理,否则不得继续使用。耐压试验是指压力容器停机检验时,所进行的超过最高工作压力的液压试验或气压试验,其周期为每10年至少一次。

压力容器安全管理情况检查至少包括以下内容:

i. 压力容器的安全管理制度是否齐全有效;

ii.《固定式压力容器安全技术监察规程》规定的设计文件、竣工图样、产品合格证、产品质量证明书、安装及使用维护保养说明、监检证书以及安装、改造、修理资料等是否完整;

iii.《特种设备使用登记证》《特种设备使用登记表》是否与实际相符;

iv. 压力容器作业人员是否持证上岗;

v. 压力容器日常维护保养、运行记录、定期安全检查记录是否符合要求;

vi. 压力容器年度检查、定期检验报告是否齐全,检查、检验报告中所提出的问题是否得到解决;

vii. 安全附件及仪表的校验(检定)、修理和更换记录是否齐全真实;

viii. 是否有压力容器应急专项预案和演练记录;

ix. 是否对压力容器事故、故障情况进行了记录。

3.2 压力管道基础知识

3.2.1 压力管道定义

压力管道是指利用一定的压力，来输送气体或者液体的管状设备，其范围规定为最高工作压力大于或等于0.1MPa（表压），介质为气体或可燃、易爆、有毒、有腐蚀性、最高工作温度高于或等于标准沸点的液体等，且公称直径大于或等于50mm的压力管道。

压力管道由管道组成件、管道支承件组成，用于输送、分配、混合、分离、排放、计量、控制或截止流体。

管道组成件是用于连接或装配成压力密封的管道系统的机械元件。包括压力管道元件（管子、管件、阀门、法兰、补偿器、密封元件、特种元件）、安全附件（安全阀、爆破片装置、紧急切断阀），以及诸如紧固件、阻火器、膨胀节、挠性接头、耐压软管、过滤器、管路中的仪表（如孔板）和分离器等。

管道支承件是用于将管道荷载，包括管道的自重、输送流体的重量、由于操作压力和温差所造成的荷载以及振动、风力、地震、雪载、冲击和位移应变引起的荷载等传递到管架结构上去的元件。

管道支承件分为固定件和结构附件两类。固定件包括悬挂式固定件，如吊杆、弹簧吊架、斜拉杆、平衡锤、松紧螺栓、支承杆、链条、导轨、固定架等，以及承载式固定件，如鞍座、底座、滚柱、托座、滑动支座等。结构附件是指用焊接、螺栓连接或夹紧等方法附装在管道上的元件，如吊耳、管吊、卡环、管夹、U形夹和夹板等。

压力管道是生产、生活中广泛使用的可能引起燃爆或中毒等危险性较大的特种设备。

3.2.2 压力管道分类、分级

管道分类、分级的目的在于根据管道的性质及危险性，提出不同的设计、制造、安装、检验及使用的要求，从而做到主次分明，更加有效地、有针对性地进行安全管理。

压力管道按用途分为三个类别：

① 长输管道（GA类） 长输管道是产地、储存库、用户间用于输送商品介质的管道。

② 公用管道（GB类） 公用管道是城市或乡镇范围内，用于公用事业或民用的燃气管道和热力管道。

③ 工业管道（GC类） 工业管道是工厂用来运输工业介质的工艺管道。

三个类别压力管道的具体分级方法分别如下。

(1) 长输管道（GA类）

① 符合下列条件之一的长输管道为GA1级：

i. 输送有毒、可燃、易爆气体介质，设计压力 $p>1.6$MPa 的管道；

ii. 输送有毒、可燃、易爆液体介质，输送距离（指产地、储存库、用户间用于输送商品介质管道的直接距离）≥200km，且管道公称直径 DN≥300mm 的管道；

iii. 输送浆体介质，输送距离≥50km，且管道公称直径 DN≥150mm 的管道。

② 符合下列条件之一的长输管道为GA2级：

i. 输送有毒、可燃、易爆气体介质，设计压力 p≤1.6MPa 的管道；

ii. GA1第 ii 规定范围以外的长输管道；

ⅲ. GA1 第 ⅲ 规定范围以外的长输管道。

（2）公用管道（GB 类）

① 燃气管道为 GB1 管道；

② 热力管道为 GB2 管道。

（3）工业管道（GC 类）

① 符合下列条件之一的工业管道为 GC1 级：

ⅰ. 输送毒性程度为极度危害介质、高度危害气体介质和工作温度高于其标准沸点的高度危害液体介质的管道；

ⅱ. 输送火灾危险性为甲、乙类可燃气体或者甲类可燃液体（包括液化烃），并且设计压力大于或者等于 4.0MPa 的管道；

ⅲ. 输送除前两项介质的流体介质并且设计压力大于等于 10.0MPa，或者设计压力大于等于 4.0MPa 并且设计温度大于等于 400℃ 的管道。

② 符合下列条件的工业管道为 GC2 级：

除符合 GC3 级管道外，介质毒性或易燃性危险和危害程度、设计压力和设计温度低于 GC1 级的管道。

③ 符合下列条件的工业管道为 GC3 级：

输送无毒、不可燃、无腐蚀性液体介质，设计压力小于或者等于 1.0MPa，且设计温度高于 -20℃ 但不高于 185℃ 的管道。

④ 符合下列条件的工业管道为 GCD 级：

火力发电厂用来输送蒸汽、汽水两种介质的动力管道。

3.2.3 压力管道特点及基本要求

（1）压力管道的特点

压力管道属于特种设备，它有如下特点：

ⅰ. 压力管道是一个系统，相互关联，相互影响，牵一发而动全身。

ⅱ. 压力管道长径比很大，极易失稳，受力情况比压力容器更复杂。压力管道内流体流动状态复杂，缓冲余地小，工作条件变化频率比压力容器高（如高温、高压、低温、低压、位移变形、风、雪、地震等都可能影响压力管道受力情况）。

ⅲ. 管道组成件和管道支承件的种类繁多，材料选用复杂。

ⅳ. 管道上的可能泄漏点多于压力容器，仅一个阀门通常就有五处。

ⅴ. 压力管道种类多，数量大，设计、制造、安装、检验、应用管理环节多，且与压力容器大不相同。

（2）压力管道的基本要求

正是由于压力管道具有上述特点，对压力管道提出了如下基本要求。

① 安全性　安全是第一位的，是压力管道研究的基本问题，也是研究其他问题的出发点。压力管道的安全性表现在以下几个方面。

ⅰ. 操作运行风险小，安全系数大，不至于因失效而产生重大事故。

ⅱ. 运转平稳，没有或者少有跑、冒、滴、漏现象，不至于造成装置短生产周期的停车或频繁停车。

ⅲ. 设计时，对可能发生的安全问题做出正确评价，在压力管道布置和装置设备布置时给予充分的考虑，降低事故发生的概率。

影响压力管道安全性的因素是多环节、多方位的,每个环节出现问题都将危及其安全性。因此,保证压力管道安全性要全方位进行。

② 工艺要求 满足工艺要求是压力管道最基本的要求。工艺流程图是压力管道设计的依据。

③ 经济性 要求压力管道的一次投资费用和操作维护费用的综合指数低。一般情况下,如果一次投资较高的话,其可靠性好,操作、维护费用低;相反亦然。借助计算机分析可以取最优化的组合。

④ 标准化、系列化 进行标准化、系列化设计将有效地减少设计、生产、安装投入的人力和物力,同时给维护、检修、更换带来方便。

⑤ 便于制造和施工 这反映在材料选用时应注意要有充足的货源,并有良好的机加工性能和焊接性能。在压力管道及其元件的结构形式上要有可实现性。在现场安装环境和空间上要方便。

⑥ 美观性要求 进入石油化工生产装置,给人最直观的感觉就是压力管道的布置和设备平面布置,层次分明、美观的压力管道布置是反映设计水准高低的一个很重要指标。

3.2.4 压力管道标准与法规

近年来,围绕压力管道设计、制造、施工/安装、检验、使用及监督管理等方面,国家出台了一系列安全技术法规、规程和标准。这些标准规范是在生产实践中必须遵守的法定文件,也是进行相关活动最基础的约束准则。目前,工程项目中使用的国内标准有中国国家标准(GB 标准)、中国行业标准(中石化行业 SH 标准、化工行业 HG 标准、石油天然气行业 SY 标准、机械行业 JB 标准)等;使用的国外标准有美国机械工程师协会(ASME)标准、美国阀门及配件工业制造商标准化协会(MSS)标准、美国石油学会(API)标准、英国标准学会(BS)标准等。现主要介绍中国压力管道相关的标准与法规。

(1) 统领性法规文件

2013 年 6 月 29 日,中华人民共和国第十二届全国人民代表大会常务委员会第三次会议审议通过了《中华人民共和国特种设备安全法》,从法律层面对压力管道等八种类型特种设备的生产(包括设计、制造、安装、改造、修理)、经营、使用、检验、检测、监督管理、事故应急救援与调查处理和法律责任等都作出了明确的规定。

2009 年 1 月 24 日,国务院颁发了修订后的《特种设备安全监察条例》。该条例是我国现行针对包括压力管道在内的八种特种设备安全监察的最高法规。

2009 年 5 月 8 日,国家质量监督检验检疫总局(现国家市场监督管理总局)颁布了 TSG D0001—2009《压力管道安全技术监察规程——工业管道》。该规程考虑了压力管道安全技术的现状和国家有关行政许可的要求,从材料、设计、安装、使用、维修、改造、定期检验及安全保护装置等方面提出了压力管道安全性能的基本要求,以达到规范压力管道监管工作的目的。

(2) 许可规则

为了规范特种设备生产(设计、制造、安装、改造、修理)和充装单位许可工作,根据《中华人民共和国特种设备安全法》《中华人民共和国行政许可法》和《特种设备安全监察条例》等有关法律、法规,国家市场监督管理总局于 2019 年 5 月 13 日颁布了 TSG 07—2019《特种设备生产和充装单位许可规则》。规则中附件 E 分别对压力管道设计、制造和安装许可条件提出了具体要求。

(3) 与设计、制造、施工/安装有关的法规及规范

2017 年 9 月 7 日,国家质量监督检验检疫总局(现国家市场监督管理总局)和国家标

准化管理委员会发布的 GB/T 34275—2017《压力管道规范　长输管道》规定了长输（油气）商品介质管道建设、投产、在役管道的运行、维修及检验等技术要求。

2020 年 3 月 6 日，国家市场监督管理总局和国家标准化管理委员会发布的 GB/T 20801.1~6—2020《压力管道规范　工业管道》规定了工业金属压力管道设计、制作、安装、检验、试验和安全防护的基本要求。

2020 年 6 月 2 日，国家市场监督管理总局和国家标准化管理委员会发布的 GB/T 38942—2020《压力管道规范　公用管道》规定了公用管道的材料、设计与计算、制作与安装、检验与试验、安全运行与维护等与安全相关的基本要求。

2024 年 4 月 25 日，国家市场监督管理总局和国家标准化管理委员会发布的 GB/T 32270—2024《压力管道规范　动力管道》规定了火力发电厂界区内以蒸汽、水为介质的管道材料、设计、制作、安装、检验、试验、安全防护、保温及防腐的基本要求。

（4）与使用有关的法规及规范

2017 年 1 月 16 日，国家质量监督检验检疫总局（现国家市场监督管理总局）为规范包括压力管道在内的特种设备的使用管理，保障特种设备安全经济运行，颁布了 TSG D5001—2017《特种设备使用管理规则》，对特种设备使用单位及其人员、使用登记和监督管理等方面作出了明确规定。

3.2.5　压力管道安全管理

压力管道使用单位负责本单位的压力管道安全管理工作，并应履行以下职责：

① 贯彻执行有关安全法律、法规和压力管道的技术规程、标准，建立、健全本单位的压力管道安全管理制度；

② 应有专职或兼职专业技术人员负责压力管道安全管理工作；

③ 压力管道及其安全设施必须符合国家的有关规定；

④ 新建、改建、扩建的压力管道及其安全设施不符合国家有关规定时，有权拒绝验收；

⑤ 建立技术档案，并到企业所在地的地（市）级或其委托的县级劳动行政部门登记；

⑥ 对压力管道操作人员和压力管道检查人员进行安全技术培训；

⑦ 制订压力管道定期检验计划，安排附属仪器仪表、安全保护装置、测量调控装置的定期校验和检修工作；

⑧ 对事故隐患应及时采取措施进行整改，重大事故隐患应以书面形式报告省级以上（含省级，下同）主管部门和省级以上劳动行政部门；

⑨ 对输送可燃、易爆、有毒介质的压力管道应建立巡线检查制度，制订应急措施和救援方案，根据需要建立抢险队伍，并定期演练；

⑩ 按有关规定及时如实向主管部门和当地劳动行政部门报告压力管道事故，并协助做好事故调查和善后处理工作，认真总结经验教训，防止事故的发生；

⑪ 按有关规定应负责的其他压力管道安全管理工作。

压力管道使用单位应建立定期自行检查制度，检查后应当做出书面记录，书面记录至少保存 3 年。定期检查分为在线检查和全面检查。在线检查是在运行条件下对在用工业管道进行的检查，在线检查每年至少一次。全面检查是按一定的检查周期对在用工业管道停车期间进行的较为全面的检查。安全状况等级为 1 级和 2 级的在用工业管道，其检查周期一般不超过 6 年；安全状况等级为 3 级的在用工业管道，其检查周期一般不超过 3 年。

思考题

3-1 压力容器主要由哪几部分组成？分别起什么作用？
3-2 介质的毒性程度和易燃特性对压力容器的设计、制造、使用和管理有何影响？
3-3 《压力容器安全技术监察规程》在确定压力容器类别时，为什么不仅要根据压力高低，还要视容积 V 大小进行分类？
3-4 对压力容器的基本要求有哪些？
3-5 试述压力管道和压力容器相比有何特点？
3-6 对压力管道的基本要求有哪些？
3-7 影响压力管道安全性的因素有哪些方面？

能力训练题

查阅资料，分析我国近年来压力容器、压力管道发生爆炸的原因，浅谈本专业大学生的责任和担当。

4 压力容器用材料

压力容器常用材料多种多样,主要包含金属材料、非金属材料和复合材料三大类。压力容器操作工况十分复杂,压力从真空到超高压,温度从低温到高温,介质具有易燃、易爆、有毒及强腐蚀性等特点,对压力容器用材料往往具有特殊性能的要求。正确地选用材料是压力容器安全可靠运行的保障与技术先进、经济合理的体现,也是压力容器设计的基础和难点。因此,为了保证压力容器的安全运行及经济性,必须根据容器的具体操作条件及制造等方面的要求,合理地选择材料。

4.1 金属材料力学性能及其影响因素

材料的基本性能主要有力学性能、耐腐蚀性能、物理性能和制造工艺性能。力学性能亦称机械性能,是指材料在载荷(外力、温度)作用下表现出来的行为。本节重点介绍金属材料的力学性能及其影响因素。

4.1.1 金属材料力学性能

金属材料的力学性能主要包括强度、刚度、塑性、抗冲击性能、硬度等。

(1) 强度

强度是指材料在外力作用下对变形或断裂的抵抗能力。常用的强度指标有屈服强度 R_{eL} 和抗拉强度 R_m。强度指标是设计中决定许用应力的重要依据。

(2) 刚度

刚度是指材料在外力作用下抵抗弹性变形的能力。材料的刚度通常用弹性模量 E 来衡量,是稳定性计算的主要依据。

(3) 塑性

塑性是指材料在破坏前发生永久变形的能力。常用的塑性指标有断后伸长率 A 和断面收缩率 Z。用塑性好的材料制造容器,可以减少局部应力的不良影响,有利于压力加工,不易产生脆性断裂,对缺口、伤痕不敏感,并且在发生爆炸时不易产生碎片。

(4) 抗冲击性能

抗冲击性能是指材料在断裂前抵抗冲击载荷吸收变形能量的能力，其单位为焦耳（J）。抗冲击性能常用3个标准试样冲击吸收能量的平均值 $\overline{KV_2}$ 表示。抗冲击性能好的材料，即使存在缺口或裂纹也有较好地防止发生脆性断裂和裂纹快速扩展的能力。某些材料在低温下抗冲击性能明显下降，这种现象称为材料的低温脆性。材料抗冲击性能值突然明显降低的温度，称为材料的无塑性转变（NDT）温度。由于材料的低温脆性，容器在低温下容易发生脆性断裂，破坏时应力较低，又无可见的变形现象发生，危险性较大。

(5) 硬度

硬度是指材料对局部塑性变形的抵抗能力。是衡量材料软硬程度的一个性能指标。常用硬度指标有布氏硬度（HB）、洛氏硬度（HR）和维氏硬度（HV）等。硬度大小反映材料的耐磨性和切削加工的可能性，一般来说，硬度越高，耐磨性越好，但切削加工性能越差。硬度值和金属的抗拉强度 R_m 之间有一定的对应关系。硬度还能敏感地反映出金属材料的化学成分和组织结构的差异。硬度试验方法简单、迅速，可以直接在原材料或者零件表面上测试，因此硬度被广泛用于检查金属材料的性能、热加工工艺的质量或研究金属组织结构的变化。

材料力学性能的各因素之间是相互联系又相互制约的。有些材料强度较高，但它的断后伸长率 A 及抗冲击性能却很低。因此，选材时不能只看其单一的性能指标，而应对材料力学性能的诸因素做全面分析。

4.1.2 钢材力学性能影响因素

(1) 化学成分

钢中通常含有磷、硫、氮、氢、氧等杂质元素及合金元素。杂质元素对钢的性能会产生不利影响。

① 硫、磷杂质　硫和磷是钢中的主要有害杂质，其含量是衡量钢质量优劣的重要指标。

硫是由生铁及燃料带入钢中的杂质，硫在钢中主要以 FeS 形式存在，FeS 会与 Fe 形成熔点较低的共晶体（熔点为980℃）。硫对钢的焊接性能有不良的影响，容易导致焊接热裂。同时，在焊接过程中，硫易于氧化，生成 SO_2 气体，使焊缝产生气孔和疏松。

磷是炼钢难以除尽的杂质，它可全部溶于铁素体中，使其强度、硬度提高，但使室温下钢的塑性、抗冲击性能急剧降低。它会使无塑性转变温度有所升高，使钢变脆，这种现象称为冷脆。磷的存在还会使焊接性能变坏，引起焊接热裂纹。

② 氧、氮、氢微量气体元素　氧以各种夹杂物形式存在于钢中，常常是应力集中源，对钢的塑性和抗冲击性能很不利，容易导致时效，对无塑性转变温度极为不利。

氮作合金元素时可提高钢的强度，是有益的。但在不作为合金元素时它总是作为杂质在钢中有少量存在，对钢的性能产生不利影响。对于低碳钢，Fe_4N 的析出，会导致时效和冷脆现象。含微量N的低碳钢，在冷加工变形后会有明显的时效现象和缺口敏感性。当钢中含有磷时，其脆化倾向更大。N含量超过一定限度时，易在钢中形成气泡和疏松，使冷热加工变得困难。

氢是在冶炼时由锈蚀或含水炉料进入钢中的，它会使钢形成很多严重的缺陷，如白点、点状偏析、氢脆以及焊接热影响区的冷裂纹等。

③ 合金元素　碳是钢中的主要合金元素。对于压力容器用碳钢，大多含碳量在0.25%以下。这类钢随着含碳量的增加，强度、硬度升高，而塑性、抗冲击性能降低。特别是低温抗冲击性能，会随着含碳量增加急剧下降，同时钢的无塑性转变温度升高。碳也是影响焊接性能

的主要元素，钢中含碳量高，其淬硬倾向大，产生焊接冷裂纹的倾向大；同时碳可促使硫化物形成偏析，故碳也是焊缝金属内热裂纹的促生元素。因此焊制压力容器均限用低碳钢。

钢是铁和碳的合金，许多钢中还有目的地加入了合金元素，如 Si、Mn、Cr、Ni、Mo、W、V、Ti、Nb、Al 等。但合金元素在钢中的作用和影响十分复杂，同一种合金元素，在不同钢中的作用也不同。例如 Cr，其在 40Cr 中的主要作用是提高淬透性，改善钢的热处理性能；在 12CrMo 中是提高热强性，抑制石墨化倾向；在 Cr13 型钢中是提高耐腐蚀性能，使钢具有不锈性等。掌握合金元素在不同种类钢中的作用和影响，是正确选材的基础。

(2) 冶炼方法与脱氧程度

① 冶炼方法　炼钢的主要任务是把钢中的碳以及合金元素的含量调整至有关技术规定范围内，并使 P、S、N、H、O 等杂质的含量降至规定限量之下。冶炼方法不同，去除杂质的程度也不同，所炼钢的质量也有差别。炼钢设备及冶炼方法对钢的质量有直接影响。现代大生产的炼钢炉主要有氧气转炉、电弧炉、电渣炉和感应炉等。对于质量要求高的钢，为了进一步提高钢的内在质量，在前述炉内冶炼后，通常还采用脱 S、P、N、O 等精炼技术，进行二次精炼。

根据炼钢时选用的原材料、炉渣性质和炉衬材料的不同，通常把炼钢方法和炼钢炉分为碱性和酸性两类。碱性炉渣主要为 CaO，去除 P、S 效果好，但钢中含 H 量高。酸性炉渣主要为 SiO_2，脱氧效果好，钢中气体含量比较低，而且氧化物夹杂少，所含硅酸盐夹杂物多呈球状，对锻件切向性能影响比较小，但不能去除 P、S，对炉料要求严格。

② 脱氧程度　炼钢脱氧工艺和钢水脱氧程度，对钢的性能和质量具有显著影响。通常，用 Al、Si 等强脱氧剂生产的钢为镇静钢，用 Mn 等弱脱氧剂生产的钢为沸腾钢。

沸腾钢脱氧不完全，钢液含氧量较高，当钢水注入钢锭模后，碳氧反应产生大量气体，造成钢液沸腾，沸腾钢由此得名。沸腾钢钢锭没有大的集中缩孔，切头少、成材率高，而且沸腾钢生产工艺简单，成本低。但沸腾钢钢锭心部杂质较多，偏析较严重，组织不致密，有害气体元素含量较多；钢材抗冲击性能低，易冷脆，时效敏感性较大，焊接性能较差。故我国已禁用沸腾钢作受压元件，该钢主要用于建筑工程结构及一些不重要的机器零部件。

镇静钢脱氧完全，钢液含氧量低，钢液在钢锭模中较平静，不产生沸腾现象，镇静钢由此得名。镇静钢中没有气泡，组织均匀致密；由于含氧量低，杂质易于上浮，钢中夹杂物较少，纯净度高，冷脆和时效倾向小；同时，镇静钢偏析较小，性能比较均匀，质量较高。镇静钢的缺点是有集中缩孔，成材率低，价格较高。我国规定压力容器均须采用镇静钢。

(3) 热处理及交货状态

交货状态是指钢材产品的最终塑性变形加工或最终热处理的状态，如热轧和冷轧等。同一钢材可以有不同的交货状态。交货状态不同，钢材力学性能亦不同。

① 热轧状态　钢材经热轧或锻造后不再进行专门热处理，冷却后直接交货，称为热轧状态。

热轧状态交货的钢材，由于表面覆盖有一层氧化铁，因而具有一定的耐蚀性，储运保管的要求不像冷轧状态交货的钢材那样严格，大中型型钢、中厚钢板可以在露天货场存放。

② 冷轧状态　经冷轧加工成形的钢材，不再经任何热处理而直接交货的状态，称为冷轧状态。与热轧状态相比，冷轧状态的钢材尺寸精度高，表面质量好，表面粗糙度低。同种成分的钢冷轧态较热轧态强度高，但塑性低，这是冷塑性变形会产生加工硬化的结果。

由于冷轧状态交货的钢材表面没有氧化铁覆盖，并且存在很大的内应力，极易遭受腐蚀或生锈。因而冷轧状态的钢材，其包装、储运均有严格的要求，一般均需在库房内保管，并应注意库房内的温度和湿度控制。

③ 退火状态　钢材出厂前经退火热处理,称为退火状态。退火的目的主要是消除和改善前道工序遗留的组织缺陷和内应力。容器大型锻件用钢,其铸锭要求进行扩散退火,以减轻显微偏析,改善枝晶性质并扩散钢中的氢,为锻造创造有利条件。铁素体不锈钢也常以退火状态供货。

④ 正火或正火加回火状态　钢材出厂前经正火热处理,称为正火状态。由于正火加热温度(亚共析钢为 $Ac_3+30\sim50℃$)比热轧终止温度控制严格,因而钢材的组织性能均匀。与退火状态的钢材相比,由于正火冷却速度较快(放在空气中自然冷却),钢的组织中珠光体含量较多,珠光体层片及钢的晶粒细化,因而有较好的综合力学性能。正火加回火状态是紧随正火之后进行回火,已正火的材料被重新加热到较低温度,并保持一段时间后缓慢冷却(随炉冷却),通过控制回火温度和时间,可以精确调整材料的力学性能,如硬度、强度和抗冲击性能,以满足特定应用需求。

⑤ 调质状态　正火钢是靠在正火中析出碳化物和氮化物以及细化晶粒来达到提高强度并兼备抗冲击性能要求的。但强度高,需加入的合金元素就多,使钢的抗冲击性能恶化,故正火钢能达到的强度是有限的。为此发展了低碳调质钢,这类钢的含碳量更低,其淬火组织为低碳马氏体,不仅强度高,且兼有良好的塑性和抗冲击性能,淬火后再加回火,可使其抗冲击性能进一步提高,具有更好的综合力学性能。

⑥ 固溶状态　钢材出厂前经固溶处理,称为固溶状态。这种交货状态主要适用于奥氏体型不锈钢出厂前的处理。通过固溶处理,可以得到单相奥氏体组织,提高钢的抗冲击性能、塑性及耐晶间腐蚀能力。

(4) 操作环境引起的钢组织与性能劣化

压力容器操作环境复杂,如高温、低温、腐蚀等。这些环境均可引起钢的组织或性能的劣化。

① 高温、长期静载的蠕变　在高温和恒定载荷的作用下,金属材料会随时间的延长缓慢产生塑性变形,这种现象称为蠕变。碳素钢的温度超过420℃,低合金钢的温度超过400~500℃时,在一定的应力作用下,均会发生蠕变。蠕变结果使压力容器材料产生蠕变脆化、应力松弛、蠕变变形和蠕变断裂。

蠕变会使原来的弹性变形部分变为塑性变形,从而使构件内的弹性应力释放而变小,这种现象称为应力松弛。高温环境中的螺栓连接,会因应力松弛而泄漏。

② 高温下钢的组织与性能劣化　在高温下长期工作的钢材,除蠕变外,有些钢还会有珠光体球化、石墨化、回火脆化、氢腐蚀和氢脆等组织与性能的劣化。

碳钢及低合金钢,其常温组织一般为片状铁素体+珠光体。而片状珠光体是一种不稳定的组织,当温度较高时,原子活动力增强,扩散速度增加,片状渗碳体逐渐转变成球状,再积聚成大球团,从而使材料的屈服强度、抗拉强度、抗冲击性能、蠕变极限和持久极限下降,这种现象称为珠光体球化。球化严重时,钢的强度,特别是蠕变极限和持久极限会明显下降,导致设备加速破坏。

钢在高温、应力长期作用下,珠光体内渗碳体自行分解出石墨的现象,即 $Fe_3C \longrightarrow 3Fe+C$(石墨),称为石墨化或析墨现象。石墨的强度很低,相当于金属内部形成了空穴,从而出现应力集中现象,使金属发生脆化,强度和塑性降低,抗冲击性能降低得更多。

Cr-Ni 及 Cr-Mo 等低合金钢,在370~595℃温度下长期作用或缓慢冷却时,其抗冲击性能会显著下降而变脆。因为这一温度范围与一般热处理的回火温度相一致,故称回火脆性或回火脆化。发生回火脆化的钢,其抗冲击性能显著下降,无塑性转变温度上升,易产生裂纹和发生脆断事故。

氢腐蚀是指高温高压下氢与钢中的碳形成甲烷的化学反应，简称为氢蚀。氢腐蚀有两种形式：一是 H 与钢表面的碳化合生成甲烷，引起钢表面脱碳，使力学性能恶化；二是 H 渗透到钢内部，与渗碳体反应生成甲烷。生成的甲烷聚集在晶界上，形成压力很高的气泡，致使晶界开裂。

在高温、高氢分压环境下工作的压力容器，氢还会以原子形式渗入到钢中，被钢的基体所溶解吸收。当容器冷却后，氢的溶解度便降低，促使形成分子氢的局部富集，使钢变脆，称为氢脆。

在核反应堆中的压力容器，除了受介质压力、高温载荷的作用外，还要受到中子辐照的影响。中子辐照后，将使材料的抗冲击性能下降，无塑性转变温度上升，称为材料的辐照脆化。

材料的脆化单靠外观检查和无损检测不能有效地发现，因而由此引起的事故往往具有突发性。在设计阶段，预测材料性能是否会在使用中劣化，并采取有效的防范措施，对提高压力容器的安全性具有重要意义。

③ 低温下钢的脆化　具有体心立方或密排六方晶格的金属或合金，如压力容器中常用的碳钢及低合金钢，在低温环境下，其抗冲击性能会降低，且温度愈低，降低愈甚，从而导致钢脆化，无塑性转变温度升高。钢脆化后其缺口敏感性增加，易发生低应力脆性破坏。故低温环境下的压力容器必须具有足够的低温抗冲击性能及较低的无塑性转变温度。

④ 介质的腐蚀破坏　压力容器中的操作介质许多具有腐蚀性。腐蚀会使材料发生物理或化学变化，从而遭到破坏。腐蚀的类型、机理及其防治甚为复杂，是工程实践中的难点。以下是几种危害较大的典型腐蚀类型：碳钢、低合金钢及不锈钢在氢氧化钠溶液中的应力腐蚀开裂；奥氏体不锈钢的晶间腐蚀及在氯离子环境中的应力腐蚀开裂；低碳钢及低合金钢在液氨中的应力腐蚀开裂；燃料燃烧烟气中的硫腐蚀；燃油锅炉中的高温钒腐蚀等。

4.2　压力容器用金属材料

压力容器操作工况复杂，除大多数承受压力外，许多还具有高温、低温及腐蚀等苛刻的环境，对压力容器用材料往往具有特殊性能要求。因此，所涉及的金属材料品种类型繁多，主要有黑色金属、有色金属及其合金等。

钢材属于黑色金属的一种，压力容器使用最多的还是钢材，对压力容器用钢的基本要求是：

i. 有较好的力学性能（较高的强度、良好的塑性、韧性）；

ii. 有较好的制造性能（特别是焊接性能）；

iii. 有与介质的相容性；

iv. 有较好的经济性。

选材时应综合考虑以下因素：压力容器的使用条件、零件的功能和制造工艺、材料性能、材料使用经验（历史）、材料价格、规范标准等。

4.2.1　压力容器用钢

（1）压力容器用钢的分类

各类压力容器用钢均按有关国家标准进行生产，在冶炼、检验和性能等方面，较一般结构用钢具有更严格或特殊的要求。因此，设计所选用的压力容器用钢，必须在图样上标注其相应标准代号。

按照用途和形态，压力容器受压元件用钢有钢板、钢管、钢棒和锻件四大类。其中钢板主要作承压壳体，钢管主要用于换热管及承压接管，钢棒主要用于承压紧固件螺栓、螺母，锻件用于平盖、法兰、管板和锻制容器壳体等。

按照化学成分，压力容器用钢分为碳素钢（碳钢）（非合金钢）、低合金钢（合金钢）和高合金钢等。

(2) 压力容器用钢质量要求

① 冶炼方法　我国在 TSG 21 中要求压力容器受压元件用钢应当是氧气转炉或者电炉冶炼的镇静钢。对标准抗拉强度下限值大于 540MPa 的低合金钢钢板、奥氏体-铁素体不锈钢钢板，以及设计温度低于－20℃的低温钢板和低温钢锻件，还应当采用炉外精炼工艺。

② 化学成分　用于焊接的碳钢与低合金钢，其 C 含量≤0.25%、S、P 含量均≤0.035%（不特殊说明时，元素含量均指质量分数）。压力容器专用钢中的碳钢与低合金钢（钢板、钢管和锻件），其 S、P 含量应符合以下要求：

碳钢及低合金钢，标准抗拉强度下限值小于或者等于 540MPa 时，S 含量≤0.020%、P 含量≤0.030%，但在设计温度低于－20℃时，S 含量≤0.012%、P 含量≤0.025%；标准抗拉强度下限值大于 540MPa 时，S 含量≤0.015%、P 含量≤0.025%，但在设计温度低于－20℃时，S 含量≤0.010%、P 含量≤0.020%。

(3) 加工工艺与力学性能要求

压力容器大多经弯、卷与焊接制成，因此其壳体钢板必须具有良好的压力加工与焊接性能。为此压力容器用钢必须是低碳钢，其 C 含量≤0.25%。压力加工性能与钢的断后伸长率密切相关，对标准抗拉强度下限值小于或者等于 420MPa 的压力容器用钢板，要求其断后伸长率 $A\geqslant 23\%$。

焊接性能除与碳含量有关外，还与合金元素含量等因素有关。对于低合金钢，合金元素含量愈多，其焊接性愈差。为保证焊接质量与压力容器的使用安全，我国对合金元素含量较多的低合金钢，如压力容器用调质高强度钢板及低温承压设备用低合金钢锻件等，提出了碳当量或焊接裂纹敏感性的要求。

压力容器用钢必须具有足够的抗冲击性能，以降低缺口敏感性，防止脆性断裂的发生。强度高对减小壁厚、节省材料有利，但随着强度的升高，钢的抗冲击性能会降低，故压力容器用钢必须在满足抗冲击性能要求的前提下提高强度。我国标准规定，在试验温度下，对标准抗拉强度下限值小于或者等于 450MPa 的压力容器用钢，冲击吸收功 $KV_2\geqslant 20J$。

此外，压力容器用钢必须满足操作环境，因具有不同的特殊性能，例如高温热强性及对介质的耐腐蚀性能等。

(4) 压力容器用钢板

目前我国颁布的压力容器专用钢板标准为 GB/T 713.1～7《承压设备用钢板和钢带》（后简称 GB/T 713）。

① GB/T 713.2—2023《承压设备用钢板和钢带　第 2 部分：规定温度性能的非合金钢和合金钢》　GB/T 713.2 标准中，有非合金钢、合金钢两大类，共 13 个牌号。其中非合金钢及部分合金钢牌号由 Q+屈服强度+R 组成。例如 Q245R，Q 表示钢的屈服强度，245 表示其值不低于 245MPa，R 表示压力容器专用钢板。标准中含 Mo 和 Cr-Mo 的合金钢牌号由平均含碳量的万分之几数字+合金元素字母+R 组成，如 15CrMoR 和 18MnMoNbR 等。

Q245R 是标准中仅有的一个非合金钢牌号，具有优良的压力加工与焊接性能，但强度偏低，在压力高、壁厚大时不宜采用。

合金钢的强度之所以显著高于非合金钢，是由于合金钢加入了少量合金元素。其合金元素总含量一般不超过 5%。其中 Mn、Si 加入量较碳素钢高一倍左右，起固溶强化作用，是主要添加元素；另有 V、Nb、Ti 等元素均以微量加入，可形成碳化物，阻止晶粒长大，从而细化晶粒，提高强度和抗冲击性能。合金元素越多，钢的强度提高愈显著。例如 Q345R，仅靠 Mn、Si 的固溶强化就使其屈服强度比碳素钢 Q245R 提高了 100MPa，且由于合金元素含量较少，仍具有良好的焊接性能。

上述非合金钢及合金钢均无耐蚀、耐高温等特殊性能，限在 475℃ 以下无腐蚀环境使用。

在 475～600℃ 环境下，应采用 Cr-Mo 合金钢。GB/T 713.2 标准中列有 6 种 Cr-Mo 钢板，如 15CrMoR 和 12Cr2Mo1R 等。Cr 和 Mo 均可提高钢的热强性，同时还使钢具有优良的耐氢腐蚀性能。但由于 Cr、Mo 元素提高了钢的淬透性，焊接性变差，易产生冷裂纹和再热裂纹。为保证焊接质量，预热、后热和焊后消除应力热处理等措施必不可少。

② GB/T 713.3—2023《承压设备用钢板和钢带 第 3 部分：规定低温性能的低合金钢》 GB/T 150.3 规定设计温度低于 －20℃ 的非合金钢、低合金钢制低温压力容器，应按低温压力容器有关规定选择材料。铝、铜是良好的低温用材料，但更多的是采用低温压力容器专用钢。低温用钢在冶炼质量和性能等方面均有更为严格的要求。

钢在低温下会脆化而导致低温低应力脆性破坏，其破坏前无征兆，危害极大。为此，低温用钢必须具有尽量低的无塑性转变温度和足够的低温抗冲击性能。

GB/T 713.3 中有 16MnDR、Q420DR、Q460DR、15MnNiNbDR、13MnNiDR、09MnNiDR、11MnNMoDR 共 7 个牌号，都是以 Mn、Ni 为主添加元素，适用于制造使用温度不低于 －70℃、承压设备用厚度为 5～120mm 的低合金钢板。牌号后的 DR 表示低温压力容器用钢板。

③ GB/T 713.7—2023《承压设备用钢板和钢带 第 7 部分：不锈钢和耐热钢》 在 GB/T 713.7 标准中，共有 43 个承压设备用不锈钢牌号，其中奥氏体型不锈钢 27 个，奥氏体-铁素体型双相不锈钢 10 个，铁素体型不锈钢 6 个。

ⅰ.铁素体型不锈钢。铁素体型不锈钢的主要合金元素是 Cr，其含量 ≥13%。Cr 是铁素体形成元素，在含 C 量低和含 Cr 量高时，可使钢具有单一的铁素体组织，有效地提高电极电位，并能在钢表面生成致密的 Cr_2O_3 保护膜，从而使耐蚀性大大提高。典型牌号有 Cr13 型、Cr17 型和 Cr25 型等。铁素体型不锈钢耐氧化性介质腐蚀性最好，如硝酸和大部分有机酸等。但这类钢的无塑性转变温度高，抗冲击性能差，不适用于低温环境。

06Cr13 和 06Cr13Al 是 Cr13 型铁素体不锈钢，由于含碳量 ≤0.08%，具有良好的抗冲击性能、塑性和冷变形能力，深冲及可焊性良好，在水蒸气及含硫石油加工系统应用较多。

ⅱ.奥氏体型不锈钢。镍是奥氏体形成元素，铬、镍两种元素适当配合可获得性能优越的铬镍奥氏体型不锈钢。

这类钢由于镍的加入而具有单一的奥氏体组织。它在硝酸、乙酸、冷磷酸、碱溶液等氧化性介质中均有良好的耐蚀性能，但不耐盐酸等还原性介质腐蚀。

奥氏体型不锈钢不但有良好的高温性能，而且具有面心立方晶格所特有的性能，塑性及抗冲击性能好，无低温脆性，是优良的低温用钢，在 －253～－70℃ 均可采用奥氏体钢。其缺点是热导率较碳素钢的低，线胀系数大；在 450～850℃ 温度下受热后会产生 $Cr_{23}C_6$，从而导致晶间腐蚀；在氯化物环境中具有应力腐蚀倾向。为克服这些耐蚀缺点，通常采取降低含碳量和加入某些合金元素。故这类钢的牌号很多，选用时应注意区别。

例如 06Cr18Ni11Ti（S32168）等，加有微量强碳化物形成元素 Ti 或 Nb，为加 Ti、Nb 型，可减少和防止 $Cr_{23}C_6$ 生成，提高抗晶间腐蚀能力。

06Cr19Ni10（S30408）与022Cr19Ni10（S30403）的含碳量分别≤0.08%和≤0.03%，后者为超低碳型，其抗晶间腐蚀性能显著优于前者，也优于加Ti型，但强度低。在525℃以上温度使用时，奥氏体不锈钢的含碳量应大于0.04%。

iii. 奥氏体-铁素体型双相不锈钢。如前所述，单相奥氏体钢在氯化物介质中易产生应力腐蚀破裂。实践证明，在奥氏体型不锈钢中具有50%左右铁素体时，可大大提高耐应力腐蚀和孔蚀的能力。提高Cr含量或加入Si、Mo等铁素体形成元素，均可增加钢中铁素体的比例，由此得到022Cr19Ni5Mo3Si2N（S21953）等奥氏体-铁素体型双相不锈钢。这类钢适用于氯化物应力腐蚀及孔蚀环境。

④ 复合钢板　在腐蚀环境中的压力容器，必要时应采用复合钢板。复合钢板由复层和基层两种材料组成。复层为不锈钢或钛等耐腐蚀材料，如06Cr13、06Cr19Ni10等。复层与介质接触，起防腐作用，其厚度一般为3～6mm。基层起主要承载作用，通常为非合金钢或合金钢，如Q245R、15CrMoR等。采用复合钢板，可大大节省贵重耐蚀金属用量，降低设备造价。

（5）压力容器用钢管

目前我国颁布有多个压力容器专用钢管标准，如GB/T 8163—2018《输送流体用无缝钢管》、GB/T 6479—2013《高压化肥设备用无缝钢管》、GB/T 9948—2013《石油裂化用无缝钢管》、GB/T 13296—2023《锅炉、热交换器用不锈钢无缝钢管》等。常用钢管材料有10、20、Q345、12CrMo、15CrMo及不锈钢等。压力容器专用钢管，在化学成分、性能指标和检验要求等方面，较同种材料的一般用途结构钢管严格些。例如GB/T 8163规定，出厂前要逐根进行液压或超声波、涡流等试验来检测，而一般结构钢管则不一定有这些要求。所以，凡承压容器用钢管，均应在设计图纸上标明材料的标准代号。

（6）压力容器用锻件

锻造可以改善钢的宏观组织和提高力学性能。同一种钢，锻件质量和性能优于轧件。

按照检验项目和检验率，压力容器用锻件分为Ⅰ、Ⅱ、Ⅲ、Ⅳ四个质量等级。由低到高，检验要求愈严格：Ⅰ级仅逐件做硬度检验，无其他检验要求；Ⅱ、Ⅲ、Ⅳ级均进行拉伸和冲击检验，但Ⅱ、Ⅲ级为每批检验一件，而Ⅳ级为每件必检；Ⅲ、Ⅳ级均应逐件进行超声波检测。低温用钢锻件无Ⅰ级，按Ⅱ、Ⅲ、Ⅳ级选用。

目前我国有三个压力容器用钢锻件标准：NB/T 47008—2017《承压设备用碳素钢和合金钢锻件》、NB/T 47009—2017《低温承压设备用合金钢锻件》和NB/T 47010—2017《承压设备用不锈钢和耐热钢锻件》。

通常，使用介质毒性为极度或高度危害的锻件以及公称厚度大于300mm的锻件，应选用Ⅲ级或Ⅳ级。图样上牌号后应标出锻件级别，如15CrMoⅢ等。

4.2.2　有色金属及其合金

在工业上，除铁外的金属都称为有色金属或非铁金属。有色金属及其合金常具有各种特殊性能。例如，良好的导电性、导热性，摩擦系数低，质轻、耐磨，在空气、海水及酸碱介质中的耐蚀性好，以及良好的可塑性及铸造性等。但是，有色金属及其合金大多数稀有贵重，价格要比黑色金属及其合金贵得多，因此，应在满足使用要求的条件下，尽量以黑色金属代替有色金属及其合金。

用于压力容器制造的有色金属主要有：铝、钛、铜、镍、锆及其合金。

（1）铝和铝合金

铝具有高的导电性、导热性、塑性、冷韧性都好，强度低，可承受各种压力加工。铝在氧化性介质中极易生成 Al_2O_3 保护膜，因此铝在中性及近中性的水及大气中有很高的稳定性，在氧化性酸或盐溶液中也十分稳定。例如，铝在浓硝酸中的耐蚀性比不锈钢还高，所以常用于浓硝酸的生产中。铝在大多数有机介质中有良好的耐蚀性，在有机的食物酸中不沾污，无毒害，也不会改变保藏物品的颜色，所以常用于食品工业。由于铝的热导率高，在低温下仍能保持较好的塑性，常用于制作深冷设备。

纯铝强度低，使用受到一定限制，加入某些合金元素（如 Cu、Mg、Mn、Si 等）可以使其强化。Al-Cu 合金（硬铝）耐蚀性较差，Al-Mn、Al-Mg、Al-Mg-Si 等合金耐蚀性好。

铝和铝合金用于压力容器受压元件时，应当符合以下要求：

① 设计压力不大于 16MPa；

② 含镁量大于或者等于 3% 的铝合金（如 5083、5086），其设计温度范围为 -269~$65℃$，其他牌号的铝和铝合金的设计温度范围为 -269~$200℃$。

（2）钛和钛合金

钛密度低、强度高，其相对密度是 4.4~4.6，比钢轻 43%。钛的耐蚀性强，尤其是抗氯离子的孔蚀能力近乎或超过不锈钢。钛中加入 Al、Sn、V、Mn 等固溶强化及稳定元素，形成钛合金。钛合金能耐高温，在 300~400℃ 的高温下，它的比强度（强度/密度）优于其他合金；其低温性能好，在 $-253℃$ 的超低温（液氢温度）下，钛合金不仅强度升高，还保持良好的塑性和韧性。由于钛和钛合金具有上述的重量轻、强度高、耐腐蚀、耐高温及良好的低温韧性等优点，因而在化工、航天、医疗工业中得到广泛应用。但是钛和钛合金的切削加工及焊接性能较差，价格也比较昂贵。

钛和钛合金用于压力容器受压元件时，应当符合以下要求：

① 钛和钛合金的设计温度不高于 315℃，钛-钢复合板的设计温度不高于 350℃；

② 用于制造压力容器壳体的钛和钛合金在退火状态下使用。

（3）铜和铜合金

铜和铜合金具有高的导电性、导热性、塑性、冷韧性。铜在大气、水和中性盐溶液中耐蚀，在稀 H_2SO_4、HCl 等非氧化性介质中也很稳定，但在氧化性介质及有氧的碱中不耐蚀。铜与锌的合金称为黄铜，其耐蚀性与纯铜差不多，常用来做海水的热交换器等。铜与锡、铅、铝、锑等组成的合金称为青铜，具有较高的耐蚀性和减摩性，常用来制作轴瓦等减摩零件。

纯铜和黄铜用于压力容器受压元件时，其设计温度不高于 200℃。

（4）镍和镍合金

镍具有高强度、高塑性和冷韧的特性。它在许多介质中有很好的耐蚀性，尤其在碱类中。在各种温度、任何浓度的碱溶液和各种烧碱中，镍具有特别高的耐蚀性，氨气和氨的稀溶液对镍没有作用，镍在氯化物、硫酸盐、硝酸盐的溶液中，在大多数有机酸中，以及在染料、皂液、糖等介质中很稳定。但是镍在含硫气体、浓氨水、含氧酸和盐酸等介质中，耐蚀性很差。

由于镍的稀贵，在化工上主要用于制造在碱性介质中工作的设备，如苛性碱的蒸发设备，以及铁离子在反应过程中会发生催化影响而不能采用不锈钢的那些过程设备，如有机合成设备。

在化工应用的镍合金，通常是含有 21%~29%Cu、2%~3%Fe、1.7%~1.8%Mn 的 Ni-Cu 合金（NiCu28-2.5-1.5），称为蒙乃尔合金。它在熔融的碱中，在碱、盐、有机物质的水溶液中，以及在非氧化性酸中是稳定的。高温高浓度的纯磷酸和氢氟酸，对这种合金也不腐蚀。但有硫化物和氧化剂存在时，它是不稳定的。

镍和镍合金用于压力容器受压元件时，应当在退火或固溶状态下使用。

（5）锆和锆合金

锆具有极高的熔点、超高的硬度和强度，其力学性能和耐高温性能良好。是一种耐蚀性很强的金属，它的耐酸性腐蚀性优于钛和各种钢。它在碱溶液中也相当稳定，完全能耐碱性溶液和熔融碱的腐蚀。锆主要用来制造热交换器、容器衬里、阀门、泵壳、叶片、搅拌器、导管等，许多生产肥料、树脂、塑料、酸类的设备都采用锆。

锆合金是以锆为基体加入其他元素而构成的有色合金。能够在强酸、强碱、高温和高压等恶劣环境下长期使用，因此广泛应用于航空航天、军工、化工、海洋、核能等工业领域。但由于锆合金的熔点较高，加工难度相对较大，需要采用专门的加工设备和工艺，增加了制造成本。同时，锆合金的焊接难度相对较大，需要采用高温的惰性气体氩弧焊等专门的焊接工艺，且需要采取严格的防护措施，否则易产生氧化皮和气孔等焊接缺陷。

锆和锆合金用于压力容器受压元件时，其设计温度不高于375℃。

4.3 压力容器用非金属材料

压力容器常用的非金属材料种类很多，根据材料性质可分为无机非金属材料和有机非金属材料两类，按使用方法则可分为结构材料、衬里材料、镀层材料、涂料及浸渍材料等。与金属材料相比，非金属材料具有以下一些特点：

① 化学稳定性好，耐腐蚀。这是它能够代替金属而用在一些强腐蚀介质环境中的最主要原因。对于某些操作介质，用普通金属材料不耐腐蚀，用高合金金属材料不经济，此时就需要用非金属材料。

② 易加工成形。无论是机械加工还是热加工，非金属材料都要比金属材料容易得多。

③ 密度小、强度高。以工程塑料为例，其密度一般只有金属材料的1/8~1/4，但其强度有的可以与普通金属材料媲美。

④ 良好的电绝缘性和极小的介电损耗。

⑤ 良好的弹性、耐磨性和耐寒性等。

但是，多数非金属材料的强度和刚度都比金属材料低，耐热性较差，热膨胀系数较大，工程塑料还存在冷流、老化等问题。正因为有这样一些不足之处，非金属材料一般仅用于选用金属材料无法耐腐蚀或选用高级金属材料投资太高的场合。

4.3.1 无机非金属材料

常用的无机非金属材料有化工陶瓷、化工搪瓷、玻璃和特种陶瓷等。

（1）化工陶瓷

化工陶瓷材料具有优良的耐蚀性能，除了氢氟酸、氟硅酸及热浓碱液外，几乎能耐一切介质的腐蚀。但它的强度低、性脆，并且热导率小，热膨胀系数较大，因此不耐冲击，局部过热或骤冷、骤热易损坏。化工陶瓷常用来制造接触强腐蚀性介质的塔器、泵、管道、耐酸瓷砖和设备衬里等。

（2）化工搪瓷

化工搪瓷材料除氢氟酸、含氟化物溶液、浓热磷酸及强碱外，对各种浓度的无机酸、有机溶剂和弱碱等均耐蚀。化工搪瓷适应温度剧变的性能不太好。因搪瓷层与钢的热膨胀系数相差大，急冷、急热易引起瓷釉层破裂，故实际使用温度最高不超过300℃，温度急变的温差不超过120℃。化工搪瓷制品有反应釜、储槽、塔器、热交换器、管子等。

(3) 玻璃

玻璃耐蚀性好，除氢氟酸、盐酸和碱液等介质外，对大多数酸类、稀碱液和有机溶剂等都耐蚀，而且具有表面光滑、流动阻力小、容易清洗、质地透明、便于检查内部情况、价廉等优点。但质脆、耐温度急变性差，不耐冲击和振动。

在化工生产上常见的为硼-硅酸玻璃（耐热玻璃）和石英玻璃，用来制造管道、离心泵、热交换器、精馏塔等设备。采用较高的石英玻璃料喷涂于设备里面，再经高温灼烧后制成的搪玻璃设备，如聚合釜和高压釜等，表面光滑，容易清洗。由于无结垢现象，提高了传热效率；由于不存在铁离子污染问题，特别适用于有机及制药用的化工设备。

(4) 特种陶瓷

常见的有氧化铝陶瓷、碳化硅陶瓷和氮化硅陶瓷等。

4.3.2 有机非金属材料

化工上常用的有机非金属材料有工程塑料、橡胶、不透性石墨、涂料等。

(1) 工程塑料

工程塑料是作为压力容器结构材料的一类有机高分子材料，工程材料种类很多，常用的有耐酸酚醛塑料、硬聚氯乙烯、聚乙烯、聚四氟乙烯和玻璃钢等。工程塑料一般都具有耐蚀性好、有一定的机械强度、相对密度不大、容易加工制造等特点，因而在化工生产中得到了广泛应用。

① 耐酸酚醛塑料　它是以酚醛树脂作黏接剂、以耐酸材料（石墨、玻璃纤维等）作填料的一种热固性塑料。它有良好的耐腐蚀性和热稳定性，能耐大部分非氧化性酸、盐和有机溶剂的腐蚀，但不耐强氧化性酸的腐蚀，使用温度－30～130℃。它可以卷制或模压成形，用于制作搅拌器、管件、阀门、设备衬里等，目前在氯碱、染料、农药等工业上应用较多。它的主要缺点是抗冲击性能低，易损坏。

② 硬聚氯乙烯　它是由氯乙烯和稳定剂硬脂酸铅在155～163℃下加工而成。它有良好的耐蚀性，能耐稀硝酸、稀硫酸、盐酸、碱、盐。它加工成形方便，可以进行机械加工和焊接，也有一定的机械强度。缺点是抗冲击性能低，热导率小，耐热性较差。使用温度为－15～60℃。当温度在60～90℃时，强度显著下降。它是化工生产中应用非常广泛的一种有机材料，可以制造塔器、储槽、尾气烟囱、离心泵、管道、阀门等。

③ 聚乙烯　它是乙烯的高分子聚合物，有优良的绝缘性、防水性和化学稳定性。它在室温下除硝酸外，对各种酸、碱、盐溶液均稳定，对氢氟酸特别稳定。

④ 聚四氟乙烯　它具有优异的耐蚀性，能耐强腐蚀介质（硝酸、浓硫酸、王水、盐酸、氢氧化钠等）的腐蚀，耐蚀性能超过贵重金属和银，而且耐磨性能和力学性能较好，有"塑料王"之称。它的使用温度为－100～250℃，常用作耐蚀、耐温的密封元件，无油润滑的轴承、活塞环及管道。

⑤ 玻璃钢　又称为玻璃纤维增强塑料，它是以各种树脂（如酚醛树脂、环氧树脂、不饱和聚酯树脂等）为基体材料，以中碱玻璃纤维织物为骨架材料，由特殊的工艺固化而成的非金属材料。其机械强度较高，轴向抗拉强度可达140MPa以上，因此可以做大直径管子，适用管子规格尺寸为$DN25～DN900$；其耐蚀性（尤其是耐酸、碱性）不如其他塑料和橡胶，但价格便宜，常用于循环水、海水、风和一些弱腐蚀介质的输送。

最常用的玻璃钢材料为不饱和聚酯玻璃钢，使用温度一般小于150℃。

(2) 橡胶

橡胶是一种高分子化合物，由于其抗弯强度和抗弯弹性模量较低（有的等于零），故它在压力管道中不能单独作为管子及管件使用,而只能作为管子、管件或阀门的衬里使用。它与塑料相比,同样具有较好的耐蚀性和耐磨性等特点。除此之外,它还具有比塑料更好的弹性、耐寒性和良好的加工性能。

常用的橡胶有天然橡胶和合成橡胶两大类。天然橡胶一般是不能直接使用的,当它们用作管道衬里时,常加入一些硫黄进行硫化处理。根据加入硫黄量的不同,天然橡胶可分为软橡胶(硫黄含量约1%~3%)、半硬橡胶(硫黄含量约为30%)和硬橡胶(硫黄含量大于40%)三种。

合成橡胶的种类很多,根据加入的成分不同,其性能和用途也不相同。用作管子和管件衬里的合成橡胶有氯丁橡胶、丁基橡胶、丁腈橡胶和氟橡胶四种。天然橡胶弹性大,强度高,耐寒性好,但耐油、耐酸、耐碱性能差,易老化。

氯丁橡胶耐酸、耐碱、耐油、耐老化性能均较好,但其密度相对较大,成本高;丁基橡胶耐酸、耐碱、耐热、耐老化性能比较好,吸振且阻尼特性好,但其弹性差,加工性能差,耐油性也不好,不宜作为隔膜阀的隔膜;丁腈橡胶耐油、耐热、耐磨性能均较好,但耐寒、耐酸碱、耐老化性能较差;氟橡胶耐油、耐酸碱、耐老化性能等均能比较好,是综合性能比较好的橡胶,但其耐寒性和加工性能较差,价格较贵。使用时应根据使用条件来选用合适的橡胶衬里。

(3) 不透性石墨

用各种树脂浸渍石墨,消除孔隙,会得到不透性石墨。它具有特别高的化学稳定性,在有机溶剂中和无机溶剂中均不溶解,酸和碱在通常条件下对它也不起作用,并且具有高的导电性和导热性,热膨胀系数小,耐温度急变性能好,不污染介质,可以保证产品纯度,具有加工工艺性好、比重小等优点;其缺点是机械强度低,性脆。它可用于制作机械密封、换热设备,如氯乙烯车间的石墨换热器等。

(4) 涂料

涂料是一种有机高分子胶体的混合物,将其均匀地涂在容器表面上能形成完整而坚韧的薄膜,起耐腐蚀和保护作用。它品种多,选择范围广,适应性强,价格低廉,使用方便,可用于现场施工。常用涂料有防锈漆、底漆、大漆、酚醛树脂漆、环氧树脂漆以及聚乙烯涂料、聚氯乙烯涂料等。

4.4 压力容器防腐蚀措施

化工生产所处理的物料大多是有腐蚀性的。对介质的耐腐蚀性能通常是选材的主要依据。应根据介质的腐蚀特点合理选择材料,这关系到设备能否安全运行、使用寿命、产品质量及环境污染等问题。

金属腐蚀原因比较复杂,影响因素很多,因此,对金属腐蚀的规律有所了解,有助于分析压力容器产生腐蚀的原因和对其在运行过程中出现的缺陷性质作出正确判断,以便采取相应的防腐措施,提高压力容器的安全使用性。

4.4.1 金属腐蚀定义及分类

(1) 金属腐蚀的定义

金属和周围介质之间发生化学或电化学作用而引起的破坏称为金属的腐蚀。如金属设备在大气中生锈、钢材在酸中溶解及金属在高温下氧化等。

(2) 金属腐蚀的分类

① 根据介质的种类(非电解质和电解质)不同,按腐蚀原理可以分为化学腐蚀和电化

学腐蚀两大类。

化学腐蚀是金属和介质间由于化学作用而产生的，在腐蚀过程中没有电流产生。如钢在高温气体中的氧化和在四氯化碳、甲烷等介质中的腐蚀都属于化学腐蚀。

电化学腐蚀是金属和电解质溶液间由于电化学作用产生的，在腐蚀过程中有电流产生。如金属在酸、碱、盐等电解质溶液中的溶解都属于电化学腐蚀。

电化学腐蚀不同于一般的金属腐蚀，当两种不同的金属同时位于腐蚀性电解液中时便会发生。两种金属由于电极电位不同，其中电极电位低的金属成为阳极，而另一种金属成为阴极，两种金属之间形成腐蚀电池。实质上在阳极进行的为失去电子的氧化反应，在阴极进行的为得到电子的还原反应。阳极亦称牺牲金属，腐蚀和恶化速度比其独自腐蚀时更快，而阴极腐蚀恶化的速度会比其他方式更慢。

② 根据金属腐蚀破坏的特征不同，可以分为均匀腐蚀和局部腐蚀两大类。

均匀腐蚀是指介质与金属接触的整个表面上产生程度基本相同的腐蚀，又称为全面腐蚀。从电化学特点上讲，均匀腐蚀属于微电池效应，腐蚀过程没有固定的阴极和阳极，即阴极部分和阳极部分在腐蚀过程中是交替变化的。

碳钢在强酸、强碱中的电化学腐蚀就属于均匀腐蚀。这种腐蚀是在金属表面以同一腐蚀速率向金属内部延伸，腐蚀速率可以预测，因此危险性小。发生均匀腐蚀的腐蚀速率可用单位时间（年）的腐蚀深度 K （mm/a）表示。工程上常以腐蚀速率评定材料的耐蚀性能，如表 4-1 所示。对于均匀腐蚀，只要在容器设计时考虑了腐蚀裕量就能保证其机械强度和使用寿命。

表 4-1　金属材料耐均匀腐蚀性能四级标准

腐蚀速率/(mm/a)	耐蚀性等级	耐蚀性评定
<0.05	1	耐蚀
0.05～0.5	2	较耐蚀
>0.5～1.5	3	可用
>1.5	4	不可用

局部腐蚀是指腐蚀集中在金属的局部区域，而其他部分几乎不发生腐蚀或腐蚀很轻微的情况。在实际的腐蚀体系中，大多数金属所发生的腐蚀是局部腐蚀。由于局部腐蚀发生在金属表面的不大范围内，所以绝大多数金属表面腐蚀裕量很小。工程结构、构件及零件的使用寿命主要取决于局部腐蚀损伤的发展。

产生局部腐蚀是由于金属本身（结构、组织、化学成分、表面状态）和腐蚀介质不均匀，导致电化学性不均匀，即不同的部位具有不同的电极电位，从而造成电位差，这成为局部腐蚀的驱动力。往往在电极电位低的部位优先发生腐蚀。在局部腐蚀过程中，腐蚀电池的阳极区和阴极区一般是明显分开的，可以用肉眼或微观检查方法加以区分和辨别，通常阳极的面积比阴极的面积小得多，即形成所谓的小阳极-大阴极的组态。对于这种组态，由于阴极的面积相对较大，阴极去极化的作用很大，因此阳极区域腐蚀很严重，腐蚀集中在金属表面的局部阳极区域。

局部腐蚀的类型很多，下面介绍几种常见的形式。

ⅰ.点蚀（又称孔蚀）。在金属表面的局部地方出现小的深坑或出现密集斑点的腐蚀称为孔蚀。

当一个小孔或空腔在金属内部形成时，点蚀的结果通常是一块小区域的钝化。这个区域成为阳极,而其余的金属部分成为阴极,从而产生局部的电化学反应。孔蚀一般是由氯化物、溴化物及含有氯离子的溶液腐蚀而引起的。一般蚀孔直径小但较深。蚀孔常被腐蚀产物遮盖,不易被发现,常常是其他部分金属还比较完好时局部的点穿透而导致设备失效。

很多因素都可能导致孔蚀的发生,形成孔蚀。孔蚀的存在又引起腐蚀加速。良好的加工表面能够减少孔蚀,另外,金属成分不均匀或者焊缝中存在缺陷也会引起孔蚀。

ii. 晶间腐蚀。晶间腐蚀发生在晶粒的边缘上,腐蚀沿晶粒边缘向深处发展,使晶粒间的连接遭到破坏,降低金属晶粒间的结合力,因而显著降低材料的力学性能。其外表不易发现,金属的破坏是突然发生的,因此晶间腐蚀是最危险的一种腐蚀。

晶间腐蚀是发生在金属晶粒边界上的化学或电化学反应。原因是在金属内部往往具有比晶界附近更高的杂质含量,致使这些边界相比内部金属更容易受到腐蚀。

晶间腐蚀是晶界在一定条件下产生了化学和组织上的变化,耐蚀性降低所致,这种变化通常是由于热处理或冷加工引起的。以奥氏体不锈钢为例,含铬量须大于11%才有良好耐蚀性。当焊接时,焊缝两侧2~3mm处可被加热到400~910℃,在这个温度(敏化温度)下晶界的铬和碳易化合形成Cr_3C_6,Cr从固溶体中沉淀出来,晶粒内部的Cr扩散到晶界很慢,晶界就成了贫铬区,铬量可降到远低于11%的下限,在适合的腐蚀溶液中就形成碳化铬晶粒(阴极)-贫铬区(阳极)电池,使晶界贫铬区腐蚀。

iii. 应力腐蚀。应力腐蚀是金属在特定腐蚀介质与拉应力共同作用下引起的,发生应力腐蚀时,腐蚀与应力相互促进。开始是在材料表面形成微裂纹,继而裂纹向材料纵深方向扩展,从而可能导致金属材料早期脆性破坏。引起应力腐蚀的应力源主要是工作应力、热应力和加工残余应力。引起应力腐蚀的特定腐蚀介质中常存在Cl^-、OH^-、NO_2^-等离子。钢制压力容器的碱脆、氯离子存在下的不锈钢腐蚀就是应力腐蚀的典型例子。选择对腐蚀介质不敏感的材料,加工成形和焊接后进行退火热处理消除残余应力可以避免应力腐蚀的发生。

iv. 缝隙腐蚀。与点蚀相似,缝隙腐蚀发生在特定的位置。当金属与金属或金属与非金属之间存在很小的缝隙时,缝内介质不易流动而形成滞留,促使缝隙内的金属加速腐蚀,这种腐蚀称为缝隙腐蚀。大多数金属或合金都可能会产生缝隙腐蚀,几乎所有的腐蚀介质都能引起缝隙腐蚀。这种腐蚀常发生在螺纹连接、焊接接头、密封垫片等缝隙处。如对列管式换热器,当换热管与管板采用焊接时,由于换热管与管板孔之间存在缝隙,就有可能产生缝隙腐蚀。

4.4.2 防腐蚀措施

合理地选择设备材料,并对设备进行合理的结构设计,是减缓甚至避免某些腐蚀的重要方法,但有不少场合,仅仅靠合理的材料选择和结构设计往往不可能很好地满足生产上的要求,因此出现了一些防腐方法,常用的防腐方法有以下三种。

(1) 金属表面处理

对金属表面进行处理可以有效防止金属腐蚀。在不影响金属材料正常使用的情况下,对被保护的金属通过衬里、堆焊或喷涂等方式进行表面覆盖,其目的是将金属主体与腐蚀介质分离,避免其因氧化而丧失电子,从而防止被介质腐蚀。覆盖层一般采用耐蚀的金属或非金属材料制成。覆盖层一般较薄,不仅能保护基底金属不被腐蚀,而且还能节约大量贵重金属和合金。

(2) 电化学保护

电化学保护是一种利用电化学的方法,对需要保护的金属进行处理,从而防止或减轻金属的腐蚀。主要有阴极保护和阳极保护两种方法。

① 阴极保护　将被保护的金属与外加直流电源的负极相连，直流电源的正极与浸在腐蚀介质中的辅助阳极相连。当电路接通后，电源便给金属设备以阴极电流，使金属设备的电极电位向负的方向移动，局部阳极电流减小，即腐蚀速率减小。当阴极电位负移至该金属设备的平衡电位时，金属设备的腐蚀即可停止。辅助阳极的材料必须是良好的导电体，在腐蚀性介质中耐腐蚀，常用的有石墨、硅铸铁、废钢铁等。

阴极保护技术应用已经比较成熟，常用于制盐蒸发冷却设备、埋地管道和设备等。在某些船体的保护中，在船体的底部焊接一种铝材料，以防止船体被腐蚀。

图 4-1 和图 4-2 都属于阴极保护，所不同的是图 4-1 有外加电源，图 4-2 没有外加电源，但两图中都有电子流向被保护金属，使被保护金属得到保护。牺牲金属的电势一定比被保护金属电极电位低，如管道牺牲金属常用到锌块。

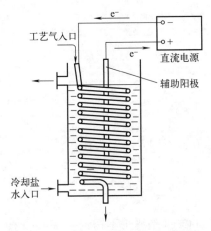

图 4-1　蛇管冷却器阴极保护示意图

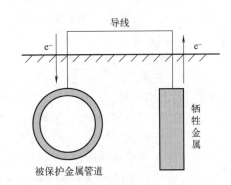

图 4-2　管道牺牲阳极保护示意图

② 阳极保护　阳极保护是将被保护的金属构件与外加直流电源的正极相连，在电解质溶液中，使金属构件阳极极化至一定电位，使其建立并维持稳定的钝化膜，从而使阳极溶解受到抑制，降低腐蚀速率，使设备得到保护。具有钝化倾向的金属如钛、不锈钢、碳钢、镍基合金等可以采用阳极保护，不仅可以控制这些金属的全面腐蚀，而且能够防止点蚀、应力腐蚀和晶间腐蚀等局部腐蚀。阳极保护的适用范围较窄，主要用于氧化性介质中钢铁的保护，如图 4-3 中碳化塔的阳极保护效果十分明显。此时被保护金属与直流电源正极相接，如果保护不当，形不

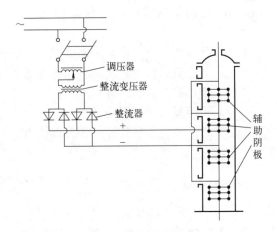

图 4-3　加压碳化塔阳极保护示意图

成钝化膜，则会加剧被保护金属的腐蚀，所以阳极保护又称为"危险性保护"。

(3) 介质处理

在金属所处的腐蚀性介质中，加入适量的缓蚀剂，从而与金属表面发生物理、化学反应，形成的保护膜能够延缓金属材料的腐蚀。金属缓蚀剂分为无机盐和有机盐类，缓蚀剂通过与金属腐蚀物发生反应生成沉淀，并覆盖在金属表面，形成保护膜。如果阳极型缓蚀剂的

量不足，反而会加快金属的腐蚀。阴极型缓蚀剂能够通过抑制电化学阴极极化来减缓金属腐蚀速率，即使量不足也能够起到缓蚀的作用，因此缓蚀剂的使用必须要根据实际情况控制用量。

缓蚀剂的使用过程中不需要专门的设备仪器，也不会改变金属的性质，具有适用性强和经济的特点，投资少，收效快，使用方便。但是缓蚀剂的应用也有一定的局限性：缓蚀剂不宜在高温下使用，只能用在封闭和循环的体系中，具有较强的针对性，污染及废液回收处理问题也应慎重考虑。所以缓蚀剂在使用时应该根据具体情况严格选择。

思考题

4-1 材料的力学性能指标有哪些？
4-2 高温环境对材料性能有哪些影响？
4-3 低温环境对材料性能有哪些影响？
4-4 碳元素在碳素钢中有哪些作用？
4-5 碳元素在奥氏体不锈钢中有何作用？
4-6 沸腾钢和镇静钢各有何特点？
4-7 S、P杂质对钢有何不利影响？
4-8 在高温和低温环境下的压力容器，对钢的性能有何不同要求？为什么？
4-9 有色金属材料与黑色金属材料相比有何特点？
4-10 什么叫化学腐蚀？举例说明。
4-11 什么叫电化学腐蚀？举例说明。
4-12 06Cr13钢和40Cr钢中都含有Cr，不过只有06Cr13是属于不锈钢，而40Cr却不能作为不锈钢使用，这是为什么？
4-13 晶间腐蚀发生的条件是什么？对奥氏体不锈钢，消除晶间腐蚀倾向的措施有哪些？
4-14 什么叫应力腐蚀？应力腐蚀发生的条件是什么？举出两个典型的应力腐蚀案例。
4-15 非金属材料与金属材料相比有哪些特点？
4-16 常用的工程塑料有哪些？
4-17 聚四氟乙烯有哪些特点？
4-18 常用橡胶有哪几种？各有何特点？

能力训练题

4-1 试对下列环境选择适合的材料：300℃及$p=0.8$MPa无腐蚀；-30℃及$p=1.5$MPa无腐蚀；520℃及$p=2$MPa氢腐蚀；200℃及$p=0.5$MPa氯化物应力腐蚀。

4-2 奥氏体型不锈钢，有超低碳型、加Ti（Nb）型、加Mo型，这些钢在性能和应用上有何区别？

过程设备机械基础

5 内压容器设计

　　压力容器设计包括工艺设计和机械设计两部分。工程实践中工艺设计通常由工艺专业人员进行，主要是选定设备型式，并通过工艺计算确定设备的直径、高度等尺寸；而机械设计则由过程装备与控制工程专业人员完成，主要是选择适合的材料及确定具体的结构尺寸（如设备的壁厚等），进行强度计算和绘制设备及其零部件的图样等。

　　压力容器属于特种设备，其设计、制造及安装单位均须经考核审查，取得相应资质后方可承接所授予范围内的业务。设计单位及其主要负责人必须对所设计压力容器的设计质量负责。

5.1　内压薄壁容器设计理论

　　薄壁容器受内压载荷时，计算壳体应力的理论有两种。一种是无力矩理论，也称为薄膜理论。该理论假设容器的壁厚很薄，壳体只能承受拉应力或压应力，无法承受弯曲应力。按无力矩理论计算的壳体应力称为薄膜应力。另一种理论是有力矩理论，该理论认为壳体虽然很薄，但仍有一定的厚度，因而壳体除了受拉应力或压应力外，还存在弯曲应力。

　　工业生产过程中使用的承压容器通常是回转壳体，是一种以两个曲面为界，且曲面之间的距离远比其他方向尺寸小得多的构件。两曲面之间的距离为壳体的厚度。平分壳体厚度的曲面称为壳体中面。根据中面的形状，最常见的壳体有球壳、圆筒壳、圆锥壳和椭球壳等。若壳体的厚度为 δ，内、外曲面直径为 D_i、D_o，工程上一般把 $\delta/D_i \leqslant 0.1$ 或 $D_o/D_i \leqslant 1.2$ 的壳体称为薄壳，反之称为厚壳。本节主要对薄壁壳体进行应力分析。

5.1.1　无力矩理论及其应用

　　（1）回转壳体的几何概念

　　回转壳体的中面是回转曲面，它是由一根平面曲线或直线绕同一平面内的一根轴线旋转一周而成，这一平面曲线或直线称为母线。如图 5-1(a) 所示回转壳体的中面，是由平面曲线 OA 绕轴线 OO' 旋转一周而得，OA 即母线。通过回转轴线的平面叫经线平面，经线平面与中面的交线，称为经线，如 OA'。垂直于回转轴线的平面与中面的交线所形成的圆，称为平行圆,该圆的半径叫作平行圆半径,以 r 表示。经线 OA' 上任一点 a 的曲率半径,称为第一曲率半径,以 R_1 表示,在图上为线段 O_1a。过点 a 与经线垂直的平面切割中面也形成一曲线 BaB',此曲线在 a 点的曲率半径称为第二曲率半径,以 R_2 表示,它等于沿 a 点法线 n 的反方向至与旋转轴相交的距离 O_2a。第一曲率半径反映了壳体的形状,第二曲率半径反映了壳体的大小,同一点 a 的第一曲率半径与第二曲率半径的中心都在 a 点的法线上。根据图 5-1(b) 的几何关系,可得

$$r = R_2 \sin\varphi \tag{5-1a}$$

$$\mathrm{d}r = R_1 \mathrm{d}\varphi \cos\varphi \tag{5-1b}$$

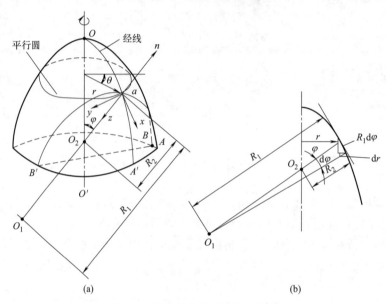

图 5-1 回转壳体中面的几何参数

(2) 无力矩理论的基本方程

① 壳体微元及其载荷与内力 在上述回转壳体中面上,用两根相邻的经线 ab 和 cd 以及相邻的平行圆 ac 和 bd 截取壳体微元 $abcd$,如图 5-2 所示。该微元的经线弧长 ab 为

$$\mathrm{d}l_1 = R_1 \mathrm{d}\varphi \tag{5-2a}$$

微元的平行圆弧长 ac 为

$$\mathrm{d}l_2 = r \mathrm{d}\theta \tag{5-2b}$$

式中,φ 角是 a 点的法线与回转轴线所夹的角;θ 角是平行圆上自某一起点算起的圆心角。它们是确定中面上任意点 a 位置的两个坐标。于是中面微元面积为

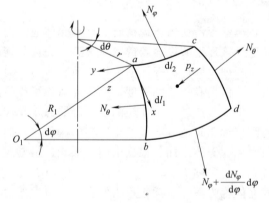

图 5-2 回转壳体微元

$$\mathrm{d}A = R_1 \mathrm{d}\varphi r \mathrm{d}\theta \tag{5-3}$$

微元上的外载荷为与壳体表面垂直的压力,即 p_z。

根据无力矩理论和轴对称性,壳体微元上有以下内力分量:

N_φ——经向薄膜内力,即作用在单位长度的平行圆上的拉伸或压缩力,力的方向沿经

线的切线方向，单位为 N/mm，拉伸为正，压缩为负；

N_θ——周向薄膜内力，即作用在单位长度经线上的拉伸或压缩力，力的方向沿平行圆的切线方向，单位为 N/mm，拉伸为正，压缩为负。

因为轴对称，N_φ、N_θ 不随 θ 变化。对于微小单元，可以假设 N_θ 沿微元经线方向不变化，而 N_φ 的对应边上，因 φ 增加了微量，故有相应的增量 $(dN_\varphi/d\varphi)d\varphi$。

② 微元体平衡方程 作用在壳体微元上的内力分量和外载荷组成了一个平衡力系，根据平衡条件可得到各个内力分量与外载荷的关系式。先将坐标轴规定为：x、y 轴在 a 点分别与经线和平行圆相切，z 轴与中面垂直，它们彼此正交。以 z 轴指向旋转轴为正方向，按右手定则，如图 5-2 所示 x、y 轴方向为正方向。微元在 z 轴方向上力的平衡条件为 $\sum F_z = 0$。

如图 5-3(a)，列出平衡方程为

$$[N_\varphi + (dN_\varphi/d\varphi)d\varphi][r + (dr/d\varphi)d\varphi]d\theta \sin d\varphi + 2N_\theta R_1 d\varphi \sin(d\theta/2)\sin\varphi$$
$$+ p_z(R_1 d\varphi)(r d\theta)\cos(d\varphi/2) = 0 \tag{5-4}$$

式（5-4）中第一项是 bd 边的经向薄膜内力在 z 方向的投影；第二项是 ab 边和 cd 边的周向薄膜内力在 z 轴方向的投影；第三项是作用在微元上 z 轴方向的外力分量。需要说明的是 ac 边的经向薄膜内力指向 x 轴的负方向，大小为 $N_\varphi r d\theta$，因它与 z 轴方向垂直，故 z 轴方向没有分力。

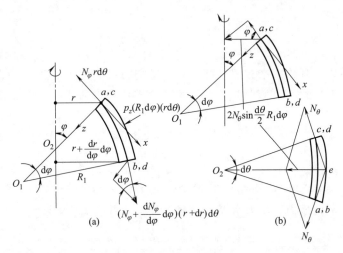

图 5-3 微元力平衡关系

忽略上式中的高阶小量，且因 $d\varphi$ 和 $d\theta$ 很小，有 $\sin d\varphi \approx d\varphi$，$\sin(d\theta/2) \approx d\theta/2$，$\cos(d\varphi/2) \approx 1$。代入 $r = R_2 \sin\varphi$，经整理后得

$$\frac{N_\varphi}{R_1} + \frac{N_\theta}{R_2} = -p_z \tag{5-5}$$

当壳体壁厚与其中面最小主曲率半径之比较小时，可假定应力沿壳体壁厚 δ 方向均匀分布。因 N_θ 和 N_φ 为沿壳体微元单位长度上的法向内力，所以有

$$\begin{cases} \sigma_\theta = \dfrac{N_\theta}{\delta} \\ \sigma_\varphi = \dfrac{N_\varphi}{\delta} \end{cases} \tag{5-6}$$

式中，σ_θ 和 σ_φ 分别定义为周向薄膜应力和经向薄膜应力。考虑内压载荷 p 作用方向与

图示 p_z 方向相反，即 $p_z = -p$，于是，式（5-5）可写成如下常见形式：

$$\frac{\sigma_\varphi}{R_1} + \frac{\sigma_\theta}{R_2} = \frac{p}{\delta} \tag{5-7}$$

式（5-7）表征旋转薄壳任一点两向薄膜应力与压力载荷间的关系，称为微体平衡方程。因由拉普拉斯首先导出，故又称为拉普拉斯方程。

③ 区域平衡方程　微体平衡方程[式（5-7）]中有两个未知量 σ_φ 和 σ_θ，必须再找一个补充方程才能求解应力。此方程可从部分容器的静力平衡条件中求得。

过 $m-m'$ 作一与壳体正交的圆锥面 mDm'，取截面以上 mOm' 部分容器作为分离体，如图 5-4 所示。

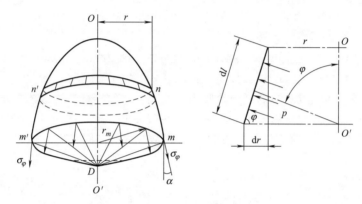

图 5-4　部分壳体的力平衡关系

在 mOm' 区域内，任作两个相邻且都与壳体正交的圆锥面。在这两个圆锥面之间，壳体中面是宽度为 dl 的环带 nn'。设作用于环带上流体的内压力为 p，则环带上所受压力沿 OO' 轴的分量为

$$dV = 2\pi r p \, dl \cos\varphi \tag{5-8}$$

由图 5-4 可知

$$\cos\varphi = \frac{dr}{dl} \tag{5-9}$$

所以，在 mOm' 区域内，压力 p 沿 OO' 轴方向产生的合力为

$$V = 2\pi \int_0^{r_m} p r \, dr \tag{5-10}$$

而作用于该区域截面 $m-m'$ 上内力的轴向分量为

$$V' = 2\pi r_m \sigma_\varphi \delta \cos\alpha = 2\pi r_m \sigma_\varphi \delta \sin\varphi \tag{5-11}$$

式中，α 为截面 $m-m'$ 处的经线切线方向与回转轴 OO' 的夹角，r_m 为 $m-m'$ 截面处的平行圆半径。

容器 mOm' 区域上，外载荷轴向分量 V 应与 $m-m'$ 截面上的内力轴向分量 V' 相平衡，所以有

$$V = V' = 2\pi r_m \sigma_\varphi \delta \sin\varphi \tag{5-12}$$

此式称为壳体的区域平衡方程，它表征经向应力 σ_φ 与总轴向外力间的关系。式（5-7）与式（5-12）合称为无力矩理论的两个基本方程。

（3）无力矩理论的应用

利用无力矩理论基本方程，可以求解回转薄壳的薄膜应力。对于具体问题来说，按图 5-4 所示平行圆截取的无支承部分壳体，可按式（5-10）直接求得 V，并代入区域平衡方程

[式（5-12）]求出 σ_φ，然后再由微体平衡方程[式（5-7）]求得 σ_θ。

当容器承受气体内压 p 作用时，压力垂直作用在容器壳体的内表面，各处压力相等，则 $p=$ 常数，由式（5-10）可得外载荷轴向力分量为

$$V=2\pi\int_0^{r_m}pr\mathrm{d}r=\pi r_m^2 p$$

由式（5-12）及式（5-1a）代入上式可得经向应力为

$$\sigma_\varphi=\frac{V}{2\pi r_m\delta\sin\varphi}=\frac{pr_m}{2\delta\sin\varphi}=\frac{pR_2}{2\delta} \tag{5-13}$$

由式（5-7）可得周向应力为

$$\sigma_\theta=\frac{pR_2}{\delta}-\frac{R_2}{R_1}\sigma_\varphi=\sigma_\varphi\left(2-\frac{R_2}{R_1}\right) \tag{5-14}$$

利用式（5-13）和式（5-14）可以方便地计算气压 p 作用下常用典型薄壳中的两相薄膜应力。

① 球形容器 球壳几何形状对称于球心，其任意一点的 $R_1=R_2=R$（中面半径），故代入式（5-13）和式（5-14），得

$$\sigma_\varphi=\sigma_\theta=\frac{pR}{2\delta} \tag{5-15}$$

由式（5-15）可知，球形容器不考虑支承，受均匀内压 p 作用时，壁内各处的周向薄膜应力 σ_θ 和经向薄膜应力 σ_φ 均为定值，且二者相等；其值与内压 p 和中面半径 R 成正比，与容器壁厚 δ 成反比。

② 圆筒形容器 两端封闭的圆筒形容器壳体，圆筒上任意一点的 $R_1=\infty$，$R_2=R$（中面半径），故由式（5-13）和式（5-14）得

$$\begin{cases}\sigma_\varphi=\dfrac{pR}{2\delta}\\ \sigma_\theta=\dfrac{pR}{\delta}=2\sigma_\varphi\end{cases} \tag{5-16}$$

由式（5-16）可知，不考虑支承的圆筒形容器，受均匀内压 p 作用时，壁内各处的周向薄膜应力 σ_θ 是经向薄膜应力 σ_φ 的两倍；其值与内压 p 和中面半径 R 成正比，与容器壁厚 δ 成反比。因此，圆筒形容器筒体上纵焊缝要比环焊缝危险，如果要在承压的圆筒形容器上开设椭圆孔，应使椭圆孔的长轴垂直于筒体的轴线，这样做有利于设备的安全。对比球壳可知，在直径和壁厚相同时，承受同样压力的球形容器，其壁内所受周向应力仅为圆筒形容器所受周向应力的一半。

③ 圆锥形容器 图 5-5 是一受均匀内压 p 作用的圆锥形容器，其锥壳上任意一点的 $R_1=\infty$，$R_2=x\tan\alpha$，α 为半锥顶角，将它们代入式（5-13）和式（5-14）得

$$\begin{cases}\sigma_\varphi=\dfrac{pR_2}{2\delta}=\dfrac{p\tan\alpha}{2\delta}x=\dfrac{pr}{2\delta\cos\alpha}\\ \sigma_\theta=2\sigma_\varphi=\dfrac{p\tan\alpha}{\delta}x=\dfrac{pr}{\delta\cos\alpha}\end{cases} \tag{5-17}$$

由上式可知，不考虑支承的圆锥形容器，受均匀内压 p 作用时，壳体各处的周向薄膜应力 σ_θ 是经向薄膜应力 σ_φ 的两倍；σ_φ 和 σ_θ 均与 x 及 $\tan\alpha$ 成正比，且距锥顶愈远，应力愈大。因此，在锥壳上开孔时，应尽可能开在锥顶或锥顶附近；同时，半锥顶角愈大，锥壳中的应力水平愈高，当半锥顶角 $\alpha>60°$ 时，锥壳受力接近于薄板弯曲，壁内将产生较大的弯

曲应力,而基于无力矩理论的薄膜应力将存在过大的偏差,故规定锥壳半顶角不宜大于60°,否则应按平板计算。

④ 椭球形容器　椭球形容器常用作压力容器的封头,如图5-6所示,图中纵坐标为 y,横坐标为 x,a 和 b 分别为椭圆的长半轴和短半轴。在均匀内压 p 作用下,壳体中的应力也可按式（5-13）和式（5-14）计算,但 R_1 和 R_2 沿经线各点是变化的。

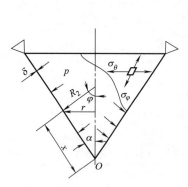 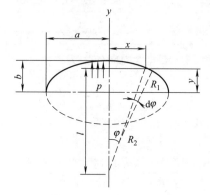

图 5-5　承受内压的圆锥形容器　　　图 5-6　承受内压的椭球形容器

由微分几何和微积分知识可得椭球壳上任意一点 R_1 和 R_2 分别为

$$R_1 = \left| \frac{[1+(y')^2]^{3/2}}{y''} \right| = \frac{(a^4 y^2 + b^4 x^2)^{3/2}}{a^4 b^4} \tag{5-18}$$

$$R_2 = \frac{(a^4 y^2 + b^4 x^2)^{1/2}}{b^2} \tag{5-19}$$

将式（5-18）和式（5-19）代入式（5-13）和式（5-14）,得

$$\begin{cases} \sigma_\varphi = \dfrac{pR_2}{2\delta} = \dfrac{p(a^4 y^2 + b^4 x^2)^{1/2}}{2\delta b^2} \\ \sigma_\theta = \sigma_\varphi \left(2 - \dfrac{R_2}{R_1}\right) = \dfrac{p(a^4 y^2 + b^4 x^2)^{1/2}}{\delta b^2} \left[1 - \dfrac{a^4 b^2}{2(a^4 y^2 + b^4 x^2)}\right] \end{cases} \tag{5-20}\ (5\text{-}21)$$

在椭球壳顶点处 $x=0$、$y=b$,由式（5-20）和式（5-21）得

$$\sigma_\varphi = \sigma_\theta = \frac{pa}{2\delta}\left(\frac{a}{b}\right) \tag{5-22}$$

在椭球壳的赤道处 $x=a$、$y=0$,于是得到

$$\begin{cases} \sigma_\varphi = \dfrac{pa}{2\delta} \\ \sigma_\theta = \dfrac{pa}{2\delta}\left[2 - \left(\dfrac{a}{b}\right)^2\right] \end{cases} \tag{5-23}$$

椭球壳中的应力与其长短半轴之比 $m = \dfrac{a}{b}$ 密切相关,其应力分布曲线如图5-7所示。由于对称性,图5-7中纵坐标的左、右两边分别画出的是 σ_φ 和 σ_θ 的应力分布曲线,应力的大小为图中纵坐标的数值乘以 $\dfrac{pa}{\delta}$。由前述分析和图5-6、图5-7可以看出以下几点:

i. 椭球壳各点应力随 x 位置的不同而变化,承受均匀内压 p 时,σ_φ 及 σ_θ 均随 x 从 $x=0$（顶点处）至 $x=a$（赤道处）的变化而减小。其中 σ_φ 全部为拉应力,顶点处最大,赤道处

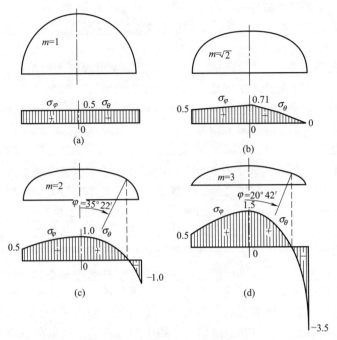

图 5-7 不同 $m=\dfrac{a}{b}$ 值下内压椭球形容器中的应力分布

最小;σ_θ 在 $\dfrac{a}{b} \leqslant \sqrt{2}$ 时全部为拉应力。

ii. 在 $x=0$ 顶点处,最大拉应力 σ_φ 与 σ_θ 相等,且随 a/b 增加而增大;而 $\dfrac{a}{b} > \sqrt{2}$ 时,在 $x=a$ 赤道处,σ_θ 具有最大压应力,且随 a/b 增大,压应力值及其作用范围均会增大。

iii. $\dfrac{a}{b}=1$ 时,即为半球壳,此时壳体深度大,不利于冲压加工,但其应力最小,应力分布最佳。a/b 愈大,壳体的深度愈小,应力分布愈不均匀。当 $\dfrac{a}{b}=2$ 时,顶点处的最大拉应力为 1.0 倍的 $\dfrac{pa}{\delta}$,而赤道处的最大压应力为 -1.0 倍的 $\dfrac{pa}{\delta}$,应力的绝对值恰好与椭圆形封头对接的圆筒(此时,椭圆长半轴 a 与圆筒半径 R 相等)的周向应力 σ_θ 大小相等,应力分布较为合理,此时壳体深度也利于制造。故我国以 $\dfrac{a}{b}=2$ 时椭圆形封头为标准椭圆形封头优先采用。

由于赤道附近压缩应力 σ_θ 随 a/b 值的增加而迅速增大,尤其对于大直径薄壁封头可能沿周边出现皱折而产生屈曲(失稳),在容器进行耐压试验时尤其要防止发生这类破坏。

5.1.2 边缘应力特点及工程处理方法

按无力矩理论假设,轴对称条件下的薄壳中只有薄膜应力 σ_φ 和 σ_θ,没有弯曲应力和剪应力。对于非常薄的壳体,因为完全不能承受弯曲变形,无矩应力状态是它唯一的应力状态;但对于实际的容器,壳体总有一定的抗弯刚度,必定要引起伸长(或压缩)和弯曲变形,但在一定条件下,壳体内产生的薄膜应力比弯曲应力和剪应力大得多,以致后者可忽略不计,此时也近似为无矩应力状态。实现这种无矩应力状态,壳体的几何形状、加载方式以及支承应同时满足以下三个条件：

　　i.壳体的厚度、中面曲率和载荷连续，没有突变，且构成壳体材料的物理性能相同；

　　ii.壳体的边界处不受横向剪力、弯矩和转矩作用；

　　iii.壳体边界处的约束沿经线的切线方向，不得限制边界处的转角与挠度。

显然，同时满足上述条件非常困难，理想的无矩状态并不容易实现。一般情况下，边界附近往往同时存在弯曲应力和薄膜应力。在很多实际问题中，一方面按无力矩理论求出问题的解，另一方面对弯矩较大的区域再用有力矩理论进行修正。

（1）边缘应力

工程实际中容器的壳体大部分是由圆筒形、球形、椭球形、圆锥形等几种简单壳体组合而成，并且还装有支座、法兰和接管等。不仅如此，沿壳体轴线方向的壁厚、载荷、温度和材料的物理性能也可能出现突变，这些因素均可表现为容器壳体在总体结构上的不连续性。当容器整体承压时，在各个形状不相同的壳体连接处，如果毗邻的壳体允许分别作为一个独立的元件在内压的作用下自由膨胀，则连接处壳体的经线的转角以及径向位移一般不相等；而实际的壳体在连接处必须是连续结构，毗邻壳体在结合截面处不允许出现间隙，即其经线的转角以及径向位移必须相等。因此在连接部位附近就形成一种约束，迫使壳体发生局部的弯曲变形，这样势必在该边缘部位引起附加的边缘力 Q_0 和边缘力矩 M_0，以及相应的抵抗这些外力的局部弯曲应力，从而在总体结构上增加了该不连续区域的总应力。虽然这些附加应力只限于靠近连接边缘的局部范围内，并随着离开连接边缘的距离增加而迅速衰减，但其数值有时要比由于内压而产生的薄膜应力大得多。由于这种现象只发生在连接边缘，因而称为"不连续效应"或"边缘效应"。由此而引起的局部应力称为"不连续应力"或"边缘应力"。

（2）边缘应力的特点及工程处理方法

带厚圆平板的圆筒如图 5-8 所示，内部作用均匀分布的压力 p。将圆筒与厚圆平板在连接部位切开，则它们之间有相互作用的边缘剪力 Q_0 和边缘弯矩 M_0。对于钢材，$\mu=0.3$，利用变形协调方程式求得边缘剪力 Q_0 和边缘弯矩 M_0 如式 (5-24)，式中负号表示 Q_0 的实际方向与图示方向相反：

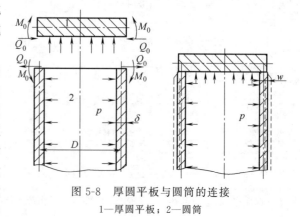

图 5-8　厚圆平板与圆筒的连接
1—厚圆平板；2—圆筒

$$\begin{cases} M_0 = 0.257 pR\delta \\ Q_0 = -0.66 p\sqrt{R\delta} \end{cases} \quad (5\text{-}24)$$

对于圆筒，其经向 φ 和轴向 x 方向一致，即可分别得到钢制圆筒连接处两向应力的总应力分别是

$$\text{经向应力}\left(\sum \sigma_\varphi\right)_{\max} = \text{轴向应力}\left(\sum \sigma_\varphi\right)_{\max} = 2.05 \frac{pR}{\delta}\text{（在 }x=0\text{ 处，内表面）}$$

$$\text{周向应力}\left(\sum \sigma_\theta\right)_{\max} = 0.62 \frac{pR}{\delta}\text{（在 }x=0\text{ 处，内表面）}$$

可见，与厚圆平板连接的圆筒壳边缘处的最大应力为壳体的经向应力，其值远大于远离结构不连续处圆筒壳中的薄膜应力。

不同结构组合壳，在连接边缘处，有不同的边缘应力，有的边缘效应显著，其应力可达到很大的数值。但它们都有一个共同特征，即影响范围很小，这些应力只存在于连接处附近的局部区域。例如对于钢材 $\mu=0.3$，当距离边缘 $x=2.45\sqrt{R\delta}$ 时，其边缘力矩 $|M_x|\approx e^{-\pi}M_0=0.043M_0$，即经向弯矩已衰减掉 95.7%，此时可忽略边缘力和边缘力矩的作用。在多数情况下，$2.45\sqrt{R\delta}$ 与壳体半径 R 相比是一个很小的数值。这种性质称为边缘应力的局部性。

其次，边缘应力是由于毗邻壳体薄膜变形不相等和两部分的变形受到弹性约束所致。因此，对于用塑性好的材料制造的压力容器，当不连续边缘区应力过大，一旦出现部分屈服变形时，这种弹性约束即自行缓解，变形不会继续发展，边缘应力也不再无限制地增加。这种性质称为边缘应力的自限性。

由于边缘应力具有局部性和自限性两个性质，除了分析设计必须做详细的应力分析以外，对于静载荷下塑性材料的容器，在设计中一般不做具体计算，而采取结构上做局部调整的方法，限制其应力水平。这些方法无非是在连接处采用挠性结构，如不同形状壳体的圆弧过渡、不等厚壳体的削薄连接等；或采取局部加强措施和减少外界引起的附加应力，如焊接残余应力、支座处的集中应力、开孔接管的应力集中等。但是对于承受低温或循环载荷的容器，或用脆性较大的材料制造的容器，过高的边缘应力会使材料对缺陷十分敏感，可能导致容器的疲劳失效或脆性破坏，因而在设计中通常要核算边缘应力。

5.1.3 均布载荷作用下圆形薄板应力特点

部分容器的平板封头、人孔或手孔盖、反应器触媒床的支承板以及板式塔的塔板等，它们的形状通常是圆板或中心有孔的圆环形平板，这是组成容器的一类重要构件。与讨论薄壳一样，描述圆板几何特征也用中面、厚度和边界支承条件，圆板的中面是平面。对于薄板，其厚度与直径之比小于或等于五分之一，否则称为厚板。

大多数圆板承受对称于板中心轴的横向载荷，所以圆板的应力和变形具有轴对称性质。圆板在横向载荷作用下，其基本受力特征是双向弯曲，即径向弯曲和周向弯曲，所以板的强度主要是取决于厚度。大多数实际问题中，板弯曲后中面上的点在法线方向的位移很小，即挠度 ω 远小于板厚度 δ。当 $\frac{\omega}{\delta}\ll 1$ 时，称为薄板的小挠度问题。本书主要讨论圆形薄板在轴对称横向载荷下小挠度弯曲的应力和变形问题。

因为问题具有静不定性质，需要建立平衡方程、几何方程和物理方程，最后得到挠度微分方程，进而求得圆板中的应力。

(1) 周边简支圆板

图 5-9(a) 所示周边简支圆板表示周边不允许有挠度，但可以自由转动，因而周边不存在径向弯矩。此时边界条件为 $r=R$ 时，$\omega=0$，$M_r=0$。

由此得出圆板中心 $r=0$ 处有最大挠度

$$\omega_{\max}=(\omega)_{r=0}=\frac{(5+\mu)pR^4}{(1+\mu)64D'}=\frac{3(1-\mu)(5+\mu)}{16E\delta^3}pR^4 \tag{5-25}$$

式中，$D'=\dfrac{E\delta^3}{12(1-\mu^2)}$，称为圆板的抗弯刚度，表征其抵抗弯曲的能力，与几何尺寸及材料性能有关。

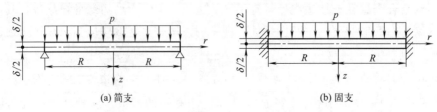

图 5-9 承受均布横向载荷的圆板

板的最大应力在板中心上下表面（$z=\mp\dfrac{\delta}{2}$）上，它们的数值为

$$(\sigma_r)_{\max}=(\sigma_\theta)_{\max}=\mp\dfrac{3(3+\mu)}{8\delta^2}pR^2 \tag{5-26}$$

式中，负号表示上表面为压应力，正号表示下表面为拉应力。

（2）周边固支圆板

图 5-9(b) 所示周边固支的圆板表示其支承处不允许有转动和挠度，这样的边界条件为 $r=R$，$\omega=0$，$\dfrac{d\omega}{dr}=0$。

由此得出圆板中心 $r=0$ 处有最大挠度

$$\omega_{\max}=\dfrac{pR^4}{64D'}=\dfrac{3(1-\mu^2)}{16E\delta^3}pR^4 \tag{5-27}$$

显然，板的最大应力在板边缘上下表面（$z=\mp\dfrac{\delta}{2}$）上，即

$$(\sigma_r)_{\max}=\pm\dfrac{3}{4\delta^2}pR^2 \tag{5-28}$$

式中，正号表示上表面为拉应力，负号表示下表面压应力。

比较式（5-25）与式（5-27）及式（5-26）与式（5-28），并取 $\mu=0.3$，得周边简支与固支时的最大挠度及最大应力比值分别为

$$\dfrac{\omega_{\max}^s}{\omega_{\max}^f}=\dfrac{5+0.3}{1+0.3}=4.08$$

$$\dfrac{\sigma_{\max}^s}{\sigma_{\max}^f}=\dfrac{\dfrac{3(3+0.3)}{8}}{\dfrac{3}{4}}=1.65$$

综上所述，受均布载荷圆形薄板有如下特点：

i. 板内为两向应力 σ_r 及 σ_θ，而剪应力相对较小，可以忽略不计；

ii. σ_r 及 σ_θ 均为弯曲应力，沿板厚呈线性分布，最大值在上下表面，中面为零；

iii. σ_r 及 σ_θ 沿半径分布，与周边支承方式有关，实际结构常介于固支和简支之间；

iv. 周边简支圆板的最大应力在板中心，周边固支圆板的最大应力在板周边；而周边简支及周边固支圆板的最大挠度均在板中心；同样条件下，简支时的最大挠度是固支时的 4 倍，简支时的最大应力是固支时的 1.65 倍，因此，使圆板接近固支受载，可使其应力及变形显著减小；

v. 薄板的最大应力 $\sigma_{\max}$ 与 $\left(\dfrac{R}{\delta}\right)^2$ 成正比，而薄壳中的薄膜应力与 $\dfrac{R}{\delta}$ 成正比，故在同样条件下，薄板厚度较薄壳大得多。

5.2 压力容器失效与设计准则

5.2.1 压力容器失效

容器丧失其规定功能或者危及安全的事件及其本质原因称为失效模式。通常容器建造中考虑的主要失效模式可分为短期失效模式、长期失效模式和循环失效模式等三种。

(1) 短期失效模式

包括脆性断裂、韧性断裂（如塑性垮塌、局部过度应变）、过量变形、屈曲。过量变形会导致法兰等连接处介质泄漏或丧失其他功能。

压力容器的断裂就意味着爆炸或泄漏，危害极大。韧性断裂和脆性断裂是两种常见典型断裂形式。韧性断裂的特征是断后有肉眼可见的宏观变形，如整体鼓胀，断后伸长率可达10%~20%，基本无碎片，断口与主应力方向呈45°，断裂时应力通常达到材料的强度极限。脆性断裂的特征是断裂时容器没有鼓胀，即无明显的塑性变形，其断口齐平，并与最大应力方向垂直，常呈碎片状，危害大，断裂时其应力往往远低于材料的屈服强度，故称低应力脆性断裂。

(2) 长期失效模式

包括蠕变破裂、蠕变过量变形、蠕变失稳、腐蚀和磨损、环境助长断裂等。

(3) 循环失效模式

包括棘轮效应（或称渐增塑性变形）、交替塑性变形、疲劳、腐蚀疲劳等。

5.2.2 压力容器设计准则

表征压力容器达到失效时的应力或应变等定量指标，称为失效判据。为防止容器发生失效，使其安全可靠，通常在失效判据中引入安全系数，从而得到与失效判据相对应的强度或刚度等计算式，这就是设计准则。同一种失效形式，可因表征其失效时的理论基础及其力学性能参数不同，有时会有一个以上的失效判据，此时的设计准则表达式也会相应有几种。例如弹性失效设计准则就是这样。

压力容器技术发展至今，各国设计规范中已经逐步形成如下的设计准则：强度上防失效的设计准则有弹性失效设计准则、塑性失效设计准则、爆破失效设计准则、安定性设计准则、疲劳设计准则、蠕变设计准则、低应力脆断设计准则等。另外还有防刚度失效的位移设计准则、防失稳的失稳失效设计准则及防泄漏的泄漏失效设计准则。而在各种失效设计准则中，应用最普遍的是弹性失效设计准则。我国 GB/T 150 也是采用弹性失效设计准则。

5.3 内压薄壁容器厚度设计

5.3.1 内压圆筒厚度设计

圆筒形容器具有结构简单、易于制造等优点，是应用非常广泛的压力容器。塔器、反应器、换热器和分离器等典型过程设备，均具有一个圆筒形容器外壳。圆筒形容器壳体由圆筒和其两端封头组成。

(1) 弹性失效设计准则

在 GB/T 150 中，压力容器是按弹性失效设计准则进行强度设计计算的，即将容器壁内的应力限制在弹性阶段，认为内壁出现屈服时容器即为失效。由于薄壁和厚壁容器分别为两向和三向应力状态，故其壁内的应力应考虑三个主应力的影响，以相当应力（应力强度）σ_{eq} 进行计算。根据材料力学中的四个强度理论，σ_{eq} 有四个计算式。因第二强度理论结果与容器失效实验相差较大，在容器设计中各国均不采用。对塑性材料，第四强度理论结果与实验较为符合，但计算较烦琐，容器设计中应用较少。应用较多的是第一、第三强度理论。

第一强度理论即最大拉应力准则，适用于脆性材料。认为在三个主应力中，只要最大拉应力 σ_1 达到单向拉伸强度极限 R_m，即 $\sigma_1 = R_m$ 时为失效。

为防止失效，对极限应力 R_m 除以相应的安全系数，即以许用应力 $[\sigma]$ 取代 R_m，则第一强度理论的弹性设计准则强度计算式为

$$\sigma_{eq1} = \sigma_1 \leqslant [\sigma] \tag{5-29}$$

第三强度理论，即最大剪应力准则，适用于塑性材料。认为最大剪应力达到单向拉伸屈服剪切强度 τ_s，即 $\tau_{max} = \tau_s$ 时材料为失效。

由材料力学知，$\tau_{max} = \frac{1}{2}(\sigma_1 - \sigma_3)$，$\tau_s = \frac{1}{2}R_{eL}$，则失效判据可表达为

$$\sigma_1 - \sigma_3 = R_{eL}$$

与第一强度理论同理，可得第三强度理论的弹性设计准则强度计算式为

$$\sigma_{eq3} = \sigma_1 - \sigma_3 \leqslant [\sigma] \tag{5-30}$$

对于 $K \leqslant 1.2$ 的薄壁内压容器，其主应力分别为 $\sigma_1 = \sigma_\theta$，$\sigma_2 = \sigma_\varphi$，$\sigma_3 = \sigma_r = 0$，代入式（5-29）与式（5-30）可得 $\sigma_{eq1} = \sigma_{eq3} = \sigma_1$，即此时第一、三强度理论的应力强度均等于最大主应力 σ_θ，二者结果相同。但若为 $K > 1.2$ 的厚壁容器，因其 $\sigma_3 \neq 0$，两式的结果就不同了。

另外，压力容器用材料，一般均具有良好的塑性，按理应采用式（5-30）第三强度理论。但因为第一强度理论仅考虑最大拉应力，应用简便，又有长期的使用经验，通过调整安全系数，其计算结果与其他强度理论并无明显差别。因此，不少国家的压力容器标准仍采用第一强度理论。我国 GB/T 150 也是以式（5-29）第一强度理论作为压力容器强度设计基础的。

(2) 强度计算公式推导

由式（5-29）可知，第一强度理论是将容器壁内的最大拉应力控制在材料许用应力水平进行计算的。分析指出，对于 $K \leqslant 1.2$ 的薄壁圆筒，其最大拉应力由无力矩理论导出的薄膜公式计算，即

$$\sigma_1 = \sigma_\theta = \frac{pD}{2\delta} \leqslant [\sigma]$$

结合工程实际，考虑温度的影响，以材料在设计温度下的许用应力 $[\sigma]^t$ 取代常温下的许用应力 $[\sigma]$，并考虑焊接接头对筒体强度的削弱，将许用应力乘以焊接接头系数 ϕ，则式（5-29）变为

$$\frac{pD}{2\delta} \leqslant [\sigma]^t \phi$$

为便于工程应用，以计算压力 p_c 取代上式中的内压 p，以 $D_i + \delta$ 取代中径 D，便得到圆筒厚度计算的强度计算式

$$\delta = \frac{p_c D_i}{2[\sigma]^t \phi - p_c} \tag{5-31}$$

该式即为以内径表示薄壁圆筒中径的厚度公式。在 GB/T 150《压力容器》标准中，扩

大到用于 $K \leqslant 1.5$，即 $p_c \leqslant 0.4[\sigma]^t \phi$ 的单层内压圆筒强度设计。

当需要对在役圆筒形容器或已知尺寸的圆筒形容器进行强度校核时，其应力强度应满足式（5-32）或许用压力应满足式（5-33）：

$$\sigma^t = \frac{p_c(D_i + \delta_e)}{2\delta_e} \leqslant [\sigma]^t \phi \tag{5-32}$$

$$[p_w] = \frac{2\delta_e [\sigma]^t \phi}{D_i + \delta_e} \geqslant p_c \tag{5-33}$$

式中 $[\sigma]^t$——设计温度下圆筒材料的许用应力，MPa；

D_i——圆筒内直径，mm；

p_c——计算压力，MPa；

$[p_w]$——设计温度下的许用压力，MPa；

σ^t——计算压力下圆筒的计算应力，MPa；

δ_e——圆筒有效厚度，$\delta_e = \delta_n - C$，mm；其中 δ_n 为圆筒名义厚度，mm；C 为厚度附加量，$C = C_1 + C_2$，mm。

应当注意，式（5-31）中 δ 是满足计算压力下强度所需的厚度，称为计算厚度，而设计图样上标注的是名义厚度。各厚度意义如下：

设计厚度 $\delta_d = \delta + C_2$，系计算厚度 δ 与腐蚀裕量 C_2 之和，是保证强度和规定设计寿命的厚度。

名义厚度 $\delta_n = \delta_d + C_1 +$ 向上的圆整量，是指设计厚度与钢材厚度负偏差 C_1 之和，再向上圆整后的钢材规格厚度，即为设计图样上标注的厚度。但在压力加工中存在减薄量（加工裕量）时，制造厂还要在计入加工减薄量后第二次圆整，其圆整值称为钢材厚度，而在不计减薄量时，名义厚度即为钢材厚度。

有效厚度 $\delta_e = \delta_n - C$，系名义厚度与厚度附加量之差，是反映容器实际承载能力的厚度，用于强度校核计算中。

各种厚度间的关系如图 5-10 所示。

图 5-10 各厚度之间的关系

当设计压力较小时，计算的厚度有时很小。为满足焊接工艺对厚度的要求，并保证在制造、运输和安装过程中有足够的刚度，GB/T 150 中规定非合金钢、低合金钢制容器加工成形后不包括腐蚀裕量的最小厚度不小于 3mm；高合金钢制容器的最小厚度不宜小于 2mm。

5.3.2 内压球壳厚度设计

与圆筒壳同理，球壳亦采用第一强度理论对其薄膜应力强度进行限制。以球壳薄膜应力强度 $\sigma_1 = \sigma_\varphi = \sigma_\theta = \dfrac{pD}{4\delta}$ 代入式（5-29）并考虑工程实际情况可得

$$\delta = \frac{p_c D_i}{4[\sigma]^t \phi - p_c} \tag{5-34}$$

此式即为内压球壳的中径公式。GB/T 150 规定的适用条件为 $p_c \leqslant 0.6[\sigma]^t \phi$，相当于 $K \leqslant 1.35$ 的球壳。

当需要对在役球形容器或已知尺寸的球形容器进行强度校核时，其应力强度应满足式（5-35）或许用压力应满足式（5-36）：

$$\sigma^t = \frac{p_c(D_i + \delta_e)}{4\delta_e} \leqslant [\sigma]^t \phi \tag{5-35}$$

$$[p_w] = \frac{4\delta_e [\sigma]^t \phi}{D_i + \delta_e} \geqslant p_c \tag{5-36}$$

式中符号意义与圆筒相同。比较式（5-31）与式（5-34）可知，在设计压力、直径和材料相同时，球壳壁厚约为圆筒壁厚的一半。

5.3.3 内压封头厚度设计

压力容器封头包括半球形、椭圆形、碟形和无折边球形（或称为球冠形）等凸形封头以及圆锥形、平板封头等，如图 5-11 所示。

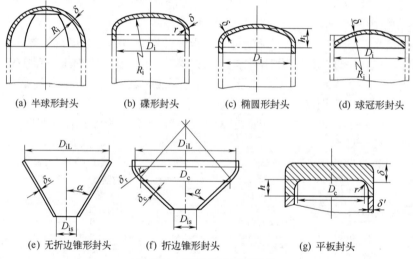

(a) 半球形封头　(b) 碟形封头　(c) 椭圆形封头　(d) 球冠形封头

(e) 无折边锥形封头　(f) 折边锥形封头　(g) 平板封头

图 5-11 容器常见封头型式

对受均匀内压封头的强度计算，由于封头和圆筒相连接，所以不仅需要考虑封头本身因内压引起的薄膜应力，还要考虑与圆筒连接处的不连续应力。与圆筒设计一样，封头亦采用弹性失效设计准则，以第一强度理论和薄膜应力作为强度计算基础。但封头要在厚度计算式中引入封头形状系数，以计入不连续应力对局部强度的影响。其封头形状系数的大小随封头的结构形式而异。而封头的结构形式是按工艺过程、承载能力、制造技术方面的要求而确定的。

（1）半球形封头

半球形封头，如图 5-11(a) 所示，是半个球壳。按无力矩理论计算，需要的厚度是同样直径圆筒的二分之一。若厚度取与圆筒一样大小，则由不连续应力分析可知，两者连接处的最大应力比圆筒周向薄膜应力仅大 3.1%。故从受力来看，半球形封头是最理想的结构形式，但缺点是深度大，直径小时，整体冲压困难，直径大时采用分瓣冲压，其拼焊工作量亦较大。

受均布内压半球形封头的计算厚度仍用内压球壳的公式［式（5-34）］计算。

（2）椭圆形封头

椭圆形封头，如图5-11(c)所示，是由半个椭球面和一个圆筒直边段组成，它同时具有半球形封头受力好和碟形封头深度浅的优点。由于椭球部分经线曲率平滑连续，封头中的应力分布比较均匀。对于 $a/b=2$ 的标准封头，封头与直边连接处的不连续应力较小，可不予考虑，所以它的结构特性介于半球形封头和碟形封头之间。

椭圆形封头中的应力，包括由内压引起的薄膜应力和封头与筒体连接处的不连续应力。椭圆形封头中的最大应力对圆筒周向薄膜应力的比值 K 可表示成 $\dfrac{D_i}{2h_i}$ 即 $\dfrac{a}{b}$ 的函数关系式：

$$K=\frac{1}{6}\left[2+\left(\frac{D_i}{2h_i}\right)^2\right] \tag{5-37}$$

K 称为椭圆形封头形状系数。因此椭圆形封头内压强度计算厚度 δ_c 即为与其连接的圆筒计算厚度的 K 倍，即

$$\delta_c=\frac{Kp_c D_i}{2[\sigma]^t\phi-p_c}$$

GB/T 150 中的计算公式稍与此不同，为

$$\delta_c=\frac{Kp_c D_i}{2[\sigma]^t\phi-0.5p_c} \tag{5-38}$$

式（5-38）等号右边分母中的系数 0.5 是考虑对理论计算精度的修正，也考虑到与半球形封头的一致性，即当 $\dfrac{D_i}{2h_i}=1$ 时，形状系数 $K=0.5$，此时椭圆形封头实际上已变为半球形封头，将 $K=0.5$ 代入式（5-38），则计算厚度表达式与式（5-34）一致。对于 $\dfrac{D_i}{2h_i}=2$ 即 $\dfrac{a}{b}=2$ 的标准椭圆形封头，式（5-38）中的 $K=1$。

椭圆形封头进行内压屈曲判别：根据 $D_i/2h_i$ 和 D_i/δ_c，按图 5-12 判别椭圆形封头是否可能发生屈曲。若 $D_i/2h_i$ 和 D_i/δ_c 的交点落在图 5-12 中曲线上或曲线右上方，则封头可能发生屈曲；若 $D_i/2h_i$ 和 D_i/δ_c 的交点落在图 5-12 曲线左下方，则封头不可能发生屈曲。

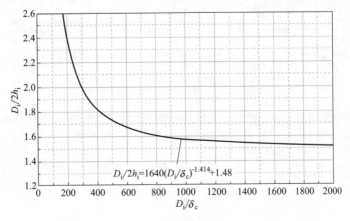

图 5-12 内压椭圆形封头屈曲判别曲线

椭圆形封头防止内压屈曲设计：当按图 5-12 判别椭圆形封头存在内压屈曲可能性时，可按以下方法之一进行设计。

① 解析法　椭圆形封头防止内压屈曲计算厚度 δ_b 按照解析法设计如下：

$$\delta_b = D_i \left[\frac{p_c}{23 R_{eL}^t} \left(\frac{D_i}{2h_i} \right)^{1.93} \right]^{0.77}$$

② 经验法　椭圆形封头防止内压屈曲计算厚度 δ_b 按照经验法设计如下：

$$\delta_b \geq \begin{cases} 0.0015 D_i & (D_i/2h_i \leq 2 \text{ 时}) \\ 0.0030 D_i & (D_i/2h_i > 2 \text{ 时}) \end{cases}$$

（3）碟形封头

如图 5-11（b），碟形封头由球面、过渡段以及圆筒直边段三个不同曲面组成。虽然由于过渡段的存在降低了封头的深度，方便了成形加工，但在三部分连接处，经线曲率发生突变，在过渡区边界上不连续应力比内压薄膜应力大得多，故受力状况不佳。

碟形封头形状系数 M 反映了过渡区半径与球面内半径之比 $\dfrac{r}{R_i}$ 对屈服应力的影响，可用下式表示：

$$M = \frac{1}{4}\left(3 + \sqrt{\frac{R_i}{r}} \right) \tag{5-39}$$

由上式可知，碟形封头过渡区半径 r 小，M 值大，对强度不利，故 r 不宜过小。GB/T 150 规定，碟形封头球面部分的内半径应不大于封头的内直径，通常取 0.9 倍的封头内直径。封头过渡区半径应不小于封头内直径的 10%，且不应小于 3 倍的封头名义厚度 δ_{nh}。

因此，标准中也采用了与椭圆形封头相似的碟形封头内压强度计算厚度 δ_c 的计算式，即

$$\delta_c = \frac{M p_c R_i}{2[\sigma]^t \phi - 0.5 p_c} \tag{5-40}$$

碟形封头也应进行内压屈曲判别：根据 R_i/r 和 D_i/δ_c，按图 5-13 判别碟形封头是否可能发生屈曲。若 R_i/r 和 D_i/δ_c 的交点落在图 5-13 中曲线上或曲线右上方，则碟形封头可能发生屈曲；若 R_i/r 和 D_i/δ_c 的交点落在图 5-13 中曲线左下方，则碟形封头不可能发生屈曲。

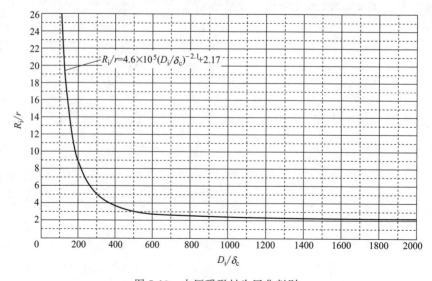

图 5-13　内压碟形封头屈曲判别

碟形封头防止内压屈曲设计：当按图 5-13 判别碟形封头存在内压屈曲可能时，可按以下方法之一进行设计。

① 解析法　碟形封头防止内压屈曲计算厚度 δ_b 按下式确定：

$$\delta_b = D_i \left\{ \frac{p_c}{120 R_{eL}^t} \left[\frac{(R_i/D_i)^{1.32}}{(r/D_i)^{0.47}} \right] \right\}^{0.6}$$

② 经验法　碟形封头防止内压屈曲计算厚度 δ_b 亦可按下式确定：

$$\delta_b \geqslant \begin{cases} 0.0015 D_i \ (R_i/r \leqslant 5.5 \text{ 时}) \\ 0.0030 D_i \ (R_i/r > 5.5 \text{ 时}) \end{cases}$$

综上，椭圆形和碟形封头，边缘过渡区在内压作用下存在屈曲的可能。为防屈曲，还应分别按图 5-12 或图 5-13 进行内压屈曲判别，如若存在屈曲的可能时，则应按解析法或经验法确定封头防止内压屈曲的计算厚度 δ_b。根据判别结果，当不可能发生内压屈曲时，封头计算厚度 δ_h 取内压强度计算厚度 δ_c；当有可能发生内压屈曲时，封头计算厚度 δ_h 取内压强度计算厚度 δ_c 与防止内压屈曲计算厚度 δ_b 的较大值。

另外，标准碟形封头和椭圆形封头均有直边段，如图 5-11(b)、(c) 所示。这主要是为了使封头与圆筒连接的环焊缝避开边缘的高应力区，同时也为了在制造时便于封头和圆筒的组对焊接。

（4）球冠形封头

球冠形封头，如图 5-11(d) 所示，是部分球面封头与圆筒直接连接，它结构简单、制造方便。在球面与圆筒连接处其曲率半径发生突变，且两壳体因无公切线而存在横向推力，所以产生相当大的不连续应力，这种封头一般只能用于压力不高的场合。

球冠形封头可用作端封头，也可用作容器中两独立受压室的中间封头，如采用加强段结构，其形式如图 5-14 所示。

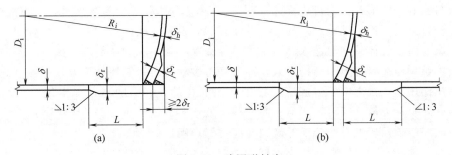

图 5-14　球冠形封头

图中 R_i 为球冠形封头内半径，mm；封头与圆筒连接的 T 形接头为全焊透结构

受内压（凹面受压）球冠形封头的计算厚度 δ_h 按内压球壳计算，球冠形端封头加强段计算厚度按式（5-41）来计算：

$$\delta_r = \frac{Q p_c D_i}{2[\sigma]^t \phi - p_c} \tag{5-41}$$

式中，D_i 为圆筒内径；ϕ 为圆筒纵焊缝焊接接头系数；球冠形端封头系数 Q 由图 5-15 查取。Q 值与 R_i/D_i 和 $\dfrac{p_c}{[\sigma]^t \phi}$ 有关。前者反映球冠形封头的内半径 R_i 大时对边缘应力的影响大，Q 值亦大；后者反映连接处封头和圆筒厚度小时对边缘应力的影响大，Q 值亦大。

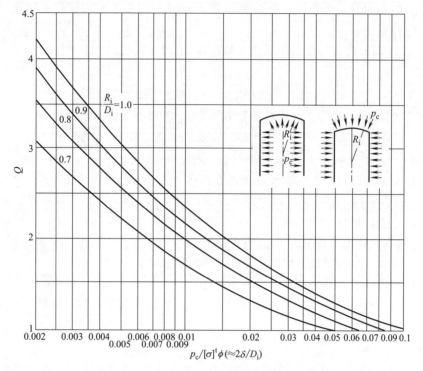

图 5-15 球冠形端封头系数 Q 值

为经济起见,通常仅在连接处将圆筒与球冠做成等厚的加强短节,称为加强段,加强段的长度 L,应不小于圆筒轴向边缘弯曲应力的衰减长度 $\sqrt{2D_i\delta_r}$。

(5) 锥形封头

锥形封头有三种形式:无折边锥壳 [图 5-11(e)]、大端折边锥壳 [图 5-11(f)] 和两端折边锥壳。就强度而论,锥形封头的结构并不理想,但是封头的型式在很多场合取决于容器的使用要求。对于气体的均匀进入和引出、悬浮或黏稠液体和固体颗粒等排放、不同直径圆筒的过渡,锥形封头是理想的结构形式,而且在厚度较薄时,制造亦较方便。

在内压作用下,锥壳中的薄膜应力沿轴向是变化的,其值随直径和半顶角的增大而增大,在锥底处有最大值;同时,在与圆筒壳连接处产生的边缘应力也随着半顶角的增大而显著增大。故在半顶角较大时,必须考虑边缘应力的影响。

通常锥壳顶部有开口,其直径小,称为小端;而锥底直径最大,称为大端。由于锥壳的受力特点,大端与小端结构形式的选定也有所不同。对于大端,当锥壳半顶角 $\alpha \leqslant 30°$ 时,可以采用无折边结构;当 $45° \geqslant \alpha > 30°$ 时,可以采用无折边结构,但锥壳大端和圆筒连接处应采用全截面焊透的焊接接头,焊接接头的内外表面应打磨成圆滑过渡,其圆角半径 $r_0 \geqslant \delta_r$,且应进行 100% 射线或超声检测;当 $60° \geqslant \alpha > 45°$ 时,应采用带过渡段的折边结构。对于小端,当锥壳半顶角 $\alpha \leqslant 45°$ 时,可以采用无折边结构;当 $60° \geqslant \alpha > 45°$ 时,应采用带过渡段的折边结构。当锥壳半顶角 $\alpha > 60°$ 时,按平盖或应力分析进行计算。

在内压作用下,锥底直径最大处具有最大应力。对以薄膜应力承载的锥壳,由第一强度理论,将最大周向薄膜应力控制在一倍 $[\sigma]^t$ 内进行强度计算。据此得到锥壳的计算厚度为

$$\delta_c = \frac{p_c D_c}{2[\sigma]_c^t \phi - p_c} \times \frac{1}{\cos\alpha} \tag{5-42}$$

式中，D_c、ϕ、$[\sigma]_c^t$ 分别为锥壳大端内径、纵向焊接接头系数及锥壳材料在设计温度下的许用应力。至于无折边锥壳加厚段和折边锥形封头的计算厚度设计计算可参阅 GB/T 150 中的规定。

（6）平板封头

平板封头又称为平盖，如图 5-11(g) 所示，是各种封头中结构最简单、制造最容易的一种。因其受弯曲，所以同样直径的压力容器，采用平板封头厚度会很大，耗材多且笨重。

圆形平板封头厚度的计算以圆形平板的应力分析为基础。对受横向均布压力且 $\mu=0.3$ 的钢制圆板，由于实际平板封头与圆筒相连接，真实的支承既不是固支也不是简支。在承受均布压力时，危险应力可能出现在平板封头的中心部分，也可能在圆筒与平板封头的连接部位，这取决于具体的连接结构形式和圆筒的尺寸参数，所以平板中的最大应力可统一写成如下的一般形式：

$$\sigma_{\max} = \pm Kp\left(\frac{D}{\delta}\right)^2$$

于是，根据强度条件，圆形平板封头的计算厚度可按下式计算：

$$\delta_p = D_c \sqrt{\frac{Kp_c}{[\sigma]^t \phi}} \tag{5-43}$$

式中，K 为结构特征系数；D_c 为封头的计算直径。部分平板封头之 K 选取如表 5-1 所示，其余可参见 GB/T 150。

综上所述，从受力情况来看，半球形封头最好，椭圆形封头、碟形封头其次，锥形封头更次之，而平板封头最差；从制造角度来看，平板封头最易，锥形封头其次，碟形封头、椭圆形封头更次，而半球形封头最难。在实际生产中，大多数中低压容器采用椭圆形封头；常压或直径不大的高压容器常用平板封头；半球形封头一般用于低压，但随着制造技术水平的提高，高压容器亦逐渐采用；锥形封头用于压力不高的设备。

表 5-1 部分平板封头的系数 K 选择表

固定方法	序号	简图	结构特征系数 K	备注
与圆筒一体或对接	1	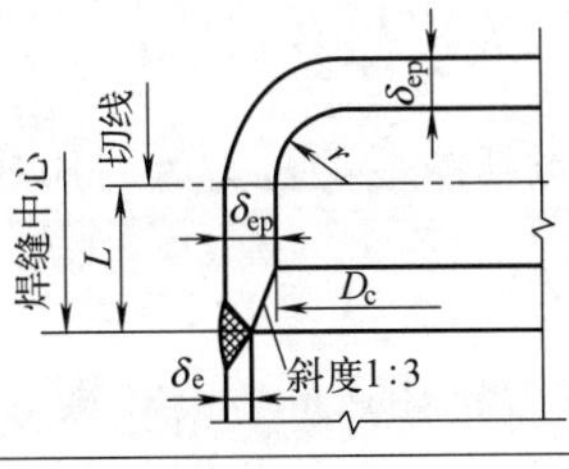	0.145	仅适用于圆形平板封头 $p_c \leq 0.6\text{MPa}$ $L \geq 1.1\sqrt{D_i \delta_e}$ $r \geq 3\delta_{ep}$
角焊或组合焊缝连接	2	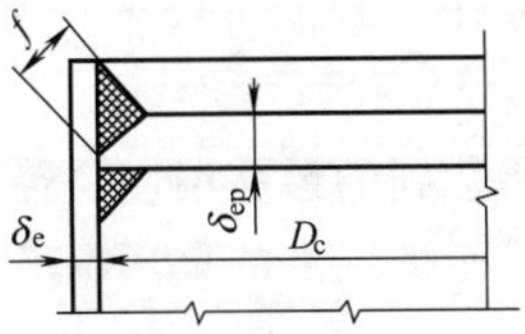	圆形平板封头：$0.4m (m=\delta/\delta_e)$，且不小于 0.3；非圆形平板封头：0.4	$f \geq 1.4\delta_e$
	3	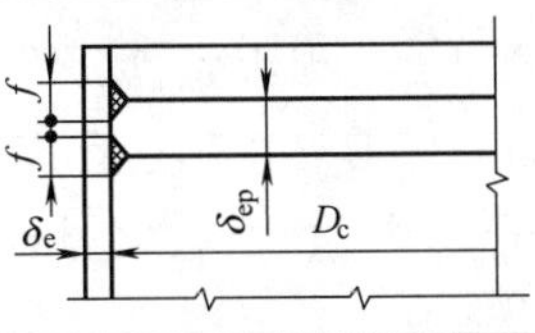	圆形平板封头：$0.4m (m=\delta/\delta_e)$，且不小于 0.3；非圆形平板封头：0.4	$f \geq \delta_e$

续表

固定方法	序号	简图	结构特征系数 K	备注
螺栓连接	4	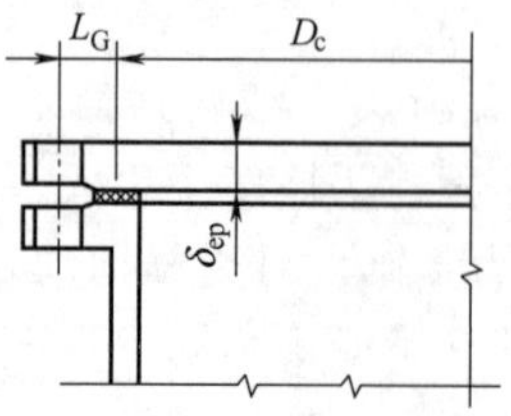	圆形平板封头： 操作时 $0.3+\dfrac{1.78WL_G}{p_cD_c^3}$ 预紧时 $\dfrac{1.78WL_G}{p_cD_c^3}$； 非圆形平板封头： 操作时 $0.3Z+\dfrac{6WL_G}{p_cLa^2}$ 预紧时 $\dfrac{6WL_G}{p_cLa^2}$	W 为预紧状态或操作状态时的螺栓设计载荷，单位 N；a 为非圆形平板封头的短轴长度，单位 mm
	5			

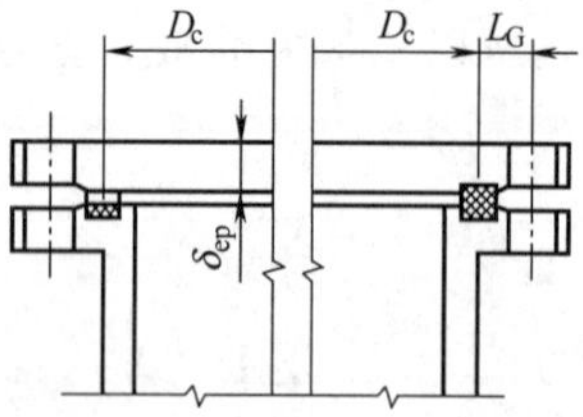

我国 GB/T 25198—2023《压力容器封头》规定了半球形、椭圆形、碟形、球冠形、平底形和锥形封头的制造、检验、验收要求，同时给出了常用型式与基本参数，供设计时选用。

5.3.4 设计参数确定

（1）设计压力 p

设计压力是指设定的容器顶部的最高表压力，与相应的设计温度一起作为设计载荷条件，其值不低于容器的工作压力。

容器的工作压力 p_w 是指在正常工作情况下，容器顶部可能达到的最高表压力。

对于盛装液化气体的容器，如果具有可靠的保冷设施，在规定的装量系数范围内，设计压力根据工作条件下容器内介质可能达到的最高温度确定；否则按 TSG 21《固定式压力容器安全技术监察规程》确定。

（2）计算压力 p_c

在相应设计温度下，用以确定元件厚度的压力，包括液柱静压力等附加载荷。当液柱静压力小于设计压力的 5% 时可忽略不计。

（3）设计温度 t

设计温度是指压力容器在正常工作条件下，设定的元件温度（沿元件截面的温度平均值）。设计温度与设计压力一起作为设计载荷条件。设计温度的上限值称为最高设计温度，设计温度的下限值称为最低设计温度。

最高设计温度不应低于元件金属在工作状态下可能达到的最高温度，最低设计温度不应高于元件金属可能达到的最低温度。当容器各部分在工作情况下的金属温度不同时，可分别设定各部分的设计温度。

必须注意，金属温度与容器内部的物料温度、环境温度、保温条件、物料的物理状态和运动状态等有关。因此，严格地讲，容器元件的金属温度应通过传热计算或实测来确定。当金属温度无法用传热计算或实测结果来确定时，对容器内壁与介质直接接触，且有外保温（或保冷）容器的设计温度可按表 5-2 确定。

表 5-2 设计温度选取   单位：℃

最高或最低工作温度 t_0	容器的设计温度 t
$t_0 \leqslant -20$	介质正常工作温度减 0～10，或取最低工作温度
$-20 < t_0 \leqslant 15$	介质正常工作温度减 5～10，或取最低工作温度
$15 < t_0 \leqslant 350$	介质正常工作温度加 15～30，或取最高工作温度
$t_0 > 350$	$t = t_0 + (5 \sim 15)$

（4）厚度附加量 C

$C = C_1 + C_2$，单位 mm。其中 C_1 为材料厚度负偏差值，按相应材料标准选取。我国现行标准压力容器专用钢板，如 GB/T 713.2 和 GB/T 713.3，不论板厚大小，其负偏差均为 -0.3mm。GB/T 713.7 中 5～80mm 热轧钢板及钢带的厚度负偏差亦为 -0.3mm。即 C_1 取 0.3mm。

C_2 为腐蚀裕量，对均匀腐蚀的压力容器，根据预期的压力容器使用年限和介质对材料的腐蚀速率确定，同时还应当考虑介质流动对受压元件的冲蚀、磨损等影响。介质对材料的腐蚀速率可查有关的防腐手册。推荐的容器设计使用寿命如下：一般容器、换热器 10 年，分馏塔类、反应器、高压换热器 20 年，球形容器 25 年，重要的反应容器（如厚壁加氢反应器、氨合成塔等）30 年。

介质为压缩空气、水蒸气或水的非合金钢或低合金钢制容器，腐蚀裕量 C_2 不小于 1mm；石油化工设备可按表 5-3 确定其腐蚀裕量。对于不锈钢，当介质的腐蚀性极微时，取 $C_2 = 0$。腐蚀裕量如果超过 6mm，则应采用更耐腐蚀的材料，如复合钢板、堆焊层或衬里层等。

表 5-3 石油化工设备的腐蚀裕量 C_2

项目	腐蚀程度			
	极轻微腐蚀	轻微腐蚀	腐蚀	重腐蚀
腐蚀速率/(mm/年)	$\leqslant 0.05$	0.05～0.13	>0.13～0.25	>0.25
腐蚀裕量/mm	0～1（含）	1～3（含）	3～5（含）	$\geqslant 6$

（5）许用应力及安全系数

许用应力是压力容器设计中的基本参数，代表了元件的许可强度，由材料的力学性能除以相应的安全系数来确定。许用应力大小与材料种类及其力学性能、设计温度、安全系数等密切相关。

设计温度不同，考虑材料的力学性能指标亦不同。设计温度为常温时，仅考虑材料常温时的屈服强度和抗拉强度；在蠕变以下较高温度时，除常温性能指标外，还应考虑设计温度下材料的屈服强度；当设计温度达到材料蠕变温度时，除常温性能及设计温度下屈服强度外，还应考虑蠕变极限和持久强度极限。通常，碳素钢或低合金钢设计温度大于 420℃，铬钼耐热钢大于 450℃，奥氏体不锈钢大于 550℃ 时有可能发生蠕变。按照上述温度范围，应考虑的材料力学性能按下式择项除以相应的安全系数，其中的最小者即为设计温度下的许用应力 $[\sigma]^t$，即

$$[\sigma]^t = \min \left[\frac{R_m}{n_b}, \frac{R_{eL} R_{p0.2}}{n_s}, \frac{R_{eL}^t R_{p0.2}^t}{n_s}, \frac{R_D^t}{n_d}, \frac{R_n^t}{n_n} \right]$$

式中 R_m——材料标准抗拉强度下限值，MPa；

R_{eL}，R_{eL}^t——材料标准室温和设计温度下的屈服强度，MPa；

$R_{p0.2}$，$R_{p0.2}^t$——材料标准室温和设计温度下规定塑性延伸率为 0.2% 时的强度，MPa；

R_D^t——材料在设计温度下经 $1\times10^5 h$ 断裂的持久强度的平均值，MPa；

R_n^t——材料在设计温度下经 $1\times10^5 h$ 蠕变量为 1% 的蠕变极限的平均值，MPa；

n_b，n_s，n_d，n_n——对应抗拉强度、屈服强度、持久强度及蠕变极限的安全系数。对于钢材（螺栓材料除外），$n_b=2.7$、$n_s=1.5$、$n_d=1.5$、$n_n=1.0$。

在压力容器设计中，材料的安全系数和许用应力均可从 GB/T 150 查取（许用应力表中粗线右侧的许用应力由钢材的 $10^5 h$ 高温持久强度极限平均值所确定）。

(6) 焊接接头系数 ϕ

用焊接方法制造的压力容器，应当考虑焊接接头对强度的削弱。焊接接头系数 ϕ 是指对接接头强度与母材强度之比值，用以反映由于焊接材料、焊接缺陷和焊接残余应力等因素使焊接接头强度被削弱的程度，是焊接接头力学性能的综合反映。焊接接头系数主要根据受压元件的焊接接头型式和无损检测的比例确定。GB/T 150 对钢制焊接容器的接头系数作了如下规定：

双面焊对接接头和相当于双面焊的全焊透对接接头：全部无损探伤，$\phi=1.00$；局部无损探伤，$\phi=0.85$。

单面焊对接接头（沿焊缝根部全长有紧贴基本金属的垫板）：全部无损探伤，$\phi=0.9$；局部无损探伤，$\phi=0.8$。

对圆筒形容器来说，主要存在纵向和环向两种焊接接头。圆筒计算厚度是依据周向应力公式并采用纵向焊接接头系数计算的，环向焊接接头系数在厚度计算中不起控制作用，但对环向焊接接头质量的要求不能降低，仍取同样的焊接接头系数。对于无纵向焊接接头的圆筒（无缝钢管制）取 $\phi=1.0$。

对封头拼接接头的焊接接头系数，一般按与之焊接的筒体纵向焊接接头系数确定。

5.3.5 耐压试验及应力校核

GB/T 150 规定，压力容器制成后，应当进行耐压试验。耐压试验的目的是最终检验容器的整体强度和可靠性，以高于设计压力的试验介质综合检查容器的制造质量、各受压元件的强度和刚性、焊接接头和各连接面的密封性能等。对于现场制造的大型压力容器，还有检验基础沉降的作用。

耐压试验分为液压试验、气压试验以及气液组合压力试验三种。对因承重等原因无法进行液压试验，进行气压试验又耗时过长的，可根据承重能力先注入部分液体，然后进行气液组合压力试验。气液组合压力试验用液体、气体应当分别符合液压试验和气压试验的有关要求。试验的升、降压要求，安全防护要求以及试验的合格标准按气压试验的有关规定执行。

(1) 耐压试验的一般要求

耐压试验的种类、要求和试验压力值应在图样上注明。一般采用液压试验，试验介质通常为洁净的水。液压试验合格后，应当立即将水渍去除干净。无法完全排净吹干时，对奥氏体不锈钢制容器，应控制水的氯离子含量不超过 25mg/L。

由于结构或支承原因，不能向压力容器内充满液体，以及运行条件不允许残留试验液体的压力容器，可采用气压试验。气压试验所用气体应为干燥洁净空气、氮气或其他惰性气体，通常采用空气。由于气体具有可压缩性，气压试验有一定的危险。为此气压试验要求对焊接接头做全部无损探伤，试验单位的安全部门应当进行现场监督，而且要有安全防范措施才能进行。

为防止容器发生低温低应力脆断，我国《固定式压力容器安全技术监察规程》对耐压试验温度作了规定：试验温度（容器壁金属温度）应较其无塑性转变温度（NDT）至少高30℃，如因板厚等因素造成材料 NDT 升高，则还需相应提高试验温度。

（2）试验压力及应力校核

试验压力是指耐压试验时设于容器顶部压力表上的指示值。《固定式压力容器安全技术监察规程》中规定，对于钢及有色金属材料，试验压力值按式（5-44）或式（5-45）计算：

液压试验中试验压力为

$$p_T = 1.25 p \frac{[\sigma]}{[\sigma]^t} \tag{5-44}$$

直立容器卧置进行液压试验时，试验压力 p_T 还应加上液柱静压力。

气压试验中试验压力和气液组合压力试验中试验压力为

$$p_T = 1.1 p \frac{[\sigma]}{[\sigma]^t} \tag{5-45}$$

上两式中，p 为设计压力，或在容器铭牌上的最高允许工作压力，MPa；$[\sigma]$ 为容器元件材料在试验温度下的许用应力，MPa；$[\sigma]^t$ 为容器元件材料在设计温度下的许用应力，MPa。

由于耐压试验通常在常温下进行，因而试验压力以 $\frac{[\sigma]}{[\sigma]^t}$ 系数进行修正，以保证容器实际设计温度下预期达到的应力水平。压力容器各元件（圆筒、封头、接管、法兰等）所用材料不同时，计算试验压力应当取各元件材料 $\frac{[\sigma]}{[\sigma]^t}$ 比值中的最小值。

设计时，应按式（5-46）或式（5-47）对容器进行耐压试验应力强度校核：

$$\sigma_T = \frac{p_T(D_i + \delta_e)}{2\delta_e} \leq 0.9 \phi R_{eL} \text{（液压试验）} \tag{5-46}$$

$$\sigma_T = \frac{p_T(D_i + \delta_e)}{2\delta_e} \leq 0.8 \phi R_{eL} \text{（气压试验、气液组合压力试验）} \tag{5-47}$$

式（5-46）和式（5-47）中 R_{eL} 取壳体材料在试验温度下的屈服强度或规定塑性延伸率为 0.2% 时的强度。直立容器立置进行液压试验时，式（5-46）中试验压力 p_T 项后应加上试验时的液柱静压力。

【例题 5-1】 有一圆筒形容器，一端为球形封头，另一端为椭圆形封头，如图 5-16 所示。已知圆筒的平均直径为 $D = 2000$mm，封头和筒体的壁厚 δ 均为 20mm，最高工作压力 $p = 2$MPa，试确定：

(1) 圆筒的经向应力 σ_φ 和周向应力 σ_θ。

(2) 球形封头的经向应力 σ_φ 和周向应力 σ_θ。

(3) 椭圆形封头 $\frac{a}{b} = 2$ 顶点处和赤道处的经向应力 σ_φ 和周向应力 σ_θ。

解 （1）圆筒的经向应力 σ_φ 和周向应力 σ_θ 计算

$$\sigma_\varphi = \frac{pD}{4\delta} = \frac{2 \times 2000}{4 \times 20} = 50 \text{(MPa)}$$

$$\sigma_\theta = \frac{pD}{2\delta} = \frac{2 \times 2000}{2 \times 20} = 100 \text{(MPa)}$$

(2) 球形封头的经向应力 σ_φ 和周向应力 σ_θ 计算

$$\sigma_\varphi = \sigma_\theta = \frac{pD}{4\delta} = \frac{2 \times 2000}{4 \times 20} = 50 \text{(MPa)}$$

(3) 椭圆形封头 $\frac{a}{b} = 2$ 顶点处和赤道处的经向应力 σ_φ 和周向应力 σ_θ 计算

当 $\frac{a}{b} = 2$ 时:

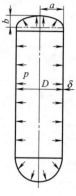

图 5-16 例题 5-1 附图

$$a = 1000\text{mm}, \quad b = 500\text{mm}$$

顶点处:

$$\sigma_\varphi = \sigma_\theta = \frac{pa}{2\delta}\left(\frac{a}{b}\right) = \frac{2 \times 1000}{2 \times 20} \times 2 = 100 \text{(MPa)}$$

赤道处:

$$\sigma_\varphi = \frac{pa}{2\delta} = \frac{2 \times 1000}{2 \times 20} = 50 \text{(MPa)}$$

$$\sigma_\theta = \frac{pa}{2\delta}\left[2 - \left(\frac{a}{b}\right)^2\right] = \frac{2 \times 1000}{2 \times 20} \times (2 - 2^2) = -100 \text{(MPa)}$$

【**例题 5-2**】 某厂需设计一卧式回流液罐,罐的工作压力 $p_w = 2.4\text{MPa}$,工作温度为 45℃,基本无腐蚀,罐的内直径为 1000mm,罐体长 3200mm,试确定罐体的厚度及封头的型式和厚度。

解

(1) 确定设计压力、设计温度

取设计压力 $p = 1.1 p_w = 1.1 \times 2.4 = 2.64 \text{(MPa)}$,设计温度 t 可取为 60℃。

(2) 选材,确定 $[\sigma]$、$[\sigma]^t$、R_{eL}

根据工作条件,材料可选为 Q245R,取 $C_2 = 1\text{mm}$,假设壳体厚度在 3~16mm 范围内,查本书附录Ⅲ或 GB/T 150.2 中表 C.1,可得 $[\sigma] = 148\text{MPa}$,$[\sigma]^t = 147.5\text{MPa}$,$R_{eL} = 245\text{MPa}$。

(3) 圆筒壁厚设计

考虑采用双面对接焊,局部无损探伤,焊接接头系数取 $\phi = 0.85$,计算压力 $p_c = p = 2.64\text{MPa}$。

圆筒计算厚度为

$$\delta = \frac{p_c D_i}{2[\sigma]^t \phi - p_c} = \frac{2.64 \times 1000}{2 \times 147.5 \times 0.85 - 2.64} = 10.64 \text{(mm)}$$

则圆筒设计厚度为

$$\delta_d = \delta + C_2 = 10.64 + 1 = 11.64 \text{(mm)}$$

按 GB/T 713.2,有 $C_1 = 0.3\text{mm}$,则圆筒名义厚度为 $\delta_n \geq \delta_d + C_1 = 11.64 + 0.3 = 11.94 \text{(mm)}$。考虑钢板常用规格厚度,向上圆整可取筒体名义厚度 $\delta_n = 12\text{mm}$。

(4) 封头壁厚设计

选用标准椭圆形封头,其形状系数 $K=1$,封头采用钢板整体冲压而成,焊接接头系数取 $\phi=1.0$,故封头内压强度计算厚度为

$$\delta_c = \frac{Kp_cD_i}{2[\sigma]^t\phi - 0.5p_c} = \frac{1 \times 2.64 \times 1000}{2 \times 147.5 \times 1 - 0.5 \times 2.64} = 8.99(\text{mm})$$

根据 $D_i/2h_i=2$ 和 $D_i/\delta_c=1000/8.99=111.23$,查图 5-12 进行内压屈曲判别,椭圆形封头不发生内压屈曲,封头计算厚度 δ_h 取内压强度计算厚度 δ_c,即 $\delta_h=\delta_c=8.99\text{mm}$。

取 $C_{2h}=1\text{mm}$,则封头设计厚度为 $\delta_{dh}=\delta_h+C_{2h}=8.99+1=9.99(\text{mm})$。

同上,取 $C_{1h}=0.3\text{mm}$,则封头名义厚度为 $\delta_{nh} \geqslant \delta_{dh}+C_{1h}=9.99+0.3=10.29(\text{mm})$。

考虑钢板常用规格厚度,向上圆整,可取封头名义厚度 $\delta_{nh}=12\text{mm}$。

(5) 试验压力确定

采用液压试验,试验压力为 $p_T=1.25p\dfrac{[\sigma]}{[\sigma]^t}=1.25 \times 2.64 \times \dfrac{148}{147.5}=3.31(\text{MPa})$。

(6) 试验应力校核

$$\sigma_T = \frac{p_T(D_i+\delta_e)}{2\delta_e} = \frac{3.31 \times [1000+(12-0.3-1)]}{2 \times (12-0.3-1)} = 156.33(\text{MPa})$$

而

$$0.9\phi R_{eL}=0.9 \times 0.85 \times 245 = 187.42(\text{MPa})$$

满足 $\sigma_T \leqslant 0.9\phi R_{eL}$,则液压试验应力校核合格。

【例题 5-3】 某厂卧式回流液罐的封头设计(与例题 5-2 中的圆筒相配)。

已知条件:罐的计算压力 $p_c=2.64\text{MPa}$,设计温度为 60℃,基本无腐蚀,罐的内直径为 1000mm,封头材料为 Q245R。

设计要求:确定合理的封头型式及厚度。

解 (1) 选用标准椭圆形封头时

选用标准椭圆形封头,其形状系数 $K=1$,封头采用钢板整体冲压而成,焊接接头系数取 $\phi=1.0$,故封头内压强度计算厚度为

$$\delta_c = \frac{Kp_cD_i}{2[\sigma]^t\phi - 0.5p_c} = \frac{1 \times 2.64 \times 1000}{2 \times 147.5 \times 1 - 0.5 \times 2.64} = 8.99(\text{mm})$$

根据 $D_i/2h_i=2$ 和 $D_i/\delta_c=1000/8.99=111.23$,查图 5-12 进行内压屈曲判别,椭圆形封头不发生内压屈曲,封头计算厚度 δ_h 取内压强度计算厚度 δ_c,即

$$\delta_h = \delta_c = 8.99\text{mm}$$

取 $C_{2h}=1\text{mm}$,则封头设计厚度为 $\delta_{dh}=\delta_h+C_{2h}=8.99+1=9.99(\text{mm})$。

同上取 $C_{1h}=0.3\text{mm}$,则封头名义厚度为 $\delta_{nh} \geqslant \delta_{dh}+C_{1h}=9.99+0.3=10.29(\text{mm})$。

考虑钢板常用规格厚度,向上圆整可取封头名义厚度 $\delta_{nh}=12\text{mm}$。

(2) 选用标准的碟形封头时

查 GB/T 25198《压力容器封头》可知,标准碟形封头有

$$R_i = 1.0D_i = 1000\text{mm}$$

$$r = 10\%D_i = 10\% \times 1000 = 100(\text{mm})$$

$$M = \frac{1}{4}\left(3+\sqrt{\frac{R_i}{r}}\right) = \frac{1}{4}\left(3+\sqrt{\frac{1000}{100}}\right) = 1.54$$

封头计算厚度为

$$\delta_c = \frac{Mp_cR_i}{2[\sigma]^t\phi - 0.5p_c} = \frac{1.54 \times 2.64 \times 1000}{2 \times 147.5 \times 1 - 0.5 \times 2.64} = 13.84(\text{mm})$$

根据 $R_i/r=1000/100=10$ 和 $D_i/\delta_c=1000/13.84=72.25$，查图 5-13 进行内压屈曲判别，碟形封头不发生内压屈曲，封头计算厚度 δ_h 取内压强度计算厚度 δ_c，即 $\delta_h=\delta_c=13.84\text{mm}$。

取 $C_{2h}=1\text{mm}$，则封头设计厚度 $\delta_{dh}=\delta_h+C_{2h}=13.84+1=14.84(\text{mm})$。

取 $C_{1h}=0.3\text{mm}$，则封头名义厚度为 $\delta_{nh} \geq \delta_{dh}+C_{1h}=14.84+0.3=15.14(\text{mm})$。

考虑钢板常用规格厚度，向上圆整可取封头名义厚度 $\delta_{nh}=16\text{mm}$。

(3) 选用半球形封头时

封头计算厚度为

$$\delta_h=\frac{p_c D_i}{4[\sigma]^t \phi - p_c}=\frac{2.64 \times 1000}{4 \times 147.5 \times 1 - 2.64}=4.49(\text{mm})$$

取 $C_{2h}=1\text{mm}$，则封头设计厚度为 $\delta_{dh}=\delta_h+C_{2h}=4.49+1=5.49(\text{mm})$。

取 $C_{1h}=0.3\text{mm}$，则封头名义厚度为 $\delta_{nh} \geq \delta_{dh}+C_{1h}=5.49+0.3=5.79(\text{mm})$。

考虑钢板常用规格厚度，向上圆整可取封头名义厚度 $\delta_{nh}=6\text{mm}$。

(4) 选用平板封头时

平板封头选用 20 钢锻件，其设计温度下 $[\sigma]^t=152\text{MPa}$，如果采用表 5-1 中序号 2 的连接方式，由例题 5-2 知：圆筒的计算厚度 $\delta=10.64\text{mm}$，圆筒的有效厚度 $\delta_e=\delta_n-C=\delta_n-(C_1+C_2)=12-(0.3+1)=10.7(\text{mm})$，$D_c=D_i=1000\text{mm}$。

则

$$m=\frac{\delta}{\delta_e}=\frac{10.64}{10.7}=0.99, \quad K=0.4m=0.4 \times 0.99=0.4$$

平板封头计算厚度为

$$\delta_p=D_c\sqrt{\frac{Kp_c}{[\sigma]^t \phi}}=1000\sqrt{\frac{0.4 \times 2.64}{152 \times 1.0}}=83.4(\text{mm})$$

取 $C_{2p}=1\text{mm}$，则封头设计厚度为 $\delta_{dp}=\delta_p+C_{2p}=83.4+1=84.4(\text{mm})$。

考虑锻件锻压成形后需切削加工，故取 $C_{1p}=0\text{mm}$，则平板封头名义厚度为 $\delta_{np} \geq \delta_{dp}+C_{1p}=84.4+0=84.4(\text{mm})$。

向上圆整可取平板封头名义厚度 $\delta_{np}=85\text{mm}$。

现将上述计算列表进行比较，列于表 5-4。

表 5-4　各封头型式计算比较

封头型式	壁厚/mm	质量/kg	相对用钢量	制造难易程度
半球形封头	6	78.6	72.0%	较难
标准椭圆形封头	12	109.1	100%	较易
标准碟形封头	16	139.7	128.0%	较易
平板封头	85	523.2	479.6%	较难(低压、小尺寸时制造容易)

因此从强度、结构和制造等方面综合考虑，选用标准椭圆形封头最为合理。

【例题 5-4】 某厂库存有一台内径为 1000mm、长度为 2600mm 的圆筒形容器，实测该圆筒的厚度为 10mm，两端为标准椭圆形封头，焊接采用双面对接焊，局部无损探伤，圆筒材料为 S30408 (06Cr19Ni10)。由于该设备出厂说明书不全，判断该容器是否可作为计算压力为 2.5MPa、温度为 250℃、介质无腐蚀的分离容器使用？如果不能使用，该容器最大允许工作压力为多少？

解 该容器可按式（5-32）校核其应力：

$$\sigma^t = \frac{p_c(D_i + \delta_e)}{2\delta_e} \leq [\sigma]^t \phi$$

式中，$p_c = 2.5\text{MPa}$；按 GB/T 713.7，$C_1 = 0.3\text{mm}$，$C_2 = 0\text{mm}$，$\phi = 0.85$。
圆筒有效厚度为

$$\delta_e = \delta_n - C = \delta_n - (C_1 + C_2) = 10 - (0.3 + 0) = 9.7(\text{mm})$$

查本书附录Ⅲ得 S30408 钢板在设计温度下的许用应力为 $[\sigma]^t = 122\text{MPa}$，即得

$$[\sigma]^t \phi = 122 \times 0.85 = 103.7(\text{MPa})$$

而

$$\sigma^t = \frac{p_c(D_i + \delta_e)}{2\delta_e} = \frac{2.5 \times (1000 + 9.7)}{2 \times 9.7} = 130.11(\text{MPa})$$

所以

$$\sigma^t = \frac{p_c(D_i + \delta_e)}{2\delta_e} > [\sigma]^t \phi$$

以上计算表明，该容器不满足强度校核条件，故不能在 $p_c = 2.5\text{MPa}$ 条件下使用。
该容器也可按式（5-33）校核其许用压力：

$$[p_w] = \frac{2\delta_e[\sigma]^t \phi}{D_i + \delta_e} \geq p_c$$

$$[p_w] = \frac{2\delta_e[\sigma]^t \phi}{D_i + \delta_e} = \frac{2 \times 9.7 \times 122 \times 0.85}{1000 + 9.7} = 1.99(\text{MPa}) < p_c = 2.5\text{MPa}$$

故也可判断该容器不能在 $p_c = 2.5\text{MPa}$ 条件下使用。
该容器最大允许工作压力为 $[p_w] = 1.99\text{MPa}$。

思考题

5-1 某盛装有液体的直立容器，最大工作压力 p_w，问 p_w 指容器内什么部位的压力？设计压力 p 与 p_w 有什么关系？计算容器壁厚时用的是什么压力？

5-2 一台容器壳体的内壁温度 T_i，外壁温度 T_o，通过传热计算得出的元件金属截面的温度平均值为 T，试问设计温度取哪个值？选材以哪个温度为依据？选材温度是否就是设计温度？

5-3 凸形封头设直边段有什么意义？

5-4 从受力和制造两方面比较半球形封头、椭圆形封头、碟形封头、锥形封头和平板封头的特点，并说明各自主要应用场合。

5-5 压力容器进行耐压试验的目的是什么？

习 题

5-1 有一台库存很久的气瓶，材质为 Q345R，筒体外径 $D_o = 219\text{mm}$，实测最小壁厚为 6.5mm，气瓶两端为半球形状，今欲充压 10MPa 常温使用，并考虑腐蚀裕量 $C_2 = 1\text{mm}$，强度是否足够？如果不够，最大允许工作压力为多少？

5-2 一台装有液体的罐形容器，罐体为 $D_i = 2000\text{mm}$ 的圆筒，上下为标准椭圆形封头，材料为 Q245R，腐蚀裕量 $C_2 = 2\text{mm}$，焊接接头系数 0.85；罐底至罐顶高度 3200mm，罐底至液面高度 2500mm，液面上气体压力不超过 0.15MPa，罐内最高工作温度 50℃，液

体密度为 1160kg/m³。试设计筒体及封头厚度,并进行水压试验应力校核。

5-3 一个内压圆筒,给定设计压力 $p=0.8$MPa,设计温度 $t=100$℃,圆筒内径 $D_i=1000$mm,焊缝采用双面对接焊,局部无损探伤;工作介质对碳素钢、低合金钢有轻微腐蚀,腐蚀速率为 $k_a<0.1$mm/a,设计寿命 $B=20$a,选用 Q245R、Q345R 两种材料分别作圆筒材料,试分别确定两种材料下圆筒壁厚各为多少,由计算结果讨论选择哪种材料更省料。

5-4 一台具有标准椭圆形封头的圆筒形压力容器,材料为 Q345R,内径 2000mm,工作温度 200℃。由于多年腐蚀,经过实测壁厚已减薄至 10.3mm,但经射线检验未发现超标缺陷,故准备将容器的正常操作压力降为 1.1MPa 使用,安全阀的开启压力调定为 1.2MPa。若按 0.2mm/a 的腐蚀速率计算,该容器还能使用几年?在使用前进行的水压试验,其试验压力为多少?

能力训练题

5-1 举例说明压力容器常见的失效形式,讨论各种失效形式的内在原因,辨析如何从设计角度避免相应的失效形式,撰写小报告。

5-2 查阅课外资料,计算容积为 V、试验压力为 p 的压力容器在水压试验和气压试验下的爆炸能量,定量和定性分析二者的差异,并讨论水压试验和气压试验的选取原则。

过程设备机械基础

6 外压容器设计

在过程工业中,除承受内压的设备外,还常遇见承受外压的设备。例如真空操作的储罐和减压蒸馏设备以及夹套设备的内筒等。这些设备的圆筒均承受外压,称为外压容器。圆筒在受均布外压时,其壁内应力计算与内压容器相同,只是应力方向相反,是压应力。

6.1 受均布横向外压圆筒临界压力

6.1.1 圆筒稳定性概念

外压容器往往在强度上均能满足,但会在应力低于材料屈服强度的情况下突然发生瘪塌而失去原有形状,这种现象称为外压容器的失稳。外压容器可能的失效形式有两种:一种是强度不足发生压缩屈服破坏;另一种是刚度不足,发生失稳破坏。对于薄壁外压容器,失稳是其失效的主要形式。因此,保证足够的稳定性就成了外压容器设计中的首要问题。

压应力是产生失稳破坏的根源,凡存在压应力的结构,均存在稳定性问题。故在一些产生局部压应力的内压容器中,同样也会存在局部失稳问题。例如椭圆形和碟形封头的压应力区及风弯矩引起的直立设备轴向压应力区等均存在失稳的可能。这类失稳虽为局部性,但设计中也要采取适当对策处理。

在壁内压应力低于材料屈服强度时的失稳称为弹性失稳。薄壁外压容器,一般均发生弹性失稳。若容器壁厚较大,失稳时其壁内压应力达到或超过材料屈服强度,则称为非弹性失稳或弹塑性失稳。发生弹塑性失稳的外压容器,其失效既有稳定问题,也有压缩强度问题,且以强度为主。

6.1.2 影响外压圆筒临界压力的因素

外压容器发生失稳破坏时的最低外压力称为临界压力,用 p_{cr} 表示。p_{cr} 大,表明容器承受外压的能力大,越不容易失稳。圆筒临界压力的大小与圆筒几何尺寸、圆筒材料性能和圆筒的圆度等因素有关。

(1) 圆筒几何尺寸

在均布外压 p 作用下,圆筒的周向薄膜应力为 $\sigma_\theta = \dfrac{pD}{2\delta}$,直径 D 越大,压应力越大,

临界压力 p_{cr} 越小，越容易失稳；圆筒的壁厚 δ 越小，压应力也越大，临界压力 p_{cr} 越小，越容易失稳。实践表明，在直径 D 和壁厚 δ 一定时，外压圆筒越长，临界压力 p_{cr} 越小，越容易失稳；圆筒越短，临界压力 p_{cr} 越大，越不容易失稳。

(2) 圆筒材料性能

外压薄壁圆筒失稳时壁内的压应力还远未达到材料的屈服强度，这说明圆筒失稳不是由材料的强度不够所致。大量的实验表明，薄壁圆筒的临界压力与材料的屈服强度无关，而与材料的弹性模量 E 和泊松比 μ 有关，E、μ 值较大的材料抵抗变形的能力较强，其临界压力也较高。

(3) 圆筒的圆度

圆筒的圆度为 $e=D_{max}-D_{min}$，D_{max}、D_{min} 分别为圆筒最大内直径、最小内直径。e 越大，说明圆筒越不圆，临界压力 p_{cr} 越小，越容易失稳。因此，GB/T 150 对外压圆筒的圆度提出了比内压圆筒更加严格的要求。但理论上并没有考虑圆度的影响，而是把圆筒横截面当作理想圆来分析。

6.1.3 受均布横向外压圆筒临界压力公式

如图 6-1 所示，圆筒受压缩载荷有三种情况：

i. 沿轴线受均匀压缩载荷 p 作用；
ii. 仅受横向的均布外压 p 作用；
iii. 在横向和轴向同时受均布外压 p 作用。

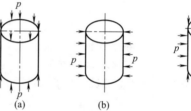

图 6-1 不同受载条件的外压圆筒

理论分析表明，在圆筒横向和轴向同时受均布外压 p 作用的情况下，轴向外压对圆筒失稳的影响并不大。在工程设计中，可近似按照第二种情况考虑。以下重点讨论仅受横向均布外压圆筒的失稳问题。

受均布横向外压的圆筒，其周向应力为经向应力的两倍，故其失稳是由周向压应力引起的，其失稳变形是横向断面失去圆形而呈现数目不等的凸、凹波，如图 6-2 所示。其波数 n 主要取决于圆筒的几何参数，为等于或大于 2 的整数。

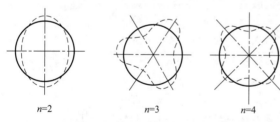

图 6-2 外压圆筒的失稳形态

当圆筒的长度与直径之比较大时，圆筒中间部分将不受两端封头的支持作用，弹性失稳时形成 $n=2$ 的波数，这种圆筒称为长圆筒。长圆筒的临界压力与长度无关，仅和圆筒直径与壁厚的比值 D/δ 有关。当圆筒的相对长度较小，两端的约束作用不能忽视时，临界压力不仅与 D/δ 有关，而且与其长径比 L/D 有关，失稳时的波数 n 大于 2，这种圆筒称为短圆筒。在直径和壁厚相同时，圆筒越短，其临界压力越大，失稳时的波数 n 越多，抗失稳能力越强。

(1) 长圆筒的临界压力

在 M. Bresse（布莱斯）按照小挠度理论导出的径向外压圆环临界压力计算式的基础上，考虑圆筒的抗弯刚度较圆环大，即得受均布横向外压长圆筒的弹性失稳临界压力计算式：

$$p_{cr}=\frac{2E}{(1-\mu^2)}\left(\frac{\delta}{D}\right)^3 \tag{6-1}$$

对于钢制圆筒，取 $\mu=0.3$，则上式变为

$$p_{cr} = 2.2E\left(\frac{\delta}{D}\right)^3 \tag{6-2}$$

临界压力在圆筒器壁中引起的周向压缩应力,称为临界应力,对于钢制圆筒有

$$\sigma_{cr} = \frac{p_{cr}D}{2\delta} = 1.1E\left(\frac{\delta}{D}\right)^2 \tag{6-3}$$

式中　D——圆筒中径,mm;
　　　δ——圆筒计算厚度,mm;
　　　E——材料在设计温度下弹性模量,MPa;
　　　μ——材料的泊松比。

上述三式应明确以下要点:

i. 长圆筒的临界压力与圆筒壁厚的三次方成正比,而与直径的三次方成反比,与长度无关。可见增加壁厚对提高临界压力十分有效;

ii. 理论公式是在均布横向外压载荷条件下导出的,但也适用于大多数横向和轴向同时受均布外压的工况,因为误差不大。式(6-2)仅适用于各种钢制圆筒,而式(6-1)则可用于包括钢在内的各种材料的圆筒;

iii. 各式限用于弹性失稳,即仅当σ_{cr}小于材料的屈服强度才适用,当σ_{cr}达到或超过材料屈服强度时,应力与应变不再成线性关系,圆筒将发生非弹性失稳或塑性屈服破坏。

(2) 短圆筒的临界压力

受均布横向外压短圆筒的弹性失稳临界压力的经典计算方法是 Mises(米泽斯)按小挠度理论推导出来的,目前被各国广为应用。其失稳临界压力表达式为

$$p_{cr} = \frac{E\delta}{R(n^2-1)\left(1+\frac{n^2L^2}{\pi^2R^2}\right)} + \frac{E}{12(1-\mu^2)}\left(\frac{\delta}{R}\right)^3\left[(n^2-1)+\frac{2n^2-1-\mu}{1+\frac{n^2L^2}{\pi^2R^2}}\right] \tag{6-4}$$

式中　R——圆筒的中面半径,mm;
　　　L——圆筒的计算长度,mm;
　　　n——圆筒失稳时形成的凹波数;
　　δ,μ——同长圆筒。

为便于计算,对于钢制圆筒,取$\mu=0.3$,即得短圆筒临界压力及临界应力计算式:

$$p_{cr} = \frac{2.59E\delta^2}{LD\sqrt{D/\delta}} \tag{6-5}$$

$$\sigma_{cr} = \frac{p_{cr}D}{2\delta} = \frac{1.30E}{L/D}\left(\frac{\delta}{D}\right)^{1.5} \tag{6-6}$$

至此,对于短圆筒可明确如下要点:

i. 式(6-5)称为 B. M. Pamm(拉姆)公式,是工程中常用的短圆筒临界压力简化计算式,其计算结果较米泽斯公式约低12%,从设计的角度来说,工程应用偏于保守,是安全的;

ii. 式(6-5)表明,短圆筒临界压力与长圆筒的区别,主要是它与L/D有关,L/D小表明圆筒两端对圆筒的约束作用大,抗失稳能力强;故除增加壁厚外,减少长度L亦是提高短圆筒临界压力的重要措施,而长圆筒则与长度L无关;

iii. 米泽斯公式及拉姆公式的适用条件与长圆筒相同,限于受均布横向外压或同时横向及轴向受均布外压圆筒的弹性失稳,即壁内临界应力σ_{cr}必须低于材料的屈服强度;拉姆公式仅能用于钢制圆筒,而米泽斯公式则不受材料限制,可用于各种材料圆筒的稳定性计算;

iv. 米泽斯公式及拉姆公式中，影响临界压力的材料性能参数仅有 E 和 μ，而与材料强度指标无关。因为各种钢材的 E 值差别很小，所以改变钢种对临界压力的影响甚微，这就是采用高强度钢代替低强度钢无助于提高弹性失稳临界压力的原因。

（3）钢制圆筒的临界长度

对于给定的圆筒，有一特征长度作为区分 $n=2$ 的长圆筒和 $n>2$ 的短圆筒的界限，此特征长度称为临界长度，以 L_{cr} 表示。当 $L>L_{cr}$ 时属于长圆筒；当 $L<L_{cr}$ 时属于短圆筒；当 $L=L_{cr}$ 时既可认为是长圆筒，也可认为是短圆筒。划分长、短圆筒的意义在于判断圆筒端部的约束对圆筒稳定性是否发生影响。令式（6-2）和式（6-5）相等可求得钢制圆筒的临界长度 L_{cr}，即

$$2.2E\left(\frac{\delta}{D}\right)^3 = \frac{2.59E\delta^2}{L_{cr}D\sqrt{D/\delta}}$$

$$L_{cr} = 1.17D\sqrt{\frac{D}{\delta}} \tag{6-7}$$

6.2 外压圆筒厚度设计

外压圆筒的厚度设计通常有解析法和图算法。由于影响外压圆筒稳定性的因素较多，例如要考虑长、短圆筒的区别，也要考虑弹性失稳与非弹性失稳的区别等。在壁厚尚是未知量的情况下，要计算许用外压力或确定设计壁厚，需要进行反复试算。若用解析法进行设计计算就较为麻烦，不便于工程应用，特别是在非弹性失稳时 E 并不是材料的弹性模量，该值不易查取。目前各国设计规范大多采用较简便的图算法，我国 GB/T 150 亦如此。图算法不仅适用于受横向均布外压圆筒，而且经适当参数调整还可用于外压球壳、凸形封头及轴向外压圆筒的设计。

6.2.1 图算法原理

（1）图算法的基本思想

综合考虑长圆筒、短圆筒及非弹性失稳圆筒三种情况，以长圆筒和短圆筒的临界压力公式为基础，将其分解为仅与几何参数（L/D_o，D_o/δ_e）有关的部分和仅与材料参数 E 有关的部分，将圆筒失稳时的临界应变值与圆筒几何参数及材料性能参数的关系曲线分别绘制在双对数坐标纸上。在图算法中，理论计算式中圆筒的中径 D 及计算壁厚 δ 分别以外径 D_o 和有效厚度 δ_e 代替。

（2）外压应变系数 A 曲线的导出

无论是长圆筒还是短圆筒，临界压力公式可统一写成 $p_{cr}=KE\left(\frac{\delta_e}{D_o}\right)^3$，其中 K 为特征系数，长圆筒 $K=2.2$，短圆筒 $K=f\left(\frac{L}{D_o},\frac{D_o}{\delta_e}\right)$。

根据圆筒周向应力知

$$\sigma_{cr}=\frac{p_{cr}D_o}{2\delta_e}=\frac{KED_o}{2\delta_e}\left(\frac{\delta_e}{D_o}\right)^3=\frac{KE}{2}\left(\frac{\delta_e}{D_o}\right)^2$$

临界周向应变为

$$\varepsilon_{cr}=\frac{\sigma_{cr}}{E}=\frac{K}{2}\left(\frac{\delta_e}{D_o}\right)^2$$

令 $$A = \frac{K}{2}\left(\frac{\delta_e}{D_o}\right)^2 \qquad (6\text{-}8)$$

作曲线 $A = \frac{K}{2}\left(\frac{\delta_e}{D_o}\right)^2$，即得图 6-3 所示外压应变系数 A 曲线。

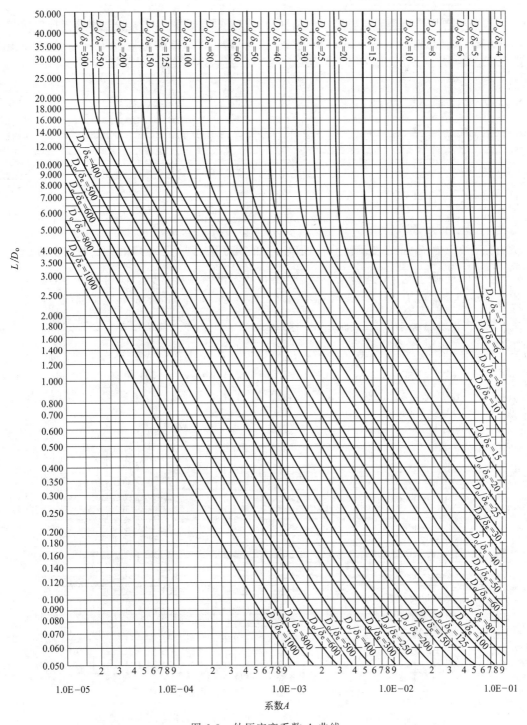

图 6-3　外压应变系数 A 曲线

图 6-3 曲线中与纵坐标平行的直线代表长圆筒,其临界应变与圆筒长度无关;而倾斜线表示短圆筒,其临界应变随圆筒 L/D_o 增大而减少;D_o/δ_e 愈小,其临界应变愈大,表明圆筒愈趋于非弹性失稳。由于图 6-3 以临界应变 A 作为一个参变量,所以对任何材料的圆筒都适用。若已知 L、D_o 和 δ_e,就可按 D_o/δ_e 和 L/D_o 的比值从图上查得 A。

(3) 外压应力系数 B 曲线的导出

对仅受横向均布外压或同时受横向和轴向均布外压的圆筒,其失稳均由临界周向压应力 $\sigma_{cr}=p_{cr}D_o/2\delta_e$ 引起。另临界周向应变 $\varepsilon_{cr}=\sigma_{cr}/E=A$,考虑稳定系数 m,许用外压力 $[p]$ = 临界压力 p_{cr}/m,则

$$A=\varepsilon_{cr}=\frac{m[p]D_o}{2E\delta_e} \qquad (6-9)$$

将上式写成 $\dfrac{[p]D_o}{\delta_e}=\dfrac{2}{m}EA$,按 GB/T 150 取稳定系数 $m=3$,并令 $B=\dfrac{[p]D_o}{\delta_e}$,则有

$$[p]=B\left(\frac{\delta_e}{D_o}\right) \qquad (6-10)$$

可得

$$B=\frac{2}{3}EA=\frac{2}{3}E\varepsilon_{cr}=\frac{2}{3}\sigma_{cr} \qquad (6-11)$$

由此可知,B 与 A 的关系就是 $\dfrac{2}{3}\sigma_{cr}$ 与 ε_{cr} 的关系,B 单位为 MPa。在数值上,B 等于 2/3 临界周向压应力;由于是引入 $m=3$ 稳定系数而得,故具有类似许用压应力的意义。若利用材料单向拉伸应力-应变关系(对于钢材,不计 Bauschinger 效应,拉伸曲线与压缩曲线大致相同),将纵坐标乘以 $\dfrac{2}{3}$,即可作出 B 与 A 的关系曲线。因为同种材料在不同温度下的应力-应变曲线不同,所以图中考虑了一组不同温度的曲线,称为材料温度线,如图 6-4~图 6-6 所示。显然图 6-4~图 6-6 与图 6-3 有共同的横坐标 A。因此由图 6-3 查得的 A 可在图 6-4~图 6-6 中查得相应材料在设计温度下的 B 值,继而由式(6-10)计算出许用外压力 $[p]$。

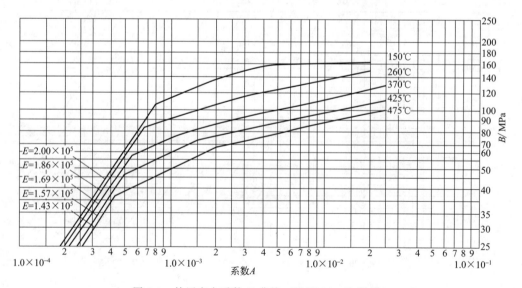

图 6-4 外压应力系数 B 曲线(用于 Q245R 钢等)

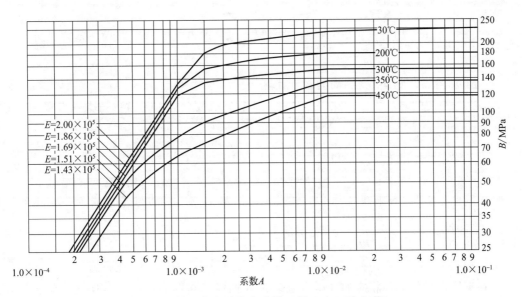

图 6-5　外压应力系数 B 曲线（用于 Q345R 钢等）

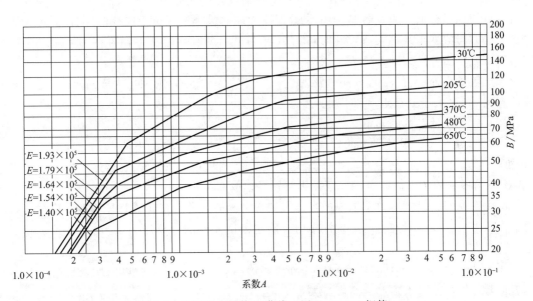

图 6-6　外压应力系数 B 曲线（用于 S30408 钢等）

在弹性范围，由于应力与应变呈线性关系，可直接按式（6-11）和式（6-10）由 A 计算许用外压力，所以图 6-4～图 6-6 中左下方直线大部分被省略掉了。在塑性范围，曲线使用了正切弹性模量，即曲线上的任一点的斜率为 $E=\dfrac{\mathrm{d}\sigma}{\mathrm{d}\varepsilon}$，所以上述图算法对非弹性失稳也同样适用。

6.2.2　外压薄壁圆筒厚度设计

工程设计中，常根据 $\dfrac{D_\mathrm{o}}{\delta_\mathrm{e}}$ 的大小，将外压圆筒分为外压薄壁圆筒与外压厚壁圆筒。前者仅考虑失稳，而后者既要考虑失稳，同时也要进行强度计算。美、日等国标准以 $\dfrac{D_\mathrm{o}}{\delta_\mathrm{e}}=10$ 为界，我国 GB/T 150 则以 $\dfrac{D_o}{\delta_e}=20$ 为界，大于等于 20 者为外压薄壁圆筒，反之为外压厚壁圆筒。

(1) $D_o/\delta_e \geqslant 20$ 外压薄壁圆筒的设计计算

$D_o/\delta_e \geqslant 20$ 的圆筒或管子，在外压作用下不存在强度问题，通常仅按下列步骤作稳定性计算。

i. 假设 δ_n，计算出 δ_e、$\dfrac{L}{D_o}$ 和 $\dfrac{D_o}{\delta_e}$。

ii. 在图 6-3 的纵坐标上找到 $\dfrac{L}{D_o}$ 值，由此值点沿水平方向移动与 $\dfrac{D_o}{\delta_e}$ 线相交（遇中间值用内插法）。若 $\dfrac{L}{D_o}$ 大于 50，则用 $\dfrac{L}{D_o}=50$ 查图；若 $\dfrac{L}{D_o}$ 小于 0.05，则用 $\dfrac{L}{D_o}=0.05$ 查图。

iii. 由此交点沿垂直方向向下移，在横坐标上读得外压应变系数 A。

iv. 根据圆筒材料选择相应的外压应力系数 B 曲线，在图的横坐标上找出系数 A，由 A 查曲线图得到 B（遇中间值用内插法）。若 A 超出设计温度曲线的最大值，则取对应温度曲线右端点的纵坐标值为 B；若 A 小于设计温度曲线的最小值（位于曲线的左方），即为弹性失稳，应力与应变呈线性关系，此时可由 A 值按式（6-11）计算 B，再将 B 值代入式（6-10）即求得许用外压力 $[p]$。

v. 比较计算外压力 p_c 与许用外压力 $[p]$，若 $p_c>[p]$，则须增大 δ_n 重复上述计算步骤，直到 $[p]$ 大于且接近 p_c 时为止。

(2) 有关设计参数的确定

① 设计压力 p　设计压力的定义与内压容器相同，但其取法不同。真空容器按承受外压考虑，当装有安全控制装置（如真空泄放阀）时，设计压力取 1.25 倍最大内外压力差或 0.1MPa 两者中的较小值；当无安全控制装置时，取 0.1MPa。

由两室或两个以上压力室组成的容器，如带夹套的容器，确定设计压力时，应根据各自的工作压力确定各压力室自己的设计压力。确定公用元件的计算压力 p_c 时，需计及相邻室之间的最大压力差。

② 试验压力 p_T　GB/T 150 规定，外压容器和真空容器制成后以内压进行耐压试验与应力校核，但试验压力不考虑温度计算系数 $[\sigma]/[\sigma]^t$。液压试验压力为 $p_T=1.25p$，气压试验和气液组合压力试验的压力为 $p_T=1.1p$。

③ 计算长度 L　外压圆筒的计算长度系指圆筒上两相邻支撑线之间的最大距离。支撑线指该处的截面有满足需要的惯性矩，以确保外压作用下该处不出现失稳现象。图 6-7 为外压圆筒计算长度取法示意图。对于椭圆形封头和碟形封头，应计入直边段以及封头内曲面深度的 1/3，如图 6-7(a-1)、(a-2)、(d)、(g)。这是由于这两种封头与圆筒对接时，在外压作用下，封头的过渡区产生周向拉应力，因此在过渡区不存在外压失稳问题，可将该部位视作圆筒的一个顶端。对于无折边锥壳的容器，则应视锥壳与圆筒连接处的惯性矩大小区别对待：若连接处的截面有足够的惯性矩，不致在圆筒失稳时也出现失稳现象，则量到锥壳和圆筒间的焊缝为止，如图 6-7(b-2)、(e-1)、(e-2)、(f)；否则计算长度取设备的总长度，如图 6-7(b-1)。当圆筒部分有加强圈时，计算长度取相邻加强圈中心线间的距离，如图 6-7(c-1)、(c-2)。（注：圆筒与锥壳连接处作为支撑线考虑。）

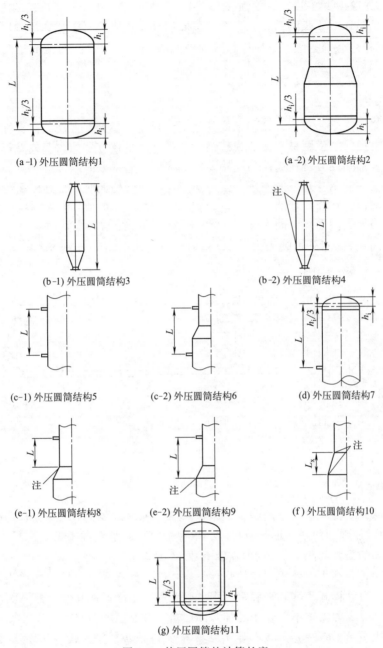

图 6-7 外压圆筒的计算长度

6.3 加强圈设计

从前面的分析可以看出,要提高外压圆筒的承载能力,就必须提高圆筒的许用外压力 $[p]$ 或临界压力 p_{cr}。而提高 p_{cr} 的有效措施是增加圆筒的壁厚或减小其计算长度。从多方面看,减小计算长度比增加筒壁厚度更为合理。首先,这样做可以节省材料,减少设备重量,降低造价。特别是对不锈钢或其他贵重金属制造的外压设备,可在圆筒外部设置碳钢加强圈,以减少贵重金属的消耗量,更具有经济意义。此外,加强圈还可以降低大直径薄壁圆筒形状缺陷的影响，提高圆筒的刚度。因此，加强圈结构在外压圆筒设计中得到了广泛的应用。

值得一提的是，对于长圆筒，如设置加强圈后计算长度仍属于长圆筒（即加强圈设置过少），则并不能提高其临界压力。所以设置加强圈后至少要使长圆筒变成短圆筒，或使短圆筒变成更短的圆筒。

6.3.1 加强圈结构

加强圈通常用扁钢、角钢、工字钢或其他型钢制成，型钢一方面截面惯性矩较大，另一方面成形也较方便。加强圈材料多数为碳钢，它可以设置在容器的内部或外部，并应全部围绕容器的圆周。加强圈自身在周向的连接要用对接焊，通常以间断焊缝与圆筒连接。为了保证加强圈与圆筒一起承受外压的作用，当加强圈焊在圆筒外面时，加强圈每侧间断焊接的总长，应不小于容器外圆周长度的 1/2；当加强圈焊在圆筒内面时，加强圈每侧间断焊接的总长，应不小于容器内圆周长度的 1/3；加强圈两侧的间断焊缝可以错开或并排布置，但焊缝长度间的最大间距 l，对外加强圈为 $8\delta_n$，对内加强圈为 $12\delta_n$，如图 6-8 所示。

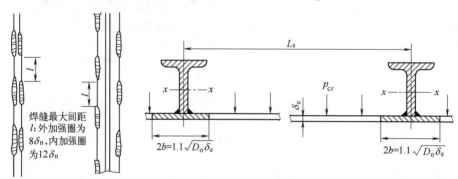

图 6-8 加强圈的型式及连接结构

6.3.2 加强圈计算

加强圈的计算主要考虑两个问题：一是在圆筒上应设置多少个加强圈，即确定加强圈间距 L_s；二是确定加强圈的断面形状及尺寸。以保证圆筒和加强圈不失稳。

(1) 加强圈的最大间距 L_{max} 及加强圈个数 N 的确定

加强圈的间距必须小于外压圆筒的临界长度才能起到提高临界压力的作用，故其间距应以短圆筒临界压力计算式为基础来确定。由此确定的加强圈间距愈小，则圆筒的临界压力提高愈显著。若临界压力要求不变，增加加强圈数量，减小其间距，可以减小圆筒的壁厚。

使计算外压 $p_c \leqslant [p] = p_{cr}/m$，则 $p_{cr} \geqslant mp_c$。以该 p_{cr} 代入式（6-5）短圆筒拉姆公式并整理后得加强圈的最大间距为

$$L_{max} = \frac{2.59ED_o}{mp_c(D_o/\delta_e)^{2.5}} \tag{6-12}$$

加强圈个数为

$$N \geqslant \frac{L_总}{L_{max}} - 1 \tag{6-13}$$

式中，$L_总$ 为无加强圈时圆筒总的计算长度。在实际工程设计中，应根据圆筒结构，在小于 L_{max} 范围内，确定适合的加强圈间距 L_s。

(2) 加强圈失稳时的惯性矩

将加强圈视作受压圆环，每个加强圈两侧各承受 $L_s/2$ 范围内的全部载荷，则其临界载

荷可按式（6-14）圆环临界压力公式计算：

$$\overline{p}_{cr}=\frac{24EI}{D_s^3} \tag{6-14}$$

式中 $\overline{p}_{cr}$——加强圈单位周长上的临界压力，N/mm；
  I——加强圈截面对其中性轴的惯性矩，mm^4；
  D_s——加强圈中性轴的直径，mm。

设加强圈中心线两侧范围内圆筒上的临界压力 p_{cr} 全部由加强圈承担，则加强圈单位周长上所承受的 $\overline{p}_{cr}$ 为

$$\overline{p}_{cr}=\frac{p_{cr}L_s\pi D_s}{\pi D_s}=p_{cr}L_s$$

将上式代入式（6-14），并取 $D_s \approx D_o$，则

$$p_{cr}L_s=\frac{24EI}{D_o^3}$$

$$I=\frac{p_{cr}L_sD_o^3}{24E}=\frac{p_{cr}L_s}{2\delta_e}\times\frac{\delta_e D_o^3}{12E}$$

以 $\sigma_{cr}=\frac{p_{cr}D_o}{2\delta_e}$ 及 $A=\varepsilon_{cr}=\frac{\sigma_{cr}}{E}=\frac{p_{cr}D_o}{2\delta_e E}$ 代入上式，可得载荷全部由加强圈承担时，相应于失稳时的惯性矩为

$$I=\frac{\delta_e L_s D_o^2}{12}A \tag{6-15}$$

（3）组合截面稳定所需最小惯性矩

实际上，加强圈两侧的外压载荷是由加强圈及其附近部分圆筒壁厚共同承担的，故惯性矩应按组合截面进行计算。为此，式（6-15）中的有效厚度 δ_e 应计入加强圈截面的影响，采用等效的圆筒厚度 δ 来代替。其值为

$$\delta=\delta_e+A_s/L_s \tag{6-16}$$

式中 A_s——加强圈的横截面积，mm^2；
  L_s——加强圈间距，mm。

因加强圈与圆筒间大多采用间断焊，故为提高稳定性的裕度，将式（6-15）乘以 1.1，即将临界惯性矩提高 10% 的裕量。这样以式（6-16）的 δ 取代式（6-15）中的 δ_e，便得到组合截面保持稳定所需的最小惯性矩计算式：

$$I=\frac{D_o^2 L_s(\delta_e+A_s/L_s)}{10.9}A \tag{6-17}$$

（4）组合截面的 B 值计算

外压应力系数 B 曲线中的 B 值由式（6-18）给出，即

$$B=\frac{[p]D_o}{\delta_e} \tag{6-18}$$

同理，以 $\delta=\delta_e+A_s/L_s$ 取代上式中的 δ_e，并取稳定系数 $m=3$，以 $p_c=[p]=\frac{p_{cr}}{m}$ 取代上式中的 $[p]$，这就得到稳定系数为 3 的组合截面 B 值计算式：

$$B=\frac{p_c D_o}{\delta_e+A_s/L_s} \tag{6-19}$$

式中，p_c 为计算外压力。以式（6-19）B 值在相应外压应力系数 B 曲线上查取 A 值，再将 A 代入式（6-17）。由此计算出的 I 具有 $m=3$ 的稳定系数，是保证稳定所必需的最小惯性矩。

（5）加强圈与圆筒组合截面的实际惯性矩 I'_s 计算

如图 6-9 所示，加强圈与圆筒组合截面的实际惯性矩由式（6-20）计算：

$$I'_s = I_s + A_s(c-a)^2 + I_e + A_e a^2 \tag{6-20}$$

式中　A_s，I_s——加强圈的横截面积及其惯性矩；

A_e，I_e——圆筒有效段的截面积及其惯性矩，由边缘力的作用范围 $b=0.55\sqrt{D_o \delta_e}$ 确定，$A_e = 2b\delta_e$，$I_e = \delta_e^3 b/6$；

c，a——加强圈中性轴及组合截面形心与圆筒中间面间的距离，$c = a' + \delta_e/2$，$a = cA_s/(A_s + A_e)$；其中 a' 为加强圈中性轴与圆筒壳表面间距离。

以上参数均按长度单位为 mm 确定。

（6）加强圈的设计步骤

i. 按式（6-12）计算 L_{max}；

ii. 按式（6-13）确定适合的加强圈个数 N 及间距，使 $L_s \leq L_{max}$；

iii. 查有关手册，选择加强圈的材料和规格，确定加强圈截面参数 A_s 和 I_s；

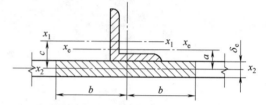

图 6-9　计算综合惯性矩尺寸图

iv. 计算圆筒起加强作用有效段的截面参数 A_e 和 I_e；

v. 按式（6-20）计算组合截面的实际惯性矩 I'_s；

vi. 按式（6-19）计算 B 值，并在加强圈材料相应的外压应力系数 B 曲线上查取 A（无交点时由 $A=1.5B/E$ 计算）；

vii. 将 A 值代入式（6-17），求满足稳定必需的组合截面最小惯性矩 I。若 $I'_s \geq I$ 且接近，则满足设计要求，否则应重新选择加强圈尺寸，重复上述计算，直到满足要求。

6.4　外压球壳稳定性分析及外压凸形封头厚度设计

6.4.1　外压球壳稳定性分析

按照小挠度理论，受均布外压球壳的临界压力与受轴向均布外压圆筒相同，其临界压力为

$$p_{cr} = \frac{2\delta_e \sigma_{cr}}{R_o} = \frac{2E}{\sqrt{3(1-\mu)}} \left(\frac{\delta_e}{R_o}\right)^2$$

对于钢材，$\mu = 0.3$，代入上式有

$$p_{cr} = 1.21 E \left(\frac{\delta_e}{R_o}\right)^2 \tag{6-21}$$

但许多实验结果与式（6-22）大挠度理论计算较为符合：

$$p_{cr} = 0.25 E \left(\frac{\delta_e}{R_o}\right)^2 \tag{6-22}$$

式（6-22）只有式（6-21）的 20%。为此 GB/T 150 对式（6-22）取稳定系数 $m=3$，得到球壳的许用外压力。这与对式（6-21）小挠度理论式取稳定系数 $m=14.52$ 是等效的，其许用外压力均为

$$[p] = 0.0833 E \left(\frac{\delta_e}{R_o}\right)^2 \tag{6-23}$$

由于引入 $\mu=0.3$，故上式仅适用于钢制球壳。

外压球壳设计亦可用图算法，此时定义 $B=[p]R_o/\delta_e$。由式（6-11）得 $B=\dfrac{2}{3}EA=[p]R_o/\delta_e$，代入式（6-23）得

$$A=\dfrac{0.125\delta_e}{R_o} \tag{6-24}$$

式中，R_o、δ_e 分别为球壳的外半径和有效厚度，mm。

外压球壳厚度设计的具体步骤如下：

i. 假设球壳 δ_n，计算出 δ_e、R_o。

ii. 根据式（6-24）计算出 A 值。

iii. 根据球壳材料选择相应的外压应力系数 B 曲线，由 A 查出 B，再按式（6-25）确定球壳许用外压力：

$$[p]=\dfrac{B\delta_e}{R_o} \tag{6-25}$$

若 A 值落在外压应力系数 B 曲线温度线左方，则属弹性失稳，可由 $B=\dfrac{2}{3}EA$ 计算 B 值，再代入式（6-25）计算 $[p]$，也可由式（6-23）直接计算 $[p]$。

iv. 比较计算外压力 p_c 与许用外压力 $[p]$，若 $p_c>[p]$，则须增大 δ_n 重复上述计算步骤，直到 $[p]$ 大于且接近 p_c 时为止。

6.4.2 外压凸形封头厚度设计

外压容器封头的结构形式和内压容器一样，主要包括半球形封头、椭圆形封头、碟形封头、球冠形封头、圆锥形封头和平板封头等。椭圆形、碟形等凸形封头在外压作用下，过渡区产生了拉应力，而中心部分则产生了压应力，如同外压球壳。所以规定外压凸形封头按外压球壳计算。

（1）半球形封头

受外压半球形封头的厚度设计与受外压球形容器的厚度设计完全一样，即按照 6.4.1 节的步骤进行。

（2）椭圆形封头

受外压椭圆形封头（凸面受压）的设计可应用外压球壳失稳的公式和图算法，只是其中的 R_o 为当量曲率半径，即 $R_o=K_1D_o$。其中 D_o 为封头的外直径，K_1 为由椭圆形长短轴比值决定的系数，见表 6-1，中间值用内插法求得。对于标准椭圆形封头，$K_1=0.9$。

表 6-1 椭圆形封头系数 K_1 值

$\dfrac{D_i}{2h_i}$	2.6	2.4	2.2	2.0	1.8	1.6	1.4	1.2	1.0
K_1	1.18	1.08	0.99	0.9	0.81	0.73	0.65	0.57	0.50

（3）碟形封头

受外压碟形封头（凸面受压）的过渡区承受拉应力，而球冠部分受压应力，须防止发生失稳，确定封头厚度时仍可应用球壳失稳的公式和图算法，只是其中 R_o 用碟形封头球面部分外半径代替。

球冠形封头、圆锥形封头计算较复杂，承受外压作用时，详细设计参见 GB/T 150。而

平板封头的容器，承受外压平板封头的设计步骤与承受内压平板封头的设计步骤完全相同。

【例题 6-1】 今需制作一台分馏塔，塔的内径为 2000mm，塔身（包括两端标准椭圆形封头的直边）长度为 6000mm。封头（不包括直边）深度为 500mm。材料选 Q245R，分馏塔在 300℃ 及真空下操作，微腐蚀。进行如下设计：

① 无加强圈时，设计该塔的壁厚。

② 若准备用库存的 9mm 厚的 Q245R 钢板制作该设备，试设计加强圈。

解

(1) 无加强圈时，设计塔壁厚

① 圆筒壁厚计算　先得到塔体计算长度

$$L = 6000 + \frac{1}{3} \times 500 \times 2 = 6333.4 \text{(mm)}$$

假设 $\delta_n = 12$mm，取腐蚀裕量 $C_2 = 1$mm，Q245R 钢板厚度负偏差为 $C_1 = 0.3$mm，则

$$\delta_e = \delta_n - C = 12 - (0.3 + 1) = 10.7 \text{(mm)}$$

圆筒外径为

$$D_o = D_i + 2\delta_n = 2000 + 2 \times 12 = 2024 \text{(mm)}$$

得到

$$\frac{L}{D_o} = \frac{6333.4}{2024} = 3.129, \quad \frac{D_o}{\delta_e} = \frac{2024}{10.7} = 189.2$$

由 L/D_o、D_o/δ_e 查图 6-3 外压应变系数 A 曲线得 $A = 0.00016$。

根据 Q245R 材料查图 6-4 外压应力系数 B 曲线可知 A 值在图中曲线的左方，而 300℃ 曲线的弹性模量采用插值法可得 $E = 1.86 \times 10^5$ MPa，故 B 值按下式计算：

$$B = \frac{2}{3}EA = \frac{2}{3} \times 1.81 \times 10^5 \times 0.00016 = 19.3 \text{(MPa)}$$

即许用外压力为

$$[p] = \frac{B}{D_o/\delta_e} = \frac{19.3}{189.2} = 0.102 \text{(MPa)}$$

而设计压力 $p = 0.1$MPa，计算压力 $p_c = 0.1$MPa。因 $p_c \leq [p]$ 且接近，故 $\delta_n = 12$mm 即为所求。

② 封头壁厚计算　为了制造方便，封头厚度取圆筒厚度，即 $\delta_n = 12$mm。同理，$\delta_e = \delta_n - C = 10.7$mm。由表 6-1 可知 $K_1 = 0.9$，则椭圆形封头的当量曲率半径为

$$R_o = 0.9D_o = 0.9 \times 2024 = 1821.6 \text{(mm)}$$

$$\frac{R_o}{\delta_e} = \frac{1821.6}{10.7} = 170.2$$

$$A = \frac{0.125}{R_o/\delta_e} = \frac{0.125}{170.2} = 0.00073$$

查图 6-4 可知 A 值在图中曲线的左方，故有

$$B = \frac{2}{3}EA = \frac{2}{3} \times 1.81 \times 10^5 \times 0.00073 = 88.1 \text{(MPa)}$$

则 $[p] = \frac{B}{R_o/\delta_e} = \frac{88.1}{170.2} = 0.518$(MPa)，满足稳定要求。

③ 水压试验应力校核　立式容器在制造厂卧置做水压试验时，试验压力还应加上容器立置充满水的液体静压强 $H\gamma$，其中 H 为立式容器内表面最底部至最顶部的高度，单位为

m；γ 为试验液体的重度，单位为 N/m³，水的重度取 $\gamma=9.8\times10^3\text{N/m}^3$，所以有
$$p_T=1.25p+H\gamma=1.25\times0.1+7.0\times10^3\times9.8\times10^{-6}=0.1936(\text{MPa})$$
$$\sigma_T=\frac{p_T(D_i+\delta_e)}{2\delta_e}=\frac{0.1936\times(2000+10.7)}{2\times10.7}=18.2(\text{MPa})$$
$$0.9\phi R_{eL}=0.9\times0.85\times245=187.4(\text{MPa})$$

故 $\sigma_T<0.9\phi R_{eL}$，水压试验应力校核合格。

(2) 设计加强圈 (9mm 厚的 Q245R 钢板)

① 加强圈的个数 N 及间距 L_s 因现有钢板满足
$$\delta_n=9\text{mm}, \quad C_1=0.3\text{mm}, \quad C_2=1\text{mm}$$
$$\delta_e=\delta_n-C=7.7\text{mm}, \quad D_o=D_i+2\delta_n=2018\text{mm}$$

故加强圈最大间距为
$$L_{\max}=\frac{2.59ED_o}{mp_c(D_o/\delta_e)^{2.5}}=\frac{2.59\times1.81\times10^5\times2018}{3\times0.1\times(2018/7.7)^{2.5}}=2836.1(\text{mm})$$
$$N\geqslant\frac{L_{总}}{L_{\max}}-1=\frac{6333.4}{2836.1}-1=1.23$$

故设置加强圈个数 $N=2$，即加强圈间距为
$$L_s=\frac{L_{总}}{N+1}=\frac{6333.4}{3}\approx2111(\text{mm})$$

② 求加强圈规格及其截面参数 设加强圈材料为 Q235-A，选 9 号等边角钢，尺寸为 90mm×90mm×8mm，查型钢规格有 $a'=25\text{mm}$，$A_s=1382\text{mm}^2$，$I_s=1020000\text{mm}^4$。

③ 求组合截面的实际惯性矩 I'_s 依据上文得到
$$b=0.55\sqrt{D_o\delta_e}=0.55\sqrt{2018\times7.7}=68.6(\text{mm})$$
而
$$A_e=2b\delta_e=2\times68.6\times7.7=1056.4(\text{mm}^2)$$
$$I_e=\delta_e^3b/6=7.7^3\times68.6/6=5219.7(\text{mm}^4)$$
$$a=\frac{A_s\left(\frac{\delta_e}{2}+a'\right)}{A_e+A_s}=\frac{1382\times\left(\frac{7.7}{2}+25\right)}{1056.4+1382}=16.35(\text{mm})$$
$$I'_s=I_s+A_s\left(a'+\frac{\delta_e}{2}-a\right)^2+I_e+A_ea^2$$
$$=1020000+1382\times\left(25+\frac{7.7}{2}-16.35\right)^2+5219.7+1056.4\times16.35^2$$
$$=1523556.7\text{mm}^4$$

④ 求满足稳定要求所需加强圈及有效段圆筒组合截面的最小惯性矩 I
$$B=\frac{p_cD_o}{\delta_e+A_s/L_s}=\frac{0.1\times2018}{7.7+1382/2111}=24.15(\text{MPa})$$

查图 6-4 得
$$A=0.0002$$
$$I=\frac{D_o^2L_s(\delta_e+A_s/L_s)}{10.9}A=\frac{2018^2\times2111\times(7.7+1382/2111)}{10.9}\times0.0002=1317841.4(\text{mm}^4)$$

即 $I'_s>I$ 且接近。故采用 9mm 钢板时，需设置 2 个加强圈，其等边角钢截面尺寸为 90mm×90mm×8mm。若考虑加强圈的腐蚀，可选 90mm×90mm×10mm 的等边角钢。

⑤ 水压试验应力校核 立式容器在制造厂卧置做水压试验时，有
$$p_T = 1.25p + H\gamma = 1.25 \times 0.1 + 7.0 \times 10^3 \times 9.8 \times 10^{-6} = 0.1936 \text{(MPa)}$$
$$\sigma_T = \frac{p_T(D_i + \delta_e)}{2\delta_e} = \frac{0.1936 \times (2000 + 7.7)}{2 \times 7.7} = 25.2 \text{(MPa)}$$
$$0.9\phi R_{eL} = 0.9 \times 0.85 \times 245 = 187.4 \text{(MPa)}$$

故 $\sigma_T < 0.9\phi R_{eL}$，水压试验应力校核合格。

经对上述两种设计方案设备质量的计算可知：在未采用加强圈时总质量为 4372kg，而在采用两个加强圈时总质量减为 3273kg，少用钢材 25%。

思考题

6-1 试述承受均布外压圆筒的失效形式，并说明与承受内压的圆筒相比有何异同。

6-2 哪些因素影响承受均布外压圆筒的临界压力？提高材料强度对外压容器的稳定性有何影响？

6-3 外压弹性失稳与非弹性失稳有何异同？薄壁与厚壁外压失稳有何不同？

6-4 试解释长圆筒、短圆筒的物理意义。如何从外压应变系数 A 曲线中确定是长圆筒还是短圆筒？

6-5 外压圆筒图算法中的 A 及 B 各代表材料什么性能参数？

6-6 设置加强圈有何实际意义？

6-7 "承受均布周向外压的圆筒，只要设置加强圈均可提高其临界压力。"说法对否？为什么？

6-8 三个几何尺寸相同的承受周向外压的薄壁短圆筒，其材料分别为碳素钢（$R_{eL}=220\text{MPa}, E=2\times10^5\text{MPa}, \mu=0.3$）、铝合金（$R_{eL}=110\text{MPa}, E=0.7\times10^5\text{MPa}, \mu=0.3$）和铜（$R_{eL}=100\text{MPa}, E=1.1\times10^5\text{MPa}, \mu=0.31$），试问：哪一个圆筒的临界压力最大？为什么？

6-9 两个直径、厚度和材质相同的圆筒，承受相同的周向均布外压，其中一个为长圆筒，另一个为短圆筒，它们的临界压力是否相同？为什么？在失稳前，圆筒中周向压应力是否相同？为什么？

习 题

6-1 某厂欲设计一真空塔，材料为 Q245R，工艺给定塔内径 $D_i=2500\text{mm}$，封头为标准椭圆形封头。塔体部分高 20000mm（包括两端封头直边段），设计温度 250℃，腐蚀裕量 $C_2=2.5\text{mm}$。试设计塔体壁厚。

6-2 今有一内直径为 800mm、壁厚为 6mm、塔身（包括两端椭圆形封头直边）长度为 5000mm 的容器，两端为标准椭圆形封头，材料均为 Q245R，工作温度为 200℃，试问：该容器能否承受 0.1MPa 的外压？如果不能承受，应加几个加强圈？加强圈尺寸取多大？

能力训练题

6-1 试分析深空、深海压力容器的受力特点及可能的失效形式。

6-2 通过查阅资料，比较我国与世界军事强国核潜艇的最大下潜深度，分析存在差距的主要原因以及缩小差距的措施。

过程设备机械基础

7

压力容器零部件及标准

为了简化设计，方便使用，降低成本，我国有关部门已经对常用的零部件如封头、接管、法兰、支座、人孔、手孔、视镜、液面计、填料箱、搅拌桨等制定了一系列标准。在设计工作中，应尽可能选用标准。只有在无法选用标准时，才需自行设计。

7.1 标准化基本参数

7.1.1 公称直径

（1）压力容器的公称直径

对容器而言，当其筒体是由钢板卷制而成，则其公称直径是指容器的内径；当筒体直径较小时可直接采用无缝钢管制作，此时公称直径是指钢管的外径。设计时将工艺计算初步确定的容器直径调整为符合表7-1所规定的公称直径。

表 7-1 压力容器的公称直径 DN 单位：mm

筒体由钢板卷制而成	300	350	400	450	500	550	600	650	700	750	800	850
	900	950	1000	1100	1200	1300	1400	1500	1600	1700	1800	1900
	2000	2100	2200	2300	2400	2500	2600	2700	2800	2900	3000	3100
	3200	3300	3400	3500	3600	3700	3800	3900	4000	4200	4300	4400
	4500	4600	4700	4800	4900	5000	5100	5200	5300	5400	5500	5600
	5700	5800	5900	6000								
筒体由无缝钢管制作	159		219		273		325		377		426	

（2）压力管道的公称直径

对管子或管件而言，其公称直径是指名义直径，又称为公称通径，既不是其外径，也不是其内径，是与其内径相接近的某个数值。公称直径相同的管子外径是相同的，但由于壁厚可有多个，显然内径也是多个。我国石油化工行业广泛使用的钢管公称通径和钢管外径配有

A、B两个系列,详见表7-2。A系列为国际通用系列,俗称英制管;B系列为国内沿用系列,俗称公制管。

表7-2 钢管的公称直径和外径　　　　　　　　　　　　　　　　单位:mm

公称直径 DN		10	15	20	25	32	40	50	65	80	100
钢管外径	A	17.2	21.3	26.9	33.7	42.4	48.3	60.3	76.1	88.9	114.3
	B	14	18	25	32	38	45	57	76	89	108
公称直径 DN		125	150	200	250	300	350	400	450	500	600
钢管外径	A	139.7	168.3	219.1	273	323.9	355.6	406.4	457	508	610
	B	133	159	219	273	325	377	426	480	530	630
公称直径 DN		700	800	900	1000	1200	1400	1600	1800	2000	
钢管外径	A	711	813	914	1016	1219	1422	1626	1829	2032	
	B	720	820	920	1020	1220	1420	1620	1820	2020	

(3) 其他零部件的公称直径

有些零部件的公称直径,是指与它相配的筒体的公称直径,如封头、压力容器法兰、鞍式支座等;还有些零部件的公称直径,则是指与它相配的管子的公称直径,如管法兰、手孔等;还有其他一些零部件的公称直径往往是指结构上的某一主要尺寸,如视镜的视孔、填料箱的轴径等。

7.1.2 公称压力

公称压力是容器或管道标准化的压力等级,即按标准化的要求将工作压力划分为若干个压力等级。每个公称压力表示一定材料和一定操作温度下零部件的最大允许工作压力。我国压力容器法兰和管法兰的公称压力等级如表7-3所示。

表7-3 公称压力等级 PN

压力容器法兰/MPa		0.25	0.60	1.00	1.60	2.50	4.00	6.40			
管法兰/bar❶	欧洲体系	2.5	6	10	16	25	40	63	100	160	
	美洲体系	20 (Class 150)		50 (Class 300)		110 (Class 600)		150 (Class 900)		260 (Class 1500)	420 (Class 2500)

7.2 筒体和封头

压力容器中圆筒形容器应用广泛,无论是立式还是卧式,其主体结构一般是由筒体和两个封头组焊而成。

7.2.1 筒体

筒体有钢板卷焊而成和取自大口径无缝钢管制作两种。直径较大的圆筒,其内径必须符合公称直径系列的数值,并且均为整数,如表7-1上半部分所示。直径较小的筒体,为方便设计,可选用适当的无缝钢管,由于钢管内径会因不同厚度规格而变化,故取其外径为筒体

---

❶ 1bar=10^5Pa。

的公称直径，如表 7-1 下半部分所示。工艺设计时筒体的相应直径必须符合表 7-1 的规定，否则就没有标准的封头可与之相配，很难进行制造，即使能制造，成本也会极大地提高。

7.2.2 封头及标准

GB/T 25198—2023《压力容器封头》规定了钢、有色金属以及复合板制压力容器用封头的类型、型式参数及其制造、检验和验收要求，适用于坯料为整板或拼板，采用冲压、旋压、卷制以及分瓣成形的压力容器用半球形、椭圆形、碟形、球冠形、平底形和锥形封头，如表 7-4、表 7-5 所示。

表 7-4 半球形、椭圆形、碟形和球冠形封头的断面形状、类型及型式参数

名称		断面形状	类型代号	型式参数
半球形封头[①]			HHA	$D_i = 2R_i$ $D = D_i$
椭圆形封头	以内径为基准		EHA	$\dfrac{D_i}{2(H-h)} = 2$ $D = D_i$
	以外径为基准		EHB	$\dfrac{D_o - 2\delta_n}{2(H_o - h - \delta_n)} = 2$ $D = D_o$
碟形封头	以内径为基准		THA	$R_i = 1.0 D_i$ $r_i = 0.10 D_i$ $D = D_i$
	以外径为基准		THB	$R_i = 1.0 D_o$ $r_i = 0.10 D_o$ $D = D_o$
球冠形封头			SDH	$R_i = 1.0 D_i$ $D = D_o$

① 半球形封头有三种型式：不带直边的半球（$H = R_i$）、带直边的半球（$H = R_i + h$）和准半球（接近半球 $H < R_i$）。

表 7-5 平底形、锥形封头的断面形状、类型及型式参数

名称	断面形状	类型代号	型式参数
平底形封头	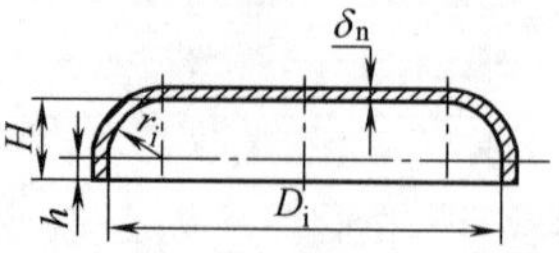	FHA	$H=r_i+h$ $D=D_i$
锥形封头	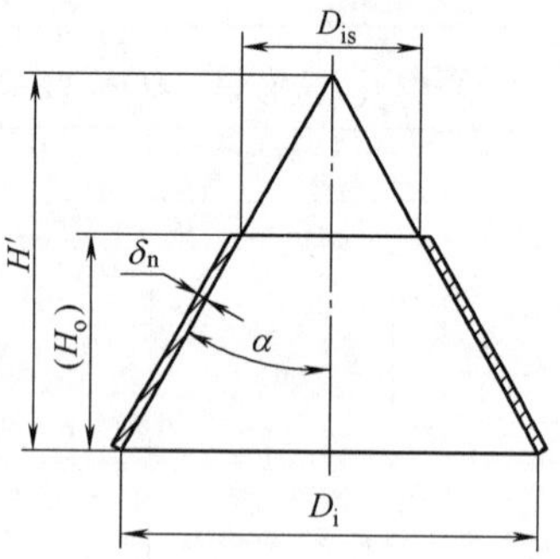	CNA（α）	D 用 D_i/D_{is} 表示
锥形封头	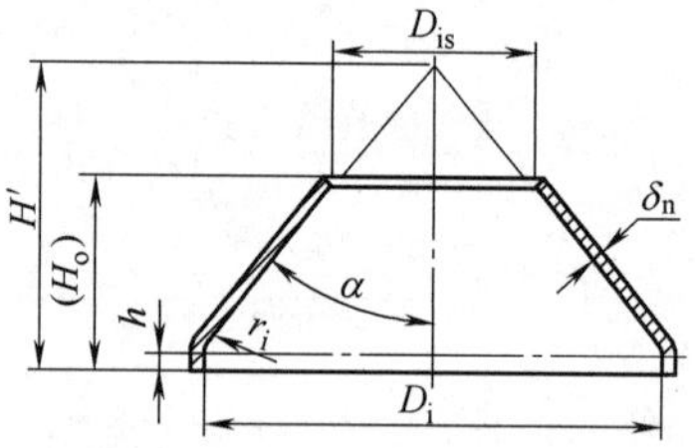	CSA（α）	D 用 D_i/D_{is} 表示
锥形封头	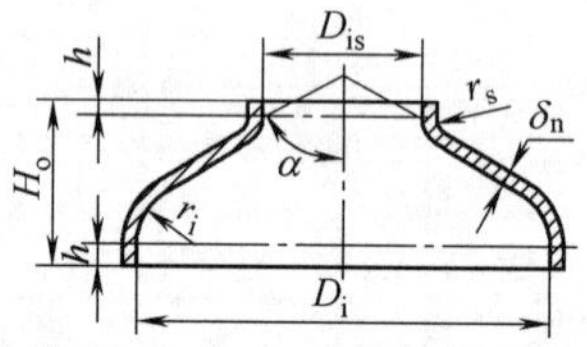	CDA（α）	D 用 D_i/D_{is} 表示

由于椭圆形封头获得了广泛应用，本节摘录了以内径作为公称直径的标准椭圆形封头（代号为 EHA）的总深度 H、内表面积 A 和容积 V 的系列尺寸，如表 7-6 所示，而部分 EHA 椭圆形封头的名义厚度对应的封头质量如表 7-7 所示。

标记方法：①②×③（④)-⑤-⑥　⑦

①——按表 7-4、表 7-5 规定的封头类型代号；

②——阿拉伯数字，为封头的公称直径，mm；

③——阿拉伯数字，为封头的名义厚度 δ_n，mm；

④——阿拉伯数字，为设计文件上标注或订货技术文件规定的封头最小成形厚度 δ_{min}，mm；

⑤——阿拉伯数字，为封头投料厚度 δ_s（封头制造单位标注，设计单位可不标注），mm；

⑥——封头的材料牌号；

⑦——标准号：GB/T 25198—2023。

标记示例1：公称直径2000mm，封头名义厚度20mm，封头最小成形厚度18.4mm，材料为Q345R的以内径为基准的标准椭圆形封头（封头制造时投料厚度为22mm）。

其设计标记为：EHA2000×20（18.4)-Q345R　GB/T 25198—2023

其产品标记为：EHA2000×20（18.4)-22-Q345R　GB/T 25198—2023

标记示例2：公称直径325mm，封头名义厚度12mm，封头最小成形厚度10.4mm，材料为Q245的以外径为基准的标准椭圆形封头（封头制造时投料厚度为12mm）。

其设计标记为：EHB325×12（10.4)-Q245R　GB/T 25198—2023

其产品标记为：EHB325×12（10.4)-12-Q245R　GB/T 25198—2023

表7-6　部分EHA椭圆形封头总深度、内表面积和容积

序号	直径(D)/mm	总深度(H)/mm	内表面积(A)/m²	容积(V)/m³	序号	直径(D)/mm	总深度(H)/mm	内表面积(A)/m²	容积(V)/m³
1	300	100	0.1211	0.0053	29	2400	640	6.5453	1.9905
2	350	113	0.1603	0.0080	30	2500	665	7.0891	2.2417
3	400	125	0.2049	0.0115	31	2600	690	7.6545	2.5131
4	450	138	0.2548	0.0159	32	2700	715	8.2415	2.8055
5	500	150	0.3103	0.0213	33	2800	740	8.8503	3.1198
6	550	163	0.3711	0.0277	34	2900	765	9.4807	3.4567
7	600	175	0.4374	0.0353	35	3000	790	10.1329	3.8170
8	650	188	0.5090	0.0442	36	3100	815	10.8067	4.2015
9	700	200	0.5861	0.0545	37	3200	840	11.5021	4.6110
10	750	213	0.6686	0.0663	38	3300	865	12.2193	5.0463
11	800	225	0.7566	0.0796	39	3400	890	12.9581	5.5080
12	850	238	0.8499	0.0946	40	3500	915	13.7186	5.9972
13	900	250	0.9487	0.1113	41	3600	940	14.5008	6.5144
14	950	263	1.0529	0.1300	42	3700	965	15.3047	7.0605
15	1000	275	1.1625	0.1505	43	3800	990	16.1303	7.6364
16	1100	300	1.3980	0.1980	44	3900	1015	16.9775	8.2427
17	1200	325	1.6552	0.2545	45	4000	1040	17.8464	8.8802
18	1300	350	1.9340	0.3208	46	4100	1065	18.7370	9.5498
19	1400	375	2.2346	0.3977	47	4200	1090	19.6493	10.2523
20	1500	400	2.5568	0.4860	48	4300	1115	20.5832	10.9883
21	1600	425	2.9007	0.5864	49	4400	1140	21.5389	11.7588
22	1700	450	3.2662	0.6999	50	4500	1165	22.5162	12.5644
23	1800	475	3.6535	0.8270	51	4600	1190	23.5152	13.4060
24	1900	500	4.0624	0.9687	52	4700	1215	24.5359	14.2844
25	2000	525	4.4930	1.1257	53	4800	1240	25.5782	15.2003
26	2100	565	5.0443	1.3508	54	4900	1265	26.6422	16.1545
27	2200	590	5.5229	1.5459	55	5000	1290	27.7280	17.1479
28	2300	615	6.0233	1.7588	56	5100	1315	28.8353	18.1811

表 7-7 部分 EHA 椭圆形封头名义厚度对应的封头质量

单位：kg

序号	直径(D)/mm	封头名义厚度(δ_n)/mm															
		2	3	4	5	6	8	10	12	14	16	18	20	22	24	26	28	30	32
1	300	1.9	2.8	3.8	4.8	5.8	7.8	9.9	12.1	14.3	—	—	—	—	—	—	—	—	—
2	350	2.5	3.7	5.0	6.3	7.6	10.3	13.0	15.8	18.7	21.6	—	—	—	—	—	—	—	—
3	400	3.2	4.8	6.4	8.0	9.7	13.1	16.5	20.0	23.6	27.3	—	—	—	—	—	—	—	—
4	450	3.9	5.9	7.9	10.0	12.0	16.2	20.4	24.8	29.2	33.7	—	—	—	—	—	—	—	—
5	500	4.8	7.2	9.6	12.1	14.6	19.6	24.7	30.0	35.3	40.7	—	—	—	—	—	—	—	—
6	550	5.7	8.6	11.5	14.4	17.4	23.4	29.5	35.7	41.9	48.3	—	—	—	—	—	—	—	—
7	600	6.7	10.1	13.5	17.0	20.4	27.5	34.6	41.8	49.2	56.7	—	—	—	—	—	—	—	—
8	650	7.8	11.7	15.7	19.7	23.8	31.9	40.2	48.5	57.0	65.6	74.4	83.2	92.2	—	—	—	—	—
9	700	9.0	13.5	18.1	22.7	27.3	36.6	46.1	55.7	65.4	75.3	85.2	95.3	105.5	—	—	—	—	—
10	750	10.2	15.4	20.6	25.8	31.1	41.7	52.5	63.4	74.4	85.6	96.8	108.3	119.8	—	—	—	—	—
11	800	11.6	17.4	23.3	29.2	35.1	47.1	59.3	71.5	83.9	96.5	109.2	122.0	135.0	148.2	161.4	174.9	—	—
12	850	—	19.6	26.1	32.8	39.4	52.9	66.5	80.2	94.1	108.1	122.3	136.6	151.1	165.8	180.6	195.5	—	—
13	900	—	21.8	29.2	36.5	44.0	58.9	74.1	89.3	104.8	120.4	136.1	152.0	168.1	184.4	200.8	217.3	—	—
14	950	—	24.2	32.3	40.5	48.8	65.3	82.1	99.0	116.1	133.3	150.7	168.3	186.0	203.9	222.0	240.3	—	—
15	1000	—	26.7	35.7	44.7	53.8	72.1	90.5	109.1	127.9	146.9	166.0	185.3	204.8	224.5	244.4	264.4	284.6	305.0
16	1100	—	32.1	42.9	53.7	64.6	86.5	108.6	130.9	153.3	176.0	198.9	221.9	245.2	268.6	292.2	316.1	340.1	364.3
17	1200	—	38.0	50.7	63.5	76.4	102.2	128.3	154.6	181.1	207.8	234.7	261.8	289.1	316.6	344.4	372.3	400.5	428.9
18	1300	—	44.3	59.2	74.2	89.2	119.3	149.7	180.3	211.1	242.2	273.4	304.9	336.7	368.6	400.8	433.2	465.9	498.7
19	1400	—	51.2	68.4	85.6	102.9	137.7	172.7	208.0	243.5	279.2	315.2	351.4	387.9	424.6	461.5	498.7	536.2	573.8
20	1500	—	58.5	78.2	97.9	117.7	157.4	197.4	237.6	278.1	318.9	359.9	401.1	442.7	484.4	526.5	568.8	611.4	654.2
21	1600	—	66.4	88.7	111.0	133.4	178.4	223.7	269.2	315.0	361.1	407.5	454.1	501.1	548.3	595.7	643.5	691.5	739.8
22	1700	—	74.7	99.8	124.9	150.1	200.7	251.6	302.8	354.3	406.1	458.1	510.5	563.1	616.0	669.3	722.8	776.6	830.7
23	1800	—	83.6	111.6	139.7	167.8	224.4	281.2	338.4	395.8	453.6	511.7	570.1	628.7	687.8	747.1	806.7	866.6	926.9

续表

序号	直径(D)/mm	封头名义厚度(δ_n)/mm																
		2	3	4	5	6	8	10	12	14	16	18	20	22	24	26	28	30	32
24	1900	—	—	124.0	155.2	186.5	249.3	312.5	375.9	439.7	503.8	568.2	632.9	698.0	763.4	829.1	895.2	961.6	1028.3
25	2000	—	—	137.1	171.6	206.2	275.6	345.3	415.4	485.8	556.6	627.7	699.1	770.9	843.0	915.5	988.3	1061.4	1134.9
26	2100	—	—	154.0	192.7	231.5	309.4	387.7	466.3	545.2	624.6	704.2	784.3	864.7	945.4	1026.6	1108.0	1189.9	1272.1
27	2200	—	—	168.6	210.9	253.4	338.6	424.2	510.2	596.5	683.2	770.3	857.8	945.6	1033.8	1122.4	1211.4	1300.7	1390.5
28	2300	—	—	183.8	230.0	276.3	369.1	462.4	556.0	650.1	744.5	839.3	934.5	1030.1	1126.1	1222.5	1319.3	1416.5	1514.1
29	2400	—	—	—	249.8	300.1	401.0	502.2	603.9	706.0	808.4	911.3	1014.6	1118.3	1222.4	1327.0	1431.9	1537.3	1643.0
30	2500	—	—	—	270.5	325.0	434.1	543.7	653.7	764.1	875.0	986.3	1098.0	1210.1	1322.7	1435.6	1549.1	1662.9	1777.2
31	2600	—	—	—	—	350.8	468.6	586.8	705.5	824.6	944.2	1064.2	1184.6	1305.5	1426.8	1548.6	1670.8	1793.5	1916.6
32	2700	—	—	—	—	377.6	504.3	631.6	759.3	887.4	1016.0	1145.0	1274.5	1404.5	1534.9	1665.8	1797.2	1929.0	2061.3
33	2800	—	—	—	—	405.4	541.4	678.0	815.0	952.5	1090.4	1228.9	1367.8	1507.1	1647.0	1787.3	1928.1	2069.4	2211.2
34	2900	—	—	—	—	434.2	579.8	726.0	872.7	1019.9	1167.5	1315.6	1464.3	1613.4	1763.0	1913.1	2063.7	2214.8	2366.4
35	3000	—	—	—	—	463.9	619.6	775.7	932.4	1089.5	1247.2	1405.4	1564.1	1723.3	1883.0	2043.2	2203.9	2365.1	2526.9
36	3100	—	—	—	—	—	660.6	827.1	994.0	1161.5	1329.5	1498.1	1667.2	1836.7	2006.9	2177.5	2348.7	2520.4	2692.6
37	3200	—	—	—	—	—	703.0	880.0	1057.7	1235.8	1414.5	1593.7	1773.5	1953.8	2134.7	2316.1	2498.1	2680.6	2863.6
38	3300	—	—	—	—	—	746.6	934.7	1123.3	1312.4	1502.1	1692.4	1883.2	2074.6	2266.5	2459.0	2652.0	2845.7	3039.8
39	3400	—	—	—	—	—	791.6	990.9	1190.8	1391.3	1592.3	1793.9	1996.1	2198.9	2402.2	2606.1	2810.6	3015.7	3221.4
40	3500	—	—	—	—	—	837.9	1048.8	1260.4	1472.5	1685.2	1898.5	2112.4	2326.8	2541.9	2757.6	2973.8	3190.7	3408.1

7.3 压力容器开孔补强

压力容器及设备由于工艺上和检验、安装、检修等方面的需要,不可避免地要开孔,并往往有接管或凸缘。

容器壳体上的开孔应为圆形、椭圆形或长圆形。容器开孔接管后在应力分布与强度方面将带来如下影响:一方面开孔后使承载截面减小,破坏了原有的应力分布,并产生应力集中;另一方面接管处容器壳体与接管形成不连续结构而产生边缘应力。这两种因素均使开孔或开孔接管部位的局部应力比壳体中的薄膜应力大,有时可达器壁基本应力的3倍以上。这种现象称为开孔或接管部位的应力集中。

常用应力集中系数 K_t 来描述开孔接管处的应力集中特性。若未开孔时的名义应力为 σ,开孔后按弹性方法计算出的最大应力为 σ_{max},则弹性应力集中系数的定义为

$$K_t = \frac{\sigma_{max}}{\sigma}$$

压力容器开孔接管以后,除了有应力集中现象,接管上有时还有其他外载荷,又由于材质和制造缺陷等各种因素的综合作用,开孔接管附近成为压力容器的破坏源,是疲劳破坏和脆性断裂的高发区。因此,对于开孔附近的应力集中以及补强措施必须给予足够的重视。

7.3.1 压力容器开孔与附件

(1) 接管与凸缘

容器与管道的连接,以及其上测量、控制仪表的安装,都是通过接管与凸缘来实现的。焊接的法兰接管如图7-1(a)所示,接管外伸出长度应考虑安装螺栓的方便,通常可按表7-8选用。

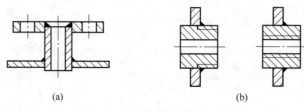

图 7-1 容器上的管口结构

表 7-8 接管外伸出长度   单位:mm

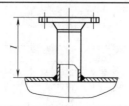

保温层厚度	接管公称直径 DN	最小伸出长度 l
50~75	10~100	150
	125~300	200
	350~600	250

续表

保温层厚度	接管公称直径 DN	最小伸出长度 l
76～100	10～50	150
	70～300	200
	350～600	250
101～125	10～150	200
	200～600	250
126～150	10～50	200
	70～300	250
	350～600	300
151～175	10～150	250
	200～600	300
176～200	10～50	250
	70～300	300
	350～600	350
	600～900	500

注：保温层厚度小于50mm，l 值可适当减少。

焊接的螺纹管口如图 7-1(b) 所示，它主要用来安装检测仪表，根据安装需要，可以制成内螺纹或外螺纹。

(2) 人孔、手孔、检查孔

人孔、手孔及检查孔是为了安装、维修、检查容器内部结构用的装置，三者结构近似，只是大小不同而已。图 7-2 所示为最简单的常压人孔、手孔装置结构图，它由短筒体、法兰、孔盖、手柄（一般人孔为2个，手孔为1个）、垫片及若干螺栓、螺母所组成，短筒体则焊于容器上。

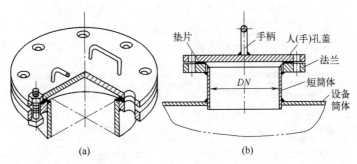

图 7-2 常压人孔、手孔

人孔、手孔、检查孔的规格尺寸如下：

i. 容器公称直径小于等于 1000mm 时，宜选用 $DN450$ 以下的人孔；

ii. 容器公称直径大于 1000mm 时，应选用 $DN500$ 以上的人孔；

iii. 北方地区或寒冷地区的容器，宜选用 $DN500$ 以上的人孔；

iv. 真空容器，储存介质毒性为极度、高度危害或液化石油气的容器，公称压力为中、高压的容器宜选用公称直径小的人孔；

v. 手孔的公称直径一般不宜小于 $DN150$；

vi. 检查孔的公称直径一般不宜小于 $DN80$。

容器及容器的每个分隔空间如不能利用管口或容器法兰对其内部进行检查，应按表 7-9 规定的数量设置检查孔。

表 7-9 检查孔设置的数量

容器公称直径 DN	检查孔数量（最少）
300～500	2 个手孔
>500～1000	1 个人孔或 2 个手孔
>1000	1 个以上人孔

卧式容器和立式容器的筒体单独长度大于等于 6000mm 时，应考虑设置 2 个以上的人孔。

(3) 视镜

需要随时直接观察容器内的操作状态时宜装设视镜。根据工作压力及物料情况可选用不同规格的标准结构，视镜可按下列标准选用：HG/T 21619～21620—1986《压力容器视镜》、HG 21605—1995《钢与玻璃烧结视镜》、HG/T 21575—1994《带灯视镜》、HG 21505—1992《组合式视镜》、HG/T 21622—1990《衬里视镜》。

不带颈的视镜结构简单，如图 7-3 所示，不易结料，便于窥视，应优先采用。当视镜需要斜装，或容器直径与视镜外径相差较小，不宜把视镜直接焊于容器上，或容器外部有保温层时，应采用带颈视镜，如图 7-4 所示。

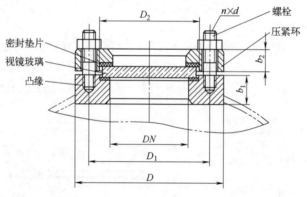

图 7-3 不带颈视镜

为便于观察容器内部情况，一般采用带灯视镜，由视镜与视镜灯组成，如图 7-5 所示。其型式有 A 型、B 型（有冲洗）、C 型（有颈）、D 型（有颈，有冲洗孔）四种。

视镜一般应配置 2 个以上或者配置带灯的视镜，以便透光；对易挂壁或易起雾介质应装设视镜冲洗装置；当被观察液位变化范围很小时，亦可采用视镜指示液面替代液面计。

7.3.2 开孔补强设计

开孔部位的应力集中将引起壳体局部的强

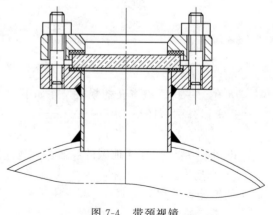

图 7-4 带颈视镜

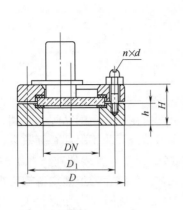
(a) A型带灯视镜

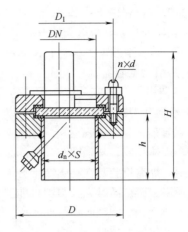
(b) D型带颈有冲洗孔视镜

图 7-5　带灯视镜

度削弱。若开孔很小并有接管，且接管又足以使强度的削弱得以补偿，则无须另行补强。若开孔较大，此时就应采取适当的补强措施，这就是开孔补强设计。不同要求的容器，开孔补强设计的要求也不同。一般的容器只要通过补强将应力集中系数降低到一定范围即可。经补强后的开孔接管区可以使应力集中系数降低，但不能完全消除应力集中。

(1) 无须另行补强的最大孔径

当开孔直径较小时，应力集中现象不太严重，且常常有各种强度富余量的存在。例如实际壁厚超过强度需要；焊接接头系数小于1且开孔位置又不在焊缝上；接管的壁厚大于计算值，有多余的壁厚；接管根部有填角焊缝等。所有这些都起到了降低应力集中进而也降低了开孔处最大应力的作用。同时，由于应力峰值的局部性和自限性，故在一定直径范围内的开孔允许不另行补强。

各国规范对无须另行补强的最大开孔直径有不同的规定，但相差不大。均基于开孔系数 $\rho \leqslant 0.1$ 时应力集中系数较小且趋于稳定。我国 GB/T 150 规定，当壳体开孔满足下述全部要求时可允许不另行补强。

i. 设计压力 $p \leqslant 2.5 \mathrm{MPa}$；

ii. 两相邻开孔中心的距离（对曲面间距以弧长计算）应不小于两孔直径之和，对于三个或以上相邻开孔中心的距离（对曲面间距以弧长计算）应不小于该两孔直径之和的2.5倍；

iii. 接管外径小于或等于89mm的径向接管；

iv. 接管壁厚满足表7-10的要求，表中接管壁厚的腐蚀裕量不大于1mm，腐蚀裕量超过1mm时应相应增加接管壁厚；

v. 开孔不应位于 A、B 类焊接接头上；

vi. 钢材的标准抗拉强度 $R_\mathrm{m} > 540 \mathrm{MPa}$ 时，接管与壳体的连接宜采用全焊透的结构形式。

表 7-10　壳体开孔可不另行补强的接管壁厚　　　　　　　　　　　　单位：mm

接管外径	25	32	38	45	48	57	65	76	89
接管壁厚	≥3.5			≥4.0		≥5.0		≥6.0	

(2) 补强结构及适用条件

容器壳体开孔补强有补强圈补强和整体补强两种结构形式。采用补强圈补强时，应遵循下列规定：

i. 钢材的标准抗拉强度下限值小于540MPa；
　　ii. 补强圈厚度不大于1.5倍壳体开孔处的名义厚度；
　　iii. 壳体开孔处的名义厚度不大于38mm；
　　iv. 不用于铬钼钢制容器；
　　v. 不用于盛装极度、高度危害介质的容器；
　　vi. 不用于承受疲劳载荷的容器。

　　补强圈补强是最常见的补强结构，如图7-6所示，指在开孔周围贴焊补强圈。补强圈的材料和厚度一般与壳体相同，补强圈与壳体间采用填角搭接焊，为了保证补强效果，两者之间必须焊牢。为了便于焊后检验，在补强圈上开有一个M10泄漏孔，以便通入0.4～0.5MPa压缩气体进行焊缝泄漏试验。同时，补强圈可能覆盖在壳体的焊缝上，虽然规范规定被覆盖的焊缝须100%无损探伤，但由于腐蚀等各种原因，焊缝处可能有泄漏，这时泄漏孔还可以发出泄漏信号，起到报警的作用。通常补强圈多置于壳壁外表面，主要是便于焊接及检验。

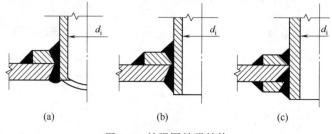

图7-6　补强圈补强结构

　　补强圈结构简单，取材容易，便于制造，使用经验丰富，但补强圈不能与壳体完全贴合成一整体，其整体性较差，抗疲劳性能差。补强圈与壳壁间存在一层静止空气隙，使内外壁之间的传热效果差，可能产生附加的温差应力。同时，补强圈与容器器壁连接处的搭接焊缝使容器形状突变，会造成较高的局部应力。在焊接过程中，容器器壁对焊缝金属具有很大的约束作用，妨碍其冷却收缩，焊根处易出现焊接裂纹。强度级别高的材料对焊接裂纹比较敏感，因此材料强度级别较高时不宜使用。当补强圈的厚度较大时，角焊缝过大，不连续应力就很大，也就是局部应力很大，因此当补强圈厚度较大时不宜采用。对于高温、高压或受反复波动载荷的重要压力容器均不宜采用这种补强结构。

　　当补强圈补强不能采用时，应考虑整体补强。整体补强是指增加壳体厚度，或用全截面焊透的结构形式将厚壁管或整体补强锻件（整锻件）与壳体相焊的补强结构。

　　厚壁管补强结构如图7-7所示。这种结构的特点是接管的加厚部分正处于最大应力区域内，故能有效地降低应力集中系数。厚壁管结构简单，焊缝少，焊接质量容易检验，是一种较为理想的补强结构。若条件允许，推荐以厚壁管代替补强圈进行补强。

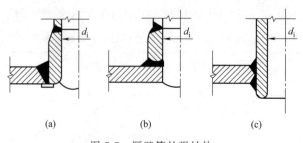

图7-7　厚壁管补强结构

厚壁管在壳体上的放置方式分为图 7-7(a) 的平齐插入式、图 7-7(b) 的安放式、图 7-7(c) 的内伸插入式三种结构。试验结果表明,完全焊透的内伸插入式结构效果最佳;未焊透的内伸插入式疲劳寿命虽然较完全焊透低,但制造方便且寿命比平齐插入式要长。为使抗疲劳效果更好,应采用全焊透结构,并对转角焊缝打磨光滑。

整锻件补强结构如图 7-8 所示。其优点是补强金属集中于开孔应力最大的部位,应力集中系数最小;并且采用对接焊接接头,使焊缝及其热影响区离开最大应力点的位置,抗疲劳性能好,疲劳寿命只降低 10%~15%。图 7-8(b) 为密集补强结构,又加大了过渡圆角半径,补强效果更佳。但整锻件制造较困难,加工量大,成本高,只在高压容器及核容器等重要设备中使用。

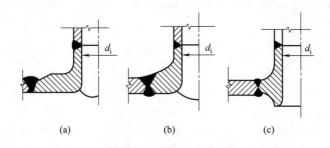

图 7-8 整锻件补强结构

(3) 开孔补强设计方法

开孔补强设计方法有等面积法、分析法和压力面积法。GB/T 150 采用的是等面积法和分析法。而对于大开孔,HG/T 20582—2020《钢制化工容器强度计算规范》中采用的是压力面积法。

使开孔接管处的补强金属等于或大于由于开孔丧失掉的金属面积,称为等面积法。该法以弹性失效为基础,将一次总体薄膜应力强度限制在许用应力范围内,补强针对的是由压力载荷引起的平均薄膜应力,而对二次弯曲应力和峰值应力均未考虑。此法简单,在一般条件下安全可靠,故广为中低压容器开孔补强设计所采用。

(4) 等面积法的适用范围

等面积法适用于压力作用下圆筒体、锥壳本体、凸形封头和平盖上的圆形、椭圆形或长圆形开孔。当在壳体上开椭圆形或长圆形孔时,孔的长径与短径之比应不大于 2.0。GB/T 150 对等面积法的适用范围规定如下:

i. 当圆筒内径 $D_i \leqslant 1500mm$ 时,开孔最大直径 $d_{max} \leqslant D_i/2$,且 $d_{max} \leqslant 520mm$;当圆筒内径 $D_i > 1500mm$ 时,开孔最大直径 $d_{max} \leqslant D_i/3$,且 $d_{max} \leqslant 1000mm$;

ii. 凸形封头或球壳的开孔最大直径 $d_{max} \leqslant D_i/2$;

iii. 锥形封头的开孔最大直径 $d_{max} \leqslant D_i/3$ 且 $d_{max} \leqslant 1000mm$,D_i 为开孔中心处的锥壳内直径。

开孔最大直径 d_{max} 对椭圆形或长圆形开孔指长轴尺寸。

(5) 等面积法设计计算

等面积补强的面积是指孔中心沿壳体纵向截面的投影面积,应使补强的面积不小于开孔所挖掉的金属面积。

① 壳体开孔削弱所需补强面积 A　内压圆筒或球壳开孔所需补强面积按式 (7-1) 计算:

$$A = d_{op}\delta + 2\delta\delta_{et}(1 - f_r) \tag{7-1}$$

式中 d_{op}——开孔直径，mm，圆形孔取接管内直径 d_i 加上接管两倍厚度附加量 C_t，即 $d_{op}=d_i+2C_t$，椭圆或长圆孔应取计算截面上的弦长加接管两倍厚度附加量；

δ_{et}——接管有效厚度，mm，$\delta_{et}=\delta_{nt}-C_t$；其中 δ_{nt} 为接管名义厚度，mm；

f_r——材料强度削弱系数，即设计温度下接管材料与壳体材料许用应力之比，且该系数宜在 0.8～1.0 范围内；对安放式接管取 $f_r=1.0$；

δ——壳体开孔处的计算厚度，mm，按下述方法确定。

i. 圆筒或球壳分别按式（5-31）和式（5-34）计算；

ii. 对于锥壳（或锥形封头）按式（5-42）计算，式中 D_c 为开孔中心处锥壳内直径；

iii. 若开孔及其补强金属均位于椭圆形封头中心 80% 直径范围内，δ 按式（7-2）计算，否则按式（5-38）计算；

$$\delta=\frac{K_1 p_c D_i}{2[\sigma]^t \phi - 0.5 p_c} \tag{7-2}$$

式中，K_1 为由椭圆形长短轴比值决定的系数，按第 6 章表 6-1 查取。

iv. 若开孔及其补强金属均位于碟形封头球面部分内，δ 按式（7-3）计算，否则按式（5-40）计算；

$$\delta=\frac{p_c R_i}{2[\sigma]^t \phi - 0.5 p_c} \tag{7-3}$$

② 有效补强范围 由于应力集中的局部性，等面积补强法认为在图 7-9 所示的 WXYZ 的矩形范围内实施补强是有效的，超过此范围实施补强没有意义。

有效宽度 B 为

$$B=\max \begin{cases} 2d_{op} \\ d_{op}+2\delta_n+2\delta_{nt} \end{cases}$$

式中，δ_n 为壳体的名义厚度；$B=2d_{op}$ 是沿壳体经线方向补强范围，它是依据受均匀拉伸作用的开小孔大平板孔边局部应力集中的衰减范围确定的。

外伸接管有效补强高度为

$$h_1=\min \begin{cases} \sqrt{d_{op}\delta_{nt}} \\ 接管实际外伸高度 \end{cases}$$

内伸接管有效补强高度为

$$h_2=\min \begin{cases} \sqrt{d_{op}\delta_{nt}} \\ 接管实际内伸高度 \end{cases}$$

③ 补强面积 在有效补强范围内，可作为补强的截面积 A_e 按式（7-4）计算

$$A_e=A_1+A_2+A_3 \tag{7-4}$$

式中 A_1——壳体有效厚度减去计算厚度之外的多余面积，mm^2，按式（7-5）计算；

A_2——接管有效厚度减去计算厚度之外的多余面积，mm^2，按式（7-6）计算；

A_3——焊缝金属的截面积（见图 7-9），mm^2，可根据角焊缝的具体尺寸计算确定。

$$A_1=(B-d_{op})(\delta_e-\delta)-2\delta_{et}(\delta_e-\delta)(1-f_r) \tag{7-5}$$

$$A_2=2h_1(\delta_{et}-\delta_t)f_r+2h_2(\delta_{et}-C_{2t})f_r \tag{7-6}$$

式中 δ_t——接管计算厚度，mm。

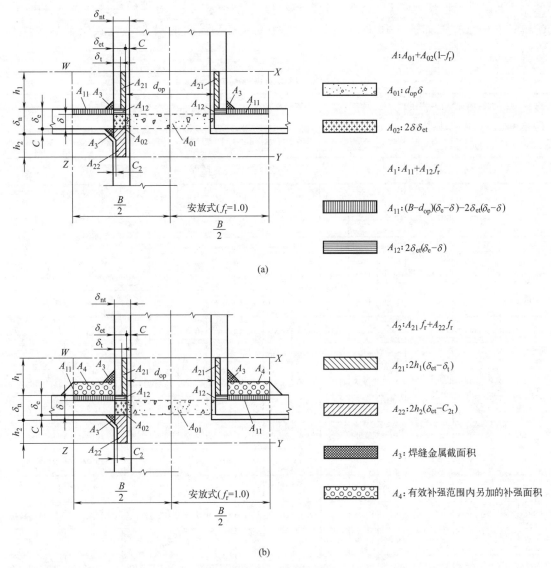

图 7-9 有效补强范围

式（7-6）第一项为外伸接管补强部分，第二项为内伸接管补强部分。因内伸接管的内外表面都受压，相互抵消了压力的作用，故第二项无须减 δ_t，但其外表面也与介质直接接触，故要多减一个接管的腐蚀裕量 C_{2t}。

若 $A_e \geqslant A$，则开孔后不需要另加补强；若 $A_e < A$，则开孔后需要另加补强。其另加补强面积 A_4 由式（7-7）计算：

$$A_4 \geqslant A - A_e \tag{7-7}$$

补强材料宜与壳体材料相同。若补强材料许用应力小于壳体材料许用应力，则补强面积应按壳体材料与补强材料许用应力之比成比例增加。若补强材料许用应力大于壳体材料许用应力，则补强面积不应减少。

7.3.3 补强圈标准

NB/T 11025—2022《补强圈》规定了压力容器壳体开孔补强用补强圈的材料、型式、尺寸及其制造和检验要求等。按照补强圈焊接接头结构的要求,补强圈坡口分为A、B、C、D和E五种型式,如图7-10所示,其各种型式钢制补强圈的尺寸系列及质量如表7-11所示。

表 7-11 钢制补强圈尺寸系列及质量

接管公称直径 d_N /mm	补强圈外直径 D_2 /mm	补强圈内直径 D_1 /mm	厚度 δ_c/mm												
			4	6	8	10	12	14	16	18	20	22	24	26	28	30
尺寸/mm			质量/kg													
50	130	按图7-10中的型式确定	0.32	0.48	0.64	0.80	0.96	1.12	1.28	1.43	1.59	1.75	1.91	2.07	2.23	2.57
65	160		0.47	0.71	0.95	1.18	1.42	1.66	1.89	2.13	2.37	2.60	2.84	3.08	3.31	3.55
80	180		0.59	0.88	1.17	1.46	1.75	2.04	2.34	2.63	2.92	3.22	3.51	3.81	4.10	4.38
100	200		0.68	1.02	1.35	1.69	2.03	2.37	2.71	3.05	3.38	3.72	4.06	4.40	4.74	5.08
125	250		1.08	1.62	2.16	2.70	3.24	3.77	4.31	4.85	5.39	5.93	6.47	7.01	7.55	8.09
150	300		1.56	2.35	3.13	3.91	4.69	5.48	6.26	7.04	7.82	8.60	9.38	10.20	10.90	11.70
175	350		2.23	3.34	4.46	5.57	6.69	7.80	8.92	10.00	11.10	12.30	13.40	14.50	15.60	16.60
200	400		2.72	4.08	5.44	6.80	8.16	9.52	10.90	12.20	13.60	11.90	16.30	17.70	19.00	20.40
225	440		3.24	4.87	6.49	8.11	9.74	11.40	13.00	14.60	16.20	17.80	19.50	21.10	22.70	24.30
250	480		3.79	5.68	7.58	9.47	11.40	13.30	15.20	17.00	18.90	20.80	22.70	24.60	26.50	28.40
300	550		4.79	7.18	9.58	12.00	14.40	16.80	19.20	21.60	24.00	26.30	28.70	31.10	33.50	36.00
350	620		5.90	8.85	11.80	14.80	17.70	20.60	23.60	26.60	29.50	32.40	35.40	38.30	41.30	44.20
400	680		6.84	10.30	13.70	17.10	20.50	24.00	27.40	31.00	34.20	37.60	41.00	44.50	48.00	51.40
450	760		8.47	12.70	16.90	21.20	25.40	29.60	33.90	38.10	42.30	46.50	50.80	55.00	59.20	63.50
500	840		10.40	15.60	20.70	25.90	31.10	36.30	41.50	46.70	51.80	57.00	62.20	67.40	72.50	77.70
600	980		13.80	20.60	27.50	34.40	41.30	48.20	55.10	62.00	68.90	75.70	82.60	89.50	96.40	103.30

注:1. 补强圈内直径 D_1 为成形后尺寸。

2. 表中质量为 A 型补强圈按接管直径、碳素钢密度所算得的值。

标记方法:d_N①×②-③-④ ⑤

①——接管公称直径,mm;

②——补强圈厚度,mm;

③——补强圈坡口型式,按图7-10选定;

④——补强圈材料;

⑤——标准号:NB/T 11025—2022。

标记示例:接管公称直径100mm,补强圈厚度为8mm,坡口型式为D型,补强圈材料为Q345R的补强圈,其标记为:

$$d_N100×8\text{-}D\text{-}Q345R \quad NB/T\ 11025—2022$$

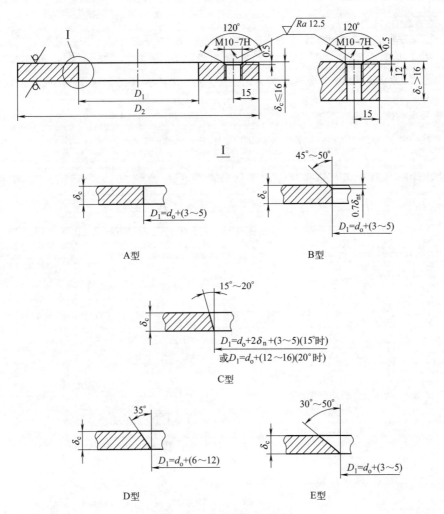

图 7-10 补强圈坡口型式

D_1—补强圈内直径，mm；D_2—补强圈外直径，mm；d_o—接管外直径，mm；δ_c—补强圈厚度，mm；
δ_n—壳体开孔处名义厚度，mm；δ_{nt}—接管名义厚度，mm

【例题 7-1】 内径 $D_i=1800$mm 的圆柱形容器，采用标准椭圆形封头，在封头中心设置 $\phi159\times4.5$mm 的平齐插入式接管。封头名义厚度 $\delta_n=18$mm，设计压力 $p=2.5$MPa，设计温度 $t=150$℃，接管外伸高度 200mm。封头和补强圈材料均为 Q345R，其许用应力 $[\sigma]^t=183$MPa，接管材料为 10 号钢，其许用应力 $[\sigma]^t_t=115$MPa。壳体和接管厚度附加量均取 2mm，液体静压力可以忽略。试作封头开孔补强设计。

解

(1) 补强及补强方法判别

① 补强判别 根据表 7-10，允许不另行补强的最大接管外径为 89mm。此开孔外径等于 159mm，故需考虑其补强。

② 补强计算方法判别 封头开孔直径为

$$d_{op}=d_i+2C_t=159-2\times4.5+2\times2=154(\text{mm})$$

因本凸形封头开孔直径 $d_{op}=154\text{mm}<\dfrac{D_i}{2}=\dfrac{1800}{2}=900(\text{mm})$，故满足等面积法的适用

条件。因接管已定,故采用补强圈进行补强。

(2) 开孔削弱所需补强面积 A 计算

① 计算封头计算厚度　由于在椭圆形封头中心区域开孔,所以封头的计算厚度按式(7-2)确定。因为液体静压力可以忽略,即 $p_c=p$;查表6-1可得,标准椭圆形封头 $K_1=0.9$;又因开孔处焊接接头系数 $\phi=1.0$,故封头计算厚度为

$$\delta = \frac{K_1 p_c D_i}{2[\sigma]^t \phi - 0.5 p_c} = \frac{0.9 \times 2.5 \times 1800}{2 \times 183 \times 1.0 - 0.5 \times 2.5} = 11.10(\text{mm})$$

② 计算开孔削弱所需补强面积　强度削弱系数 $f_r = \frac{[\sigma]_r^t}{[\sigma]^t} = \frac{115}{183} = 0.628$,接管有效厚度为 $\delta_{et} = \delta_{nt} - C_t = 4.5 - 2 = 2.5(\text{mm})$,即开孔削弱所需补强面积为

$$A = d_{op}\delta + 2\delta\delta_{et}(1-f_r) = 154 \times 11.10 + 2 \times 11.10 \times 2.5 \times (1-0.628) = 1730(\text{mm}^2)$$

(3) 补强范围计算

① 计算有效宽度

$$B = \max \begin{cases} 2d_{op} \\ d_{op} + 2\delta_n + 2\delta_{nt} \end{cases}$$

$$= \max \begin{cases} 2 \times 154 = 308 \\ 154 + 2 \times 18 + 2 \times 4.5 = 199 \end{cases}$$

$$= 308(\text{mm})$$

② 计算外伸接管有效补强高度

$$h_1 = \min \begin{cases} \sqrt{d_{op}\delta_{nt}} = \sqrt{154 \times 4.5} = 26.3 \\ \text{接管实际外伸高度} = 200 \end{cases}$$

$$= 26.3(\text{mm})$$

③ 计算内伸接管有效补强高度

$$h_2 = \min \begin{cases} \sqrt{d_{op}\delta_{nt}} = \sqrt{154 \times 4.5} = 26.3 \\ \text{接管实际内伸高度} = 0 \end{cases}$$

$$= 0(\text{mm})$$

(4) 补强面积计算

① 计算壳体有效厚度减去计算厚度之外的多余面积 A_1

$$A_1 = (B - d_{op})(\delta_e - \delta) - 2\delta_{et}(\delta_e - \delta)(1 - f_r)$$

$$= (308 - 154)(18 - 2 - 11.10) - 2 \times 2.5 \times (18 - 2 - 11.10)(1 - 0.628)$$

$$= 745(\text{mm}^2)$$

② 计算接管有效厚度减去计算厚度之外的多余面积 A_2

因为接管计算厚度 $\delta_t = \frac{p_c d_i}{2[\sigma]_t^t \phi - p_c} = \frac{2.5 \times 150}{2 \times 115 \times 1 - 2.5} = 1.65(\text{mm})$,所以有

$$A_2 = 2h_1(\delta_{et} - \delta_t)f_r + 2h_2(\delta_{et} - C_{2t})f_r$$

$$= 2 \times 26.3 \times (2.5 - 1.65) \times 0.628 + 0$$

$$= 28(\text{mm}^2)$$

③ 计算焊缝金属的截面积 A_3(焊脚取8mm)　因是平齐插入接管,所以 $A_3 = 2 \times \frac{1}{2} \times 8 \times 8 = 64(\text{mm}^2)$。

(5) 需另加补强面积 A_4 计算

因

$$A_e = A_1 + A_2 + A_3 = 745 + 28 + 64 = 837 (\text{mm}^2)$$

故需另加补强面积 $A_4 \geq A - A_e = 1730 - 837 = 893 (\text{mm}^2)$。

(6) 补强圈设计

根据接管公称直径 d_N 为 150mm 选补强圈,参照 NB/T 11025《补强圈》取补强圈外径 $D_2 = 300$mm,补强圈坡口选为 E 型,取内径 $D_1 = 163$mm,因 $B = 308$mm $> D_2$,补强圈在有效补强范围内。

补强圈计算厚度为

$$\delta' = \frac{A_4}{D_2 - D_1} = \frac{893}{300 - 163} = 6.52 (\text{mm})$$

考虑补强圈厚度附加量也取 2mm 并经圆整,取补强圈名义厚度为 9mm 即可。但为了便于备料,补强圈名义厚度也可取壳体的名义厚度 18mm。

7.4 法兰连接

在承压容器和管道中,由于生产工艺或安装检修的需要,通常采用可拆卸的密封连接结构。其中法兰连接是最典型的可拆密封连接,在中低压容器和管道中被广泛采用。法兰连接有如下特点:

ⅰ. 密封可靠。在规定的工作压力、温度和介质的腐蚀情况下能保证紧密不漏。

ⅱ. 强度足够。附加法兰等结构后不致削弱整体强度。

ⅲ. 适用面广。在容器和管道上都能应用,尺寸范围大。

ⅳ. 结构可拆。可重复装拆,但较费事。

ⅴ. 经济合理。小型法兰大批生产,成本较低,大型法兰则成本较高。

7.4.1 法兰结构与分类

法兰连接的基本元件是法兰、垫片和螺栓螺母,依次称为被连接件、密封件和连接件,如图 7-11 所示。

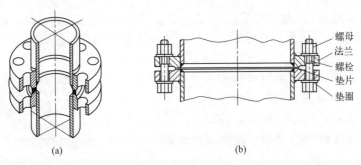

图 7-11 法兰连接

① 按用途,法兰分为管法兰与压力容器法兰 管法兰是指用于管子与管子或管子与管件之间连接的法兰;压力容器法兰是指用于容器筒节与筒节或筒节与封头之间连接的法兰。

② 按接触面的宽窄,法兰分为窄面法兰和宽面法兰两大类型 窄面法兰是指垫片接触

面位于法兰螺栓孔包围的圆周范围内的法兰连接，常见法兰均属此类；宽面法兰是指垫片接触面分布于法兰螺栓中心圆内外两侧的法兰连接，其垫片宽度较大，仅用于低压的一般介质场合。

③ 按整体性程度，法兰分为松式法兰、整体法兰及任意式法兰 松式法兰是指法兰未能有效地与容器或接管连接成一整体的法兰，计算中认为容器或接管不与法兰共同承受法兰力矩的作用，法兰力矩完全由法兰本身来承担。活套法兰、螺纹法兰及焊缝不开坡口的平焊法兰均属松式法兰，如图7-12（a）、(b)、(c) 所示。

整体法兰是指法兰、法兰颈部及容器或接管三者能有效地连接成一整体，共同承受法兰力矩作用的法兰。其刚性好，强度高，典型的有长颈对焊法兰及乙型平焊法兰，如图7-12（d）、(e)、(f) 所示。

任意式法兰是指整体性程度介于上述两者之间的法兰。其容器或接管与法兰虽未形成一整体结构，但可作为一个结构元件共同承担法兰力矩的作用，典型的任意式法兰有未全部焊透的平焊法兰，如图7-12（g）、(h)、(i) 所示。

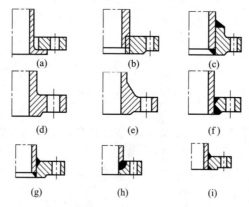

图7-12 法兰结构类型

7.4.2 法兰密封机理及法兰连接密封的影响因素

（1）法兰密封机理

根据流体力学可知，当容器内外压力差的绝对值大于连接处的阻力降时，法兰连接将会产生泄漏（内漏或外漏）。法兰连接的泄漏主要包括从垫片上发生的渗透泄漏和从压紧面（密封面）上发生的界面泄漏两种形式，而界面泄漏是主要的失效形式，如图7-13所示。

容器内外压力差通常由工艺条件所确定，一般情况下是不可改变的。因此，只有通过增加连接处的阻力降，使容器内外压力差的绝对值不大于连接处的阻力降，这样才能保证不会产生泄漏。而增加连接处的阻力降，可采用提高螺栓预紧力、改变垫片的材料、改进密封面的形状等方法来实现。

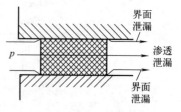

图7-13 界面泄漏与渗透泄漏

预紧时，螺栓力通过法兰作用到垫片上，使垫片压实而消除垫片内部的毛细管，同时依靠垫片的弹性变形和塑性变形来填满法兰密封面上凹凸不平的间隙，阻止介质通过垫片内部毛细管的渗透性泄漏和垫片与通过密封面间的界面泄漏。预紧时为了形成初始密封条件，作用在垫片上的最小比压力称为垫片的预紧密封比压，简称为垫片比压力，用 $y(MPa)$ 表示。

工作时，经预紧达到预密封条件的密封面，由于内压的轴向作用使法兰密封面趋于分离，作用在垫片上的压紧力减小，此时密封面上仍需要有足够的压紧力，才能封住介质。工作时垫片单位面积上必须维持的压紧力称为工作密封比压，用 σ_g(MPa)表示。工作密封比压 σ_g 与介质压力 p 的比值用垫片系数 m 来表示，即 $m=\dfrac{\sigma_g}{p}$。

综上所述，保证法兰连接密封不漏的条件如下：其一是预紧时，必须使螺栓力在密封面与垫片之间建立起不低于 y 值的比压力；其二是工作时，螺栓力应能够抵抗内压的作用，并且在垫片表面上维持 m 倍内压的比压力。

垫片的特征参数 y 和 m 值通过实验确定，不同的垫片和形式，其 y、m 不同，可由 GB/T 150 查得。

(2) 影响法兰连接密封的因素

在实际工作中，影响法兰连接密封的因素是多方面的，有正常因素也有非正常因素，如不正确的安装方法、密封面和垫片的损伤等。从设计考虑，影响法兰密封的主要因素有垫片性能、密封面型式、螺栓预紧力、法兰刚度、操作条件等。

① 垫片性能　垫片是重要的密封元件。合适的垫片变形和回弹能力是形成密封的必要条件。垫片的变形包括弹性变形和塑性变形，但仅弹性变形具有回弹能力。

回弹能力是指在施加介质压力时，垫片能否适应法兰面的分离，它可用来衡量垫片密封性能的好坏。回弹能力大，便能适应操作压力和温度的波动，密封性能就好。

垫片的变形和回弹性能与垫片材料、形状、结构、螺栓预紧力、密封面提供的表面约束、操作条件（压力、温度、介质）等有关。

② 密封面型式与加工质量　压紧面又称密封面，直接与垫片接触，是传递螺栓力使垫片变形的表面约束。为了达到预期密封效果，密封面的型式和表面粗糙度应与选用的垫片相适应。使用金属垫片的密封面，法兰尺寸精度要求高，密封面表面粗糙度通常要求达到 Ra $0.4\sim1.6\mu m$；对于软质垫片，密封面过于光滑反而不利，一般达到 Ra $12.5\sim32\mu m$ 就够了。表面粗糙度过小，界面上阻力变小，对阻止介质的泄漏不利。在密封面上不允许有径向刀痕或划痕。

为使垫片产生弹性变形或塑性变形，垫片材料的硬度应低于法兰材料的硬度，一般取低于 40HB 为宜，否则垫片将会在压紧时损伤法兰密封面。

实践证明，保证密封面的平直度和密封面与法兰中心轴线的垂直度，是保证垫片均匀密封的前提。减小密封面与垫片的接触面积，可以有效地降低预紧力，但若接触面积过小，则易压坏垫片。

③ 螺栓预紧力　螺栓预紧力是影响密封的一个重要因素。预紧必须使连接处实现初始密封条件，并保证垫片不被压坏或挤出。提高螺栓预紧力可以增加垫片的密封能力，其原因是减小了密封面间的间隙，促使垫片变形，使渗透性垫片材料的毛细管缩小，并且提高了操作时垫片的工作密封比压，使密封面保持良好的密封状态。螺栓预紧力必须均匀地作用在垫片上，因此，在密封所需的预紧力一定时，减小螺栓直径，增加螺栓个数，对密封是有利的。

④ 法兰刚度　法兰刚度不足，会引起轴向翘曲变形，特别是当螺栓数目较少时，螺栓间的法兰密封面会因刚度不足产生波浪形变形，使密封失效，如图 7-14 所示。

⑤ 操作条件　操作条件是指连接系统的压力、温度及介质的物理、化学性质。高温介质黏度小，渗透性大，易促成渗漏。介质在高温下对垫片和法兰的溶解与腐蚀作用加剧，增加了泄漏的可能性。在高温下，法兰、螺栓、垫片可能产生蠕变和应力松弛，使密封比压下

降。一些非金属垫片，在高温下还会加速老化或变质，甚至被烧毁。此外，在温度作用下，由于密封组合件各部分膨胀量不一致，对密封也是不利的。如果温度和压力联合作用又有波动，垫片将会疲劳，使密封失效。

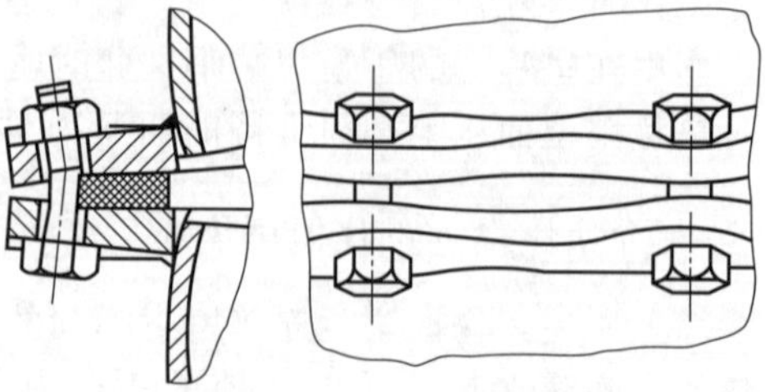

7.4.3 密封面型式及特点

在中低压容器和管道中常用的法兰密封面型式有以下三种：

（1）平面型密封面

平面型密封面是一个光滑平面，有时在平面上车制2～3圈沟槽，如图7-15(a)。这种密封面结构简单，加工方便，便于进行防腐处理。但与垫片接触面积较大，预紧时，垫片容易被挤到密封面两侧，不易压紧，故所需压紧力较大，密封性能较差。一般适用于压力不高、介质无毒、非易燃易爆场合。平面型密封面一般与平垫片或缠绕式垫片配合使用。

（2）凹凸型密封面

这种密封面由一个凸面和一个凹面相配合组成，如图7-15(b)。在凹面上放置垫片，其优点是便于对中，能防止软质垫片被挤出，而且密封面比平面型密封面窄，较易密封。适用于公称压力 $PN \leqslant 6.4$ MPa 或用于易燃、易爆、有毒介质的一般场合。

（3）榫槽型密封面

这种密封面由一个榫面和一个槽面相配合组成，如图7-15(c)。垫片放在槽内，由于垫片较窄，又受槽的阻挡，不会被挤出，易获得良好的密封效果。而且，可以少受介质的冲刷和腐蚀，安装时又便于对中而使垫片受力均匀。因垫片较窄，压紧垫片所需螺栓力相应较小，压力较高时，螺栓尺寸也不会过大。缺点是结构与制造都比较复杂，更换垫片也较费事，凸面部分容易碰坏。这种密封面适用于易燃、易爆、有毒介质，以及压力较高的重要场合。

图 7-14 法兰的翘曲变形

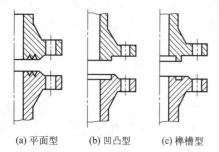

(a) 平面型　　(b) 凹凸型　　(c) 榫槽型

图 7-15 法兰密封面的型式

容器接管法兰密封面采用凹凸型或榫槽型时，容器顶部和侧面的管口法兰应配置成凹面或槽面，这样配置的密封面不易受到损伤。而容器底部的管口应配置凸面或榫槽面法兰，这样配置易于垫片的安装和更换。如与阀门等标准件连接时，须视该标准件的密封面型式而定。

7.4.4 密封垫片

对垫片材料的要求为：耐介质腐蚀，不污染工作介质；具有良好的变形性和回弹能力；且有一定的机械强度和适当的柔软性，在工作温度下不易变质、硬化或软化等。常用垫片材料分为非金属、金属和组合式三种。

（1）非金属垫片

常用的非金属垫片有橡胶垫、石棉橡胶垫、聚四氟乙烯垫和膨胀（柔性）石墨垫等。断面形式一般为平面形或O形，如图7-16(a)、(e)。

普通橡胶垫常用于压力低于0.6MPa和温度低于70℃的水、蒸汽、非矿物油类等无腐蚀性介质。合成橡胶如丁腈橡胶、氯丁橡胶、硅橡胶、氟橡胶等则在耐高温、耐低温、耐化学性、耐油性、耐老化、耐候性等方面各具特点，视品种而异。当使用温度在−180～260℃

范围内时，使用压力不超过 2.0MPa，纯或填充聚四氟乙烯（PTFE）垫是理想的选择，后者因具有抵抗蠕变性能，可适用于较高的工作参数。

由于石棉对人体健康有害，用具有适当加固物的矿物橡胶板取代传统的石棉橡胶板。近年迅速发展起来的膨胀石墨垫片具有耐高温、耐腐蚀、低密度、压缩回弹和密封性能优良的特点，在蒸汽场合使用温度达 650℃，为氧化性介质时使用温度达 450℃，采用金属衬里增强时使用压力可达到 10MPa。

（2）金属垫片

金属垫片具有耐高温、耐高压、耐油、耐腐蚀等优点。当压力较高（$p \geqslant 6.4$MPa）、温度较高（$t \geqslant 350$℃）时，多采用金属垫片。金属垫片材料一般并不要求强度高，而是要求韧性好。常用的金属垫材料有软铝、铜、纯铁、软钢、不锈钢等，其断面形状有平面形、波纹形、齿形、椭圆形和八角形等，如图 7-16(f)～(j)。其中八角垫和椭圆垫均属线接触或接近线接触密封，并且有一定的径向自紧作用，密封可靠，可以重复使用。然而对密封面的加工质量和精度要求较高，制造成本也较高。金属垫片的最高使用温度取决于它的材料种类，例如铝为 430℃，铜为 320℃、不锈钢可高至 680℃等。

（3）组合垫片

组合垫片采用金属与非金属材料配合特制而成。一般是用不同材料的金属薄板把非金属材料如石棉、石棉橡胶、膨胀石墨等包裹起来，压制或缠绕而成。相对于单一材料做成的垫片而言，金属与非金属组合垫片兼具了两者的优点，增加了回弹性，提高了耐蚀性、耐热性和密封性能，适用于较高压力和较高温度的场合。常用的组合垫片有金属包垫片、缠绕垫片等，如图 7-16(b)～(d)。

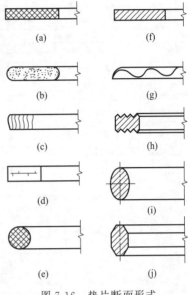

图 7-16 垫片断面形式

金属包垫片以石棉、膨胀石墨、陶瓷纤维板为芯材，外包覆镀锌铁皮或不锈钢薄板，断面形状有平面形和波纹形两种，其特点是填料不与介质接触，提高了耐热性和垫片强度，且不会发生渗漏。金属包垫片常用于中低压（$p \leqslant 6.4$MPa）和较高温度（$t \leqslant 450$℃）的场合。

缠绕垫片是由金属薄带和填充带，如石棉、膨胀石墨、聚四氟乙烯等相间缠绕而成，因此具有多道密封的作用，且回弹性好，常温松弛小，不易渗漏，对密封面表面质量和尺寸精度要求不高。缠绕垫片适用于较高的温度和压力范围，它的最高使用温度取决于所用的钢带与非金属填充带的极限温度，例如常用的不锈钢带与石墨带缠绕垫片的使用温度为 450～650℃，适用压力可达到 20MPa。

通常垫片是根据温度、压力及介质的腐蚀性综合选择，同时考虑价廉易得。

7.4.5 压力容器法兰标准

NB/T 47020～47027—2012《压力容器法兰、垫片、紧固件》是国家能源局发布的行业标准，适用于公称压力 0.25～6.40MPa，工作温度 -70～450℃ 的碳钢、低合金钢制压力容器法兰。它包括长颈对焊法兰、甲型平焊法兰和乙型平焊法兰三种结构形式法兰以及垫片和紧固件等共 8 个标准。

甲型平焊法兰，如图 7-17 所示，其角焊缝较小，或不开坡口焊接，不能保证法兰与筒壳同时受力，按活套法兰考虑，最高适用压力 1.60MPa；乙型平焊法兰，如图 7-18 所示，法兰上焊有较厚筒节，且焊缝较大，质量可靠，视为整体法兰，最高适用压力 4.00MPa；长颈对焊法兰为整体法兰，如图 7-19 所示，其强度、刚度较大，适用于较高温度，适用压力可达 6.40MPa。

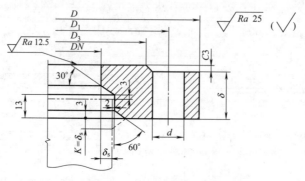

图 7-17　甲型平焊法兰

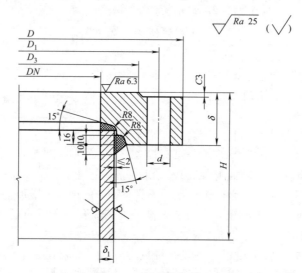

图 7-18　乙型平焊法兰

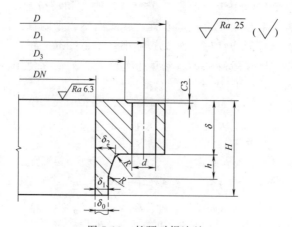

图 7-19　长颈对焊法兰

标准压力容器法兰及与之匹配的垫片、螺柱和螺母的材料如表 7-12 所示。法兰分类及系列参数如表 7-13 所示。表中"—"表示没有该类型的标准法兰。

表 7-12 压力容器法兰、垫片、螺柱和螺母的材料

法兰类型	垫片			匹配	法兰		匹配	螺柱与螺母		
	种类		适用温度范围/℃		材料	适用温度范围/℃		螺柱材料	螺母材料	适用温度范围/℃
甲型平焊法兰	非金属软垫片	橡胶	按NB/T 47024 表1	可选配右列法兰材料	板材 GB/T 3274 Q235B、C	Q235B: 20～300 Q235C: 0～300	可选配右列螺柱螺母材料	GB/T 699 20	GB/T 700 15	-20～350
		石棉橡胶						GB/T 699 35	20	0～350
		聚四氟乙烯			板材 GB/T 713 Q245R Q345R	-20～450			GB/T 699 25	0～350
		柔性石墨								
乙型平焊法兰与长颈对焊法兰	非金属软垫片	橡胶	按NB/T 47024 表1	可选配右列法兰材料	板材 GB/T 3274 Q235B、C	Q235B: 20～300 Q235C: 0～300	按NB/T 47020 表3 选定右列螺柱材料后选定螺母材料	35	20 25	0～350
		石棉橡胶			板材 GB/T 713 Q245R Q345R	-20～450		GB/T 3077 40MnB 40Cr 40MnVB	45 40Mn	0～400
		聚四氟乙烯								
		柔性石墨			锻件 NB/T 47008 20 16Mn	-20～450				
	缠绕垫片	石棉或石墨填充带	按NB/T 47025 表1、表2		板材 GB/T 713 Q245R Q345R	-20～450	按NB/T 47020 表4 选定右列螺柱材料后选定螺母材料	40MnB 40Cr 40MnVB	45 40Mn	-10～400
		聚四氟乙烯填充带			锻件 NB/T 47008 20 16Mn	-20～450				
					15CrMo 14Cr1Mo	0～450		GB/T 3077 35CrMoA	GB/T 3077 30CrMoA 35CrMoA	-70～500
		非石棉纤维填充带			锻件 NB/T 47009 16MnD	-40～350	选配右列螺柱螺母材料			
					09MnNiD	-70～350				
	金属包垫片	钢、铝包覆材料	按NB/T 47026 表1、表2		锻件 NB/T 47008 12Cr2Mo1	0～450	按NB/T 47020 表5 选定右列螺柱材料后选定螺母材料	40MnVB	45 40Mn	0～400
								35CrMoA	45、40Mn	-10～400
									30CrMoA 35CrMoA	-70～500
								GB/T 3077 25Cr2MoVA	30CrMoA 35CrMoA	-20～500
		低碳钢、不锈钢包覆材料			锻件 NB/T 47008 20MnMo	0～450			25Cr2MoVA	-20～550
							$PN \geq 2.5$	25Cr2MoVA	30CrMoA 35CrMoA	-20～500
									25Cr2MoVA	-20～550
							$PN < 2.5$	35CrMoA	30CrMoA	-70～500

注 1. 乙型平焊法兰材料按表列板材及锻件选用,但不宜采用Cr-Mo钢制作。相匹配的螺柱、螺母材料按表列规定选用。

2. 长颈对焊法兰材料按表列锻件选用,相匹配的螺柱、螺母材料按表列规定选用。

表 7-13 压力容器法兰分类及参数表

类型	平焊法兰		对焊法兰
	甲型	乙型	长颈
标准号	NB/T 47021	NB/T 47022	NB/T 47023
简图			

公称直径 DN/mm	公称压力 PN/MPa														
	0.25	0.6	1.00	1.60	0.25	0.60	1.00	1.60	2.50	4.00	0.60	1.00	1.60	2.50	4.00	6.40
300	按 PN=1.00															
350																
400																
450									—							
500	按 PN=1.00															
550																
600									—							
650																
700																
800																
900																
1000																
1100																
1200																
1300									—							
1400																
1500																
1600																
1700										—						
1800																
1900																
2000																
2200					按 PN=0.6											
2400																
2600	—														—	
2800																
3000															—	

当压力容器采用不锈钢制作时,法兰可采用带衬环的结构。衬环用不锈钢,而法兰本体采用表 7-12 中规定的材料,从而可以降低成本。图 7-20 所示为带平密封面衬环的甲型平焊法兰。衬环的材料还可根据工艺条件,由设计者自行确定。

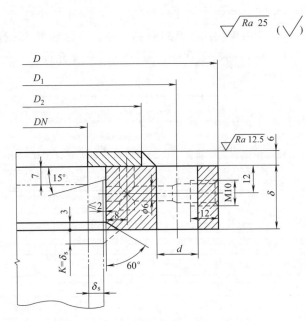

图 7-20　甲型平焊法兰衬环平密封面

压力容器法兰的名称及代号如表 7-14 所示，法兰密封面代号如表 7-15 所示。

表 7-14　压力容器法兰的名称及代号

法兰类型	名称及代号
一般法兰	法兰
衬环法兰	法兰 C

表 7-15　压力容器法兰密封面代号

密封面型式		代号
平面密封面	平密封面	RF
凹凸密封面	凹密封面	FM
	凸密封面	M
榫槽密封面	榫密封面	T
	槽密封面	G

选用标准时，必须已知压力容器法兰的公称直径和公称压力，且法兰的公称直径与容器的公称直径一致。法兰的公称压力需视法兰的材料与工作温度而定。该标准中法兰的公称压力等级是以 Q345R 板材（甲型和乙型平焊法兰）或 16Mn 锻件（长颈对焊法兰）、工作温度为 200℃时的最大允许工作压力为基准制订的。在同一公称压力下，温度升高或降低，允许的工作压力相应地降低或提高；若温度不变而所选的材料不同，则允许的工作压力也不同。例如，公称压力为 0.60MPa 的甲型或乙型平焊法兰，用 Q345R 制造，在 200℃时它的最大允许工作压力为 0.60MPa，而在 300℃时它的最大允许工作压力为 0.51MPa；再如公称压力为 0.60MPa 的甲型或乙型平焊法兰，当使用温度 200℃不变时，如果把法兰材料改为强度低于 Q345R 的 Q245R，则此时法兰的最大允许工作压力只有 0.45MPa。总之，只要法兰

的公称直径、公称压力确定了，法兰的尺寸也就确定了，至于这个法兰的最大允许工作压力是多少，那就要看法兰的工作温度和用什么材料制造的。所以选定的标准压力容器法兰的公称压力等级必须满足：确定材料的法兰在工作温度下的最大允许工作压力不低于实际工作压力。

表 7-16 列出了 0.60MPa 和 1.00MPa 公称压力等级的甲型和乙型平焊法兰在不同工作温度和法兰材料下的最大允许工作压力数值。

表 7-16　甲型、乙型平焊法兰适用材料及最大允许工作压力

公称压力 PN/MPa	法兰材料		不同工作温度下的最大允许工作压力/MPa				备　注
			≥20~200℃	250℃	300℃	350℃	
0.60	板材	Q235B	0.40	0.36	0.33	0.30	工作温度下限 20℃
		Q235C	0.44	0.40	0.37	0.33	
		Q245R	0.45	0.40	0.36	0.34	
		Q345R	0.60	0.57	0.51	0.49	
	锻件	20	0.45	0.40	0.36	0.34	工作温度下限 0℃
		16Mn	0.61	0.59	0.53	0.50	
		20MnMo	0.65	0.64	0.63	0.60	
1.00	板材	Q235B	0.66	0.61	0.55	0.50	工作温度下限 20℃
		Q235C	0.73	0.67	0.61	0.55	
		Q245R	0.74	0.67	0.60	0.56	
		Q345R	1.00	0.95	0.86	0.82	
	锻件	20	0.74	0.67	0.60	0.56	工作温度下限 0℃
		16Mn	1.02	0.98	0.88	0.83	
		20MnMo	1.09	1.07	1.05	1.00	

标记方法：①-②　③-④/⑤-⑥　⑦

①——法兰名称及代号，见表 7-14；

②——密封面型式代号，见表 7-15；

③——公称直径，mm；

④——公称压力，MPa；

⑤——法兰厚度，mm；

⑥——法兰总高度，mm；

⑦——标准号。

当法兰厚度及法兰总高度均采用标准值时此两部分标记可省略。为扩充应用法兰标准，允许修改法兰厚度 δ 和法兰总高度 H，但必须满足 GB/T 150 中的法兰强度计算要求。如有修改，两尺寸均应在法兰标记中注明。

标记示例 1：公称压力 $PN=1.0\text{MPa}$、公称直径 $DN=800\text{mm}$ 的甲型平焊法兰的凹面法兰，其标记为：

法兰-FM　800-1.0　NB/T 47021—2012

标记示例 2：公称压力 $PN=2.5\text{MPa}$，公称直径 $DN=1000\text{mm}$ 的长颈对焊法兰的平密

封面法兰,其中法兰厚度改为 $\delta=78$mm,法兰总高度仍为 $H=155$mm,其标记为:

法兰-RF 1000-2.5/78-155 NB/T 47023—2012

7.4.6 管法兰标准

国际上管法兰标准主要有两个体系,一个是以欧盟 EN 为代表的欧洲管法兰标准体系,公称压力采用 PN 表示;另一个是以美国 ASME 为代表的美洲管法兰标准体系,公称压力采用 Class 等级表示,如表 7-3 所示。同一标准体系内,各国法兰基本上可以相互配用,但两个不同体系间的法兰则不能互换或配用。这两个体系,在我国国家标准、机械行业标准和化工行业标准中均有参照应用,如表 7-17 所示。其中化工行业标准 HG/T 系列的适用范围广,材料品种齐全,设计选择时应优先采用。

表 7-17 管法兰标准

配管	欧洲体系(PN 系列)	美洲体系(Class 系列)
英制管	GB/T 9124.1—2019 HG/T 20592~20614—2009	GB/T 9124.2—2019 HG/T 20615~20635—2009
公制管	GB/T 9124.1—2019 HG/T 20592~20614—2009 JB/T 74~86—2015	—

以下主要介绍使用较为广泛的欧洲体系化工行业管法兰标准中的部分内容,其他部分可查阅有关标准。

管法兰的类型及其代号如图 7-21 所示,较常用的管法兰适用范围如表 7-18 所示。表中"—"表示没有该类型的标准法兰,"×"表示有该类型的标准法兰。

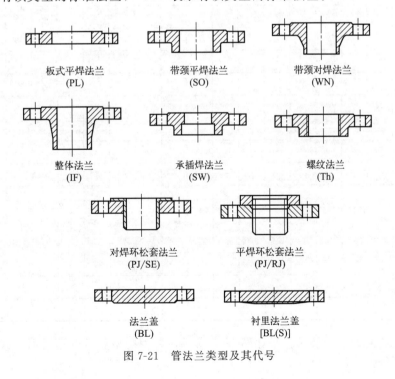

图 7-21 管法兰类型及其代号

表 7-18 管法兰类型和适用范围

法兰类型	板式平焊法兰(PL)						带颈平焊法兰(SO)					带颈对焊法兰(WN)						
适用钢管外径系列	A 和 B						A 和 B					A 和 B						
公称尺寸 DN /mm	公称压力 PN/bar						公称压力 PN/bar					公称压力 PN/bar						
	2.5	6	10	16	25	40	6	10	16	25	40	10	16	25	40	63	100	160
10	×	×	×	×	×	×	×	×	×	×	×	×	×	×	×	×	×	×
15	×	×	×	×	×	×	×	×	×	×	×	×	×	×	×	×	×	×
20	×	×	×	×	×	×	×	×	×	×	×	×	×	×	×	×	×	×
25	×	×	×	×	×	×	×	×	×	×	×	×	×	×	×	×	×	×
32	×	×	×	×	×	×	×	×	×	×	×	×	×	×	×	×	×	×
40	×	×	×	×	×	×	×	×	×	×	×	×	×	×	×	×	×	×
50	×	×	×	×	×	×	×	×	×	×	×	×	×	×	×	×	×	×
65	×	×	×	×	×	×	×	×	×	×	×	×	×	×	×	×	×	×
80	×	×	×	×	×	×	×	×	×	×	×	×	×	×	×	×	×	×
100	×	×	×	×	×	×	×	×	×	×	×	×	×	×	×	×	×	×
125	×	×	×	×	×	×	×	×	×	×	×	×	×	×	×	×	×	×
150	×	×	×	×	×	×	×	×	×	×	×	×	×	×	×	×	×	×
200	×	×	×	×	×	×	×	×	×	×	×	×	×	×	×	×	×	×
250	×	×	×	×	×	×	×	×	×	×	×	×	×	×	×	×	×	×
300	×	×	×	×	×	×	×	×	×	×	×	×	×	×	×	×	×	×
350	×	×	×	×	×	×	—	×	×	×	×	×	×	×	×	×	×	—
400	×	×	×	×	×	×	—	×	×	×	×	×	×	×	×	×	—	—
450	×	×	×	×	×	×	—	×	×	×	×	×	×	×	×	—	—	—
500	×	×	×	×	×	×	—	×	×	×	×	×	×	×	×	—	—	—
600	×	×	×	×	×	×	—	×	×	×	×	×	×	×	×	—	—	—
700	×	—	—	—	—	—	—	—	—	—	—	×	×	—	—	—	—	—
800	×	—	—	—	—	—	—	—	—	—	—	×	×	—	—	—	—	—
900	×	—	—	—	—	—	—	—	—	—	—	×	×	—	—	—	—	—
1000	×	—	—	—	—	—	—	—	—	—	—	×	×	—	—	—	—	—
1200	×	—	—	—	—	—	—	—	—	—	—	×	×	—	—	—	—	—
1400	×	—	—	—	—	—	—	—	—	—	—	×	×	—	—	—	—	—
1600	×	—	—	—	—	—	—	—	—	—	—	×	×	—	—	—	—	—
1800	×	—	—	—	—	—	—	—	—	—	—	×	×	—	—	—	—	—
2000	×	—	—	—	—	—	—	—	—	—	—	×	×	—	—	—	—	—

管法兰的密封面型式及其代号如图 7-22 所示,各种类型法兰的密封面型式及其适用范围如表 7-19 所示。

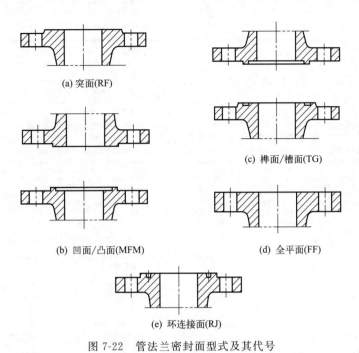

图 7-22 管法兰密封面型式及其代号

表 7-19 各种类型法兰的密封面型式及其适用范围　　　　　单位：mm

法兰类型	密封面型式	公称压力 PN/bar							
		2.5	6	10	16	25	40	63	100	160
板式平焊法兰(PL)	突面(RF)	DN10~DN2000	DN10~DN600				—			
	全平面(FF)	DN10~DN2000	DN10~DN600			—				
带颈平焊法兰(SO)	突面(RF)	—	DN10~DN300	DN10~DN600			—			
	凹面(FM)凸面(M)	—		DN10~DN600			—			
	榫面(T)槽面(G)	—		DN10~DN600			—			
	全平面(FF)	—	DN10~DN300	DN10~DN600		—				
带颈对焊法兰(WN)	突面(RF)	—		DN10~DN2000	DN10~DN600		DN10~DN400	DN10~DN350	DN10~DN300
	凹面(FM)凸面(M)	—			DN10~DN600		DN10~DN400	DN10~DN350	DN10~DN300
	榫面(T)槽面(G)	—			DN10~DN600		DN10~DN400	DN10~DN350	DN10~DN300
	全平面(FF)	—		DN10~DN2000		—				
	环连接面(RJ)	—					DN15~DN400		DN15~DN300

续表

法兰类型	密封面型式	公称压力 PN/bar								
		2.5	6	10	16	25	40	63	100	160
整体法兰（IF）	突面(RF)	—	—	DN10~DN2000		DN10~DN1200	DN10~DN600	DN10~DN400		DN10~DN300
	凹面(FM) 凸面(M)	—	—	DN10~DN600				DN10~DN400		DN10~DN300
	榫面(T) 槽面(G)	—	—	DN10~DN600				DN10~DN400		DN10~DN300
	全平面(FF)	—	DN10~DN2000			—				
	环连接面(RJ)	—						DN15~DN400		DN15~DN300
承插焊法兰（SW）	突面(RF)	—				DN10~DN50		—		
	凹面(FM) 凸面(M)					DN10~DN50				
	榫面(T) 槽面(G)					DN10~DN50				
螺纹法兰（Th）	突面(RF)	—		DN10~DN150				—		
	全平面(FF)	—	DN10~DN150							
对焊环松套法兰（PJ/SE）	突面(RF)	—		DN10~DN600				—		
平焊环松套法兰（PJ/RJ）	突面(RF)	—	DN10~DN600					—		
	凹面(FM) 凸面(M)	—		DN10~DN600						
	榫面(T) 槽面(G)	—		DN10~DN600						
法兰盖（BL）	突面(RF)	DN10~DN2000			DN10~DN1200	DN10~DN600		DN10~DN400		DN10~DN300
	凹面(FM) 凸面(M)	—			DN10~DN600			DN10~DN400		DN10~DN300
	榫面(T) 槽面(G)	—			DN10~DN600			DN10~DN400		DN10~DN300
	全平面(FF)	DN10~DN2000			DN10~DN1200		—			
	环连接面(RJ)	—						DN15~DN400		DN15~DN300
衬里法兰盖[BL(S)]	突面(RF)	—		DN40~DN600				—		
	凸面(M)	—		DN40~DN600						
	槽面(T)			DN40~DN600						

选用标准时,必须已知管法兰的公称直径和公称压力,且管法兰的公称直径与连接的管道公称直径一致。管法兰的公称压力是以设定材料屈服强度 225MPa 为基准,计算得到的不同工作温度下最大允许工作压力,当法兰的材料和工作温度不同时,最大允许工作压力会降低或升高。因此,确定管法兰的公称压力等级时,也要根据管法兰的工作温度和法兰材料综合考虑。钢制管法兰材料及类别号如表 7-20 所示,表中所示管法兰用材料的使用压力-温度范围尚应遵循相关标准、规范的要求。$PN6$ 和 $PN10$ 钢制管法兰用材料最大允许工作压力分别如表 7-21 和表 7-22 所示。

表 7-20 钢制管法兰用材料

类别号	类别	钢板		锻件		铸件	
		材料牌号	标准编号	材料牌号	标准编号	材料牌号	标准编号
1C1	碳素钢	—	—	A105 16Mn 16MnD	GB/T 12228 NB/T 47008 NB/T 47009	WCB	GB/T 12229
1C2	碳素钢	Q345R	GB/T 713.2	—	—	WCC LC3、LCC	GB/T 12229 JB/T 7248
1C3	碳素钢	16MnDR	GB/T 713.3	08Ni3D 25	NB/T 47009 GB/T 12228	LCB	JB/T 7248
1C4	碳素钢	Q235A,Q235B 20 Q245R 09MnNiDR	GB/T 3274 (GB/T 700) GB/T 711 GB/T 713.2 GB/T 713.3	20 09MnNiD	NB/T 47008 NB/T 47009	WCA	GB/T 12229
1C9	铬钼钢 (1~1.25Cr-0.5Mo)	14Cr1MoR 15CrMoR	GB/T 713.2 GB/T 713.2	14Cr1Mo 15CrMo	NB/T 47008 NB/T 47008	WC6	NB/T 11268
1C10	铬钼钢 (2.25Cr-1Mo)	12Cr2Mo1R	GB/T 713.2	12Cr2Mo1	NB/T 47008	WC9	NB/T 11268
1C13	铬钼钢 (5Cr-0.5Mo)	—	—	1Cr5Mo	NB/T 47008	ZG16Cr5MoG	GB/T 16253
1C14	铬钼钒钢 (9Cr-1Mo-V)	—	—	—	—	C12A	NB/T 11268
2C1	304	06Cr19Ni10	GB/T 713.7	0Cr18Ni9	NB/T 47010	CF3 CF8	GB/T 12230 GB/T 12230
2C2	316	06Cr17Ni12Mo2	GB/T 713.7	0Cr17Ni12Mo2	NB/T 47010	CF3M CF8M	GB/T 12230 GB/T 12230
2C3	304L 316L	022Cr19Ni10 022Cr17Ni12Mo2	GB/T 713.7 GB/T 713.7	00Cr19Ni10 00Cr17Ni14Mo2	NB/T 47010 NB/T 47010	—	—
2C4	321	06Cr18Ni11Ti	GB/T 713.7	0Cr18Ni10Ti	NB/T 47010	—	—
2C5	347	06Cr18Ni11Nb	GB/T 713.7	—	—	—	—
12E0	CF8C	—	—	—	—	CF8C	GB/T 12230

注:1.管法兰材料一般应采用锻件或铸件,不推荐用钢板制造。钢板仅可用于法兰盖、衬里法兰盖、板式平焊法兰、对焊环松套法兰、平焊环松套法兰。

2.表列铸件仅适用于整体法兰。

3.管法兰用对焊环可采用锻件或钢管制造(包括焊接)。

表 7-21　PN6 钢制管法兰用材料最大允许工作压力　　　　　　　　　　　　　单位：bar

法兰材料类别号	工作温度/℃																			
	20	50	100	150	200	250	300	350	375	400	425	450	475	500	510	520	530	540	550	575	600
1C1	6.0	6.0	6.0	5.8	5.6	5.4	5.0	4.7	4.6	4.0	3.3	2.3	1.5	1.0	—	—	—	—	—	—	—
1C2	6.0	6.0	6.0	6.0	6.0	6.0	5.5	5.3	5.1	4.0	3.3	2.3	1.5	1.0	—	—	—	—	—	—	—
1C3	6.0	6.0	5.8	5.7	5.5	5.2	4.8	4.6	4.5	3.8	3.1	2.3	1.5	1.0	—	—	—	—	—	—	—
1C4	5.5	5.4	5.0	4.8	4.7	4.5	4.1	4.0	3.9	3.5	3.0	2.2	1.5	1.0	—	—	—	—	—	—	—
1C9	6.0	6.0	6.0	6.0	6.0	6.0	5.6	5.5	5.4	5.1	4.1	2.9	2.5	2.2	1.9	1.6	1.4	1.0	0.7		
1C10	6.0	6.0	6.0	6.0	6.0	6.0	6.0	6.0	6.0	5.9	5.8	5.7	4.3	3.3	3.0	2.7	2.3	2.0	1.7	1.2	0.8
1C13	6.0	6.0	6.0	6.0	6.0	6.0	6.0	5.6	5.4	3.6	2.4	2.2	1.9	1.7	1.5	1.4	1.0	0.7			
1C14	6.0	6.0	6.0	6.0	6.0	6.0	6.0	6.0	6.0	6.0	5.2	3.5	3.0	2.6	2.3	1.9	1.7	1.2	0.8		
2C1	5.5	5.3	4.5	4.1	3.8	3.6	3.4	3.2	3.1	3.1	3.0	2.9	2.9	2.9	2.8	2.8	2.7	2.4	1.9		
2C2	5.5	5.3	4.6	4.2	3.9	3.7	3.5	3.3	3.3	3.2	3.2	3.1	3.1	3.1	3.1	3.1	3.1	2.8	2.3		
2C3	4.6	4.4	3.8	3.4	3.1	2.9	2.8	2.6	2.6	2.5	2.5	2.4	—	—	—	—	—	—	—		
2C4	5.5	5.3	4.9	4.5	4.2	4.0	3.7	3.6	3.5	3.5	3.4	3.4	3.3	3.3	3.3	3.3	3.3	3.2	2.9	2.3	
2C5	5.5	5.4	5.0	4.7	4.4	4.1	3.9	3.8	3.7	3.7	3.7	3.7	3.7	3.7	3.6	3.6	3.6	3.5	3.0	2.3	
12E0	5.3	5.1	4.7	4.4	4.1	3.9	3.6	3.5	—	3.3		3.3		3.2					3.1		2.3

表 7-22　PN10 钢制管法兰用材料最大允许工作压力　　　　　　　　　　　　　单位：bar

法兰材料类别号	工作温度/℃																				
	20	50	100	150	200	250	300	350	375	400	425	450	475	500	510	520	530	540	550	575	600
1C1	10.0	10.0	10.0	9.7	9.4	9.0	8.3	7.9	7.7	6.7	5.5	3.8	2.6	1.7	—	—	—	—	—	—	—
1C2	10.0	10.0	10.0	10.0	10.0	10.0	9.3	8.8	8.5	6.7	5.5	3.8	2.6	1.7	—	—	—	—	—	—	—
1C3	10.0	10.0	9.7	9.4	9.2	8.7	8.1	7.7	7.5	6.3	5.3	3.8	2.6	1.7	—	—	—	—	—	—	—
1C4	9.1	9.0	8.3	8.1	7.9	7.5	6.9	6.6	6.5	5.9	5.0	3.8	2.6	1.7	—	—	—	—	—	—	—
1C9	10.0	10.0	10.0	10.0	10.0	10.0	9.72	9.4	9.2	9.0	8.8	8.6	6.8	4.9	4.2	3.7	3.2	2.8	2.4	1.7	1.1
1C10	10.0	10.0	10.0	10.0	10.0	10.0	10.0	10.0	10.0	9.9	9.7	9.5	7.3	5.5	5.0	4.4	3.9	3.4	2.9	2.0	1.3
1C13	10.0	10.0	10.0	10.0	10.0	10.0	10.0	9.9	9.7	9.4	9.1	6.0	4.1	3.6	3.3	2.9	2.6	2.3	1.7	1.2	
1C14	10.0	10.0	10.0	10.0	10.0	10.0	10.0	10.0	10.0	10.0	10.0	8.7	5.9	5.0	4.4	3.8	3.3	2.9	2.0	1.4	
2C1	9.1	8.8	7.5	6.8	6.3	6.0	5.6	5.4	5.4	5.2	5.1	5.0	4.9	4.9	4.8	4.8	4.8	4.7	4.6	4.0	3.2
2C2	9.1	8.9	7.8	7.1	6.6	6.1	5.8	5.6	5.5	5.5	5.3	5.3	5.2	5.2	5.2	5.2	5.2	5.1	5.1	4.7	3.8
2C3	7.6	7.4	6.3	5.7	5.3	4.9	4.6	4.4	4.3	4.2	4.2	4.1	—	—	—	—	—	—	—		
2C4	9.1	8.9	8.1	7.5	7.0	6.6	6.3	6.0	5.9	5.8	5.7	5.7	5.6	5.6	5.5	5.5	5.5	5.5	5.4	4.9	3.9
2C5	9.1	9.0	8.3	7.8	7.3	6.9	6.6	6.4	6.3	6.2	6.2	6.2	6.1	6.1	6.1	6.1	6.1	6.0	5.8	5.0	3.8
12E0	8.9	8.4	7.8	7.3	6.9	6.4	6.0	5.8	—	5.6		5.4		5.3		5.2			5.1	—	3.8

按设计压力、设计温度，选择接管法兰的压力等级和密封面形式，尚应考虑介质毒性或易燃易爆特性等。

HG/T 20583—2020 中规定：对于盛装爆炸危险介质和中度毒性危害介质的容器，容器接管法兰的公称压力等级选用不应低于 1.6MPa；对于盛装极度和高度毒性危害介质、强渗透性介质的容器，容器接管法兰的公称压力等级选用不应低于2.0MPa；对于盛装极度和高度毒性危害介质、强渗透性的中度毒性危害介质、液化石油气的容器，其接管法兰应选用带颈对焊法兰；对于低温工况、高温工况以及疲劳工况下的容器的接管法兰，应选用带颈对焊法兰。

标记方法：HG/T 20592　法兰（或法兰盖）①②-③　④　⑤　⑥　⑦

①——法兰类型代号，见图7-21；

②——公称直径，适用于本标准A系列钢管的法兰，其标记A可省略，适用于本标准B系列钢管的法兰标记为$DN\times\times\times(B)$，mm；

③——公称压力，bar；

④——密封面型式代号，见图7-22；

⑤——钢管壁厚，mm；

⑥——材料牌号；

⑦——其他，如附加要求或采用与标准规定不一致的要求等。

标记示例1：公称直径$DN200$，公称压力$PN6$，配用公制管的突面板式平焊钢制管法兰，材料为Q235A，其标记为：

　　　　　HG/T 20592　法兰　PL200(B)-6　RF　Q235A

标记示例2：公称直径$DN150$，公称压力$PN160$，配用英制管的凹面带颈对焊钢制管法兰，材料为16Mn，钢管壁厚为10mm 其标记为：

　　　　　HG/T 20592　法兰　WN150-160 FM $S=10$mm 16Mn

标记示例3：公称直径$DN300$，公称压力$PN25$，配用英制管的凸面钢制管法兰盖，材料为20钢，其标记为：

　　　　　HG/T 20592　法兰盖　BL300-25　M　20

7.5　容器支座

容器的支座用来支承容器的重量，并将其固定在需要的位置上。在某些情况下，支座还要承受操作时设备的振动、地震力及风载荷等。支座按容器自身的形式分为卧式容器支座、立式容器支座和球形容器支座。

7.5.1　卧式容器支座及标准

卧式容器支座有圈座式、支承式和鞍座式三种，如图7-23所示。支承式支座结构简单，但其支反力会给壳体造成很大的局部应力，故只适用于小型容器；圈座式不仅对圆筒具有加强作用，且当支座多于两个时较鞍座式受力好，真空容器或壁厚较薄的容器可以采用圈座式；对于换热器、卧式容器等，则大多采用鞍座式（简称鞍式）。

(1) 鞍式支座的设置

置于鞍座上的圆筒形容器与梁相似，而梁弯曲产生的应力与支点的数目和位置有关。多支点在梁内产生的应力较小，但当容器采用三个及三个以上的鞍座时，有可能受鞍座高度偏差及基础的不均匀沉降或圆筒不直、不圆等因素的影响而产生鞍座平面的附加弯矩或使鞍座反力分配不均，反而使容器的局部应力增大，因此卧式容器一般多采用双鞍座。对L/D_i很大，如比值大于15且壁厚较薄的卧式容器，为避免鞍座跨距过大导致圆筒产生严重变形及应力过大，可以考虑采用三个及以上鞍座。

采用双鞍座时，鞍座应具有最佳的配置位置，以减小圆筒的应力。其配置应考虑下述原则。

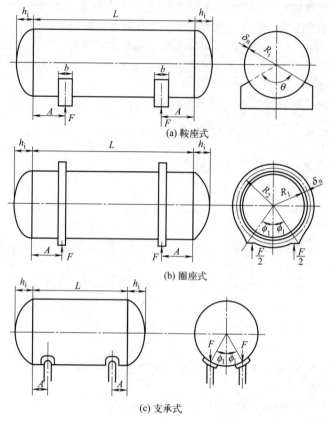

图 7-23 卧式容器支座

① 图 7-23(a) 所示双鞍卧式容器，按材料力学计算可知，当外伸长度 $A=0.207L$ 时，跨中截面的弯矩与鞍座平面的弯矩绝对值相等。为了减小鞍座平面的最大弯矩，使其应力分布合理，一般取 $A \leqslant 0.2L$，其中 L 为两封头切线间的距离，A 为鞍座中心线至封头切线的距离。

② 当鞍座邻近封头时，封头对鞍座平面圆筒有刚性加强作用。为了充分利用这一加强效应，在满足 $A \leqslant 0.2L$ 的情况下应尽量使 $A \leqslant 0.5R_a$（R_a 为圆筒中面半径）。

无论是双鞍座还是多鞍座，均只有一个为固定鞍座，其余为滑动鞍座，以减少圆筒因热胀冷缩等因素对鞍座产生的附加载荷。为双鞍座时，固定鞍座通常设于接管较大、较多的一端。为三鞍座时，固定鞍座应设于中间，以减少滑动端的位移量。

(2) 鞍式支座的结构及标准

鞍式支座通常由数块钢板焊接制成。如图 7-24 所示，鞍座由垫板、腹板、筋板和底板构成。垫板的作用是改善圆筒局部受力情况，通常与圆筒焊接。筋板的作用是将垫板、腹板和底板连成一体，加大刚性，一起有效地传递压缩力和抵抗外弯矩。

根据底板上螺栓孔形状的不同，鞍座分成两种型式：一种为固定式（代号 F）鞍座，鞍座底板上开圆形螺栓孔；另一种为滑动式（代号 S）鞍座，鞍座底板上开长圆形螺栓孔。

NB/T 47065.1—2018《容器支座 第1部分：鞍式支座》标准中的鞍座包角有 120°和 150°两种，鞍座宽度则随圆筒直径的增大而加大。按照承重不同，有轻型（A型）和重型（B型）两种结构，其型式特征如表 7-23 所示。公称直径 $DN \leqslant 950mm$ 的容器，重型鞍座又分为带垫板和不带垫板两种结构形式。该标准适用范围为 $DN168 \sim 6000mm$。

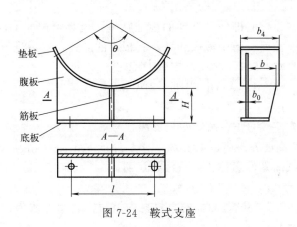

图 7-24 鞍式支座

表 7-23 鞍式支座型式特征

型式			包角	垫板	筋板数	适用公称直径 DN/mm
轻型	焊制	A	120°	有	4	1000～2000
					6	2100～4000
						4100～6000
重型	焊制	BⅠ	120°	有	1	168～406
						300～450
					2	500～950
					4	1000～2000
					6	2100～4000
						4100～6000
		BⅡ	150°	有	4	1000～2000
					6	2100～4000
						4100～6000
		BⅢ	120°	无	1	168～406
						300～450
					2	500～950
	弯制	BⅣ	120°	有	1	168～406
						300～450
					2	500～950
		BⅤ	120°	无	1	168～406
						300～450
					2	500～950

鞍式支座的选用步骤如下：

① 已知设备总重，算出作用在每个鞍座的实际负荷 Q；

② 根据容器的公称直径和鞍座高度，从 NB/T 47065.1 中可查出轻型（A 型）和重型（B 型）两个允许负荷值 $[Q]$；

③ 按照允许负荷大于等于实际负荷，即 $[Q] \geqslant Q$ 的原则选定轻型或重型。如果实际负荷超过重型鞍座的允许负荷值时，则需加大腹板、筋板厚度，并进行鞍座设计计算。

值得注意的是，在设计时即使是选择的标准鞍座，也必须按照 NB/T 47042—2014《卧式容器》计算圆筒鞍座截面、跨中截面和鞍座腹板中的应力，然后进行强度校核。

标记方法：NB/T 47065.1—2018，支座 ①②-③

①——支座型号（A、BⅠ、BⅡ、BⅢ、BⅣ、BⅤ）；

②——公称直径，mm；

③——固定鞍式支座代号 F，滑动鞍式支座代号 S。

注 1：若鞍式支座高度 h、垫板宽度 b_4、垫板厚度 δ_4、底板滑动长孔长度 l 与标准尺寸不同，则应在设备图纸的零件名称栏或备注栏注明。

如：$h=450$，$b_4=200$，$\delta_4=12$，$l=30$。

注 2：鞍式支座材料应在设备图样的材料栏内填写，表示方法为：支座材料/垫板材料。无垫板时只注明支座材料。

标记示例 1：$DN325$，120°包角，重型不带垫板，标准尺寸的弯制固定式鞍座，材料为 Q235B，其标记为：

NB/T 47065.1—2018，支座 BⅤ 325-F

材料栏内注：Q235B

标记示例 2：$DN1600$，150°包角，重型滑动鞍座，材料为 Q345R，垫板材料为 S30408，鞍座高度 $h=400mm$，垫板厚度 $\delta_4=12mm$，滑动长孔长度 $l=60mm$，其标记为：

NB/T 47065.1—2018，支座 BⅡ1600-S，$h=400$，$\delta_4=12$，$l=60$

材料栏内注：Q345R/S30408

7.5.2 立式容器支座及标准

立式容器支座有腿式、耳式、支承式和裙式。对于高大直立设备一般采用的裙式支座将在 8.2 节塔设备中介绍。下面仅介绍腿式支座、耳式支座、支承式支座。

（1）腿式支座

腿式支座如图 7-25 所示，由支柱、垫板、盖板和底板组成，支柱采用角钢或钢管制作，支座与容器的连接位于筒体的下侧。这种支座适用于小型直立容器的支承，安装在刚性基础上。当容器公称直径 $DN=300\sim2000mm$，且容器的总高 H 与公称直径 DN 之比 $\dfrac{H}{DN}\leqslant 5$ 时，可根据 NB/T 47065.2—2018《容器支座 第 2 部分：腿式支座》选用。

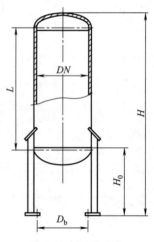

图 7-25 腿式支座

腿式支座的支腿布置如图 7-26 所示，型式特征如表 7-24 所示。

表 7-24 腿式支座型式特征

型式	支座号	适用容器公称直径 DN/mm
角钢支柱 （不带垫板 AN、带垫板 A）	1	300
	2	400~500
	3	600~700
	4	800~900
	5	1000~1100
	6	1200~1300

续表

型式	支座号	适用容器公称直径 DN/mm
钢管支柱 (不带垫板 BN、带垫板 B)	1	600~700
	2	800~900
	3	1000~1100
	4	1200~1300
	5	1400~1500
	6	1600
H 型钢支柱 (不带垫板 CN、带垫板 C)	1	1000
	2	1100~1200
	3	1300~1400
	4	1500~1600
	5	1700~1800
	6	1900~2000

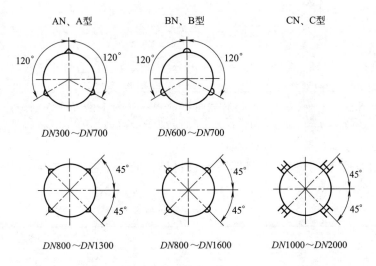

图 7-26 支腿布置

标记方法：NB/T 47065.2—2018，支腿 ①②-③-④
①——支座型号（A、AN、B、BN、C、CN）；
②——支座号，见表 7-24；
③——支承高度，mm；
④——垫板厚度 δ_a（对于 A、B、C 支腿标注此项），mm。

标记示例1：容器公称直径 DN800，角钢支柱支腿，不带垫板，支承高度 $H_0=900$mm，其标记为：

NB/T 47065.2—2018，支腿 AN4-900

标记示例2：容器公称直径 DN1200，钢管支柱支腿，带垫板，垫板厚度 $\delta_a=10$mm，支承高度 $H_0=1000$mm，其标记为：

NB/T 47065.2—2018，支腿 B4-1000-10

(2) 耳式支座

耳式支座（简称耳座）又称悬挂式支座，这种支座广泛应用于中小型直立容器的支承。它通常由垫板、两块筋板及底板焊接而成，通过垫板与容器筒体（或夹套）焊接在一起，有时为了增加刚性还需用一盖板将两块筋板焊接起来，如图 7-27 所示。底板上开有通孔，可供安装定位用。一般容器采用 2～4 个支座支承。容器通常是通过支座搁置在钢梁、混凝土基础或其他设备上。

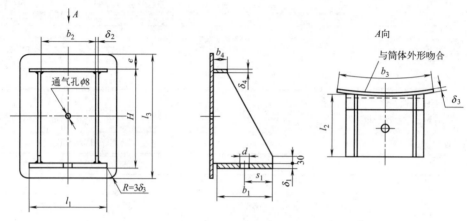

图 7-27 耳式支座

NB/T 47065.3—2018《容器支座 第 3 部分：耳式支座》适合于 $DN300\sim4000$mm 的容器，有 A、B 和 C 三种型式。A 型用于一般立式钢制焊接容器，B、C 型适用于安装尺寸较大、一般容器外面包有保温层或者将容器直接放置在楼板上的立式钢制焊接容器。设计时可根据容器的公称直径 DN 和标准中附录 A 规定的方法计算耳座承受的实际载荷、选取标准支座，并对支座处圆筒所承受的弯矩进行校核。

耳式支座的型式特征如表 7-25 所示。垫板材料一般应与容器材料相同，筋板与底板材料分为三种，其代号如表 7-26 所示。

表 7-25 耳式支座型式特征

型式		支座号	盖板	适用容器公称直径 DN/mm
短臂	A	1	无	300～600
		2		500～1000
		3		700～1400
		4		1000～2000
		5		1300～2600
		6	有	1500～3000
		7		1700～3400
		8		2000～4000
长臂	B	1	无	300～600
		2		500～1000
		3		700～1400
		4		1000～2000
		5		1300～2600

续表

型式		支座号	盖板	适用容器公称直径 DN/mm
长臂	B	6	有	1500～3000
		7		1700～3400
		8		2000～4000
加长臂	C	1	有	300～600
		2		500～1000
		3		700～1400
		4		1000～2000
		5		1300～2600
		6		1500～3000
		7		1700～3400
		8		2000～4000

表 7-26 材料代号

材料代号	Ⅰ	Ⅱ	Ⅲ
支座的筋板和底板材料	Q235B	S30408	15CrMoR
允许使用温度/℃	-20～200	-100～200	-20～300

标记方法：NB/T 47065.3—2018，耳式支座 ①②-③

①——支座型号（A、B、C）；

②——支座号（1～8）；

③——支座材料代号（Ⅰ、Ⅱ、Ⅲ）。

注1：若垫板厚度 δ_3 与部分尺寸不同，则在设备图纸中零件名称或备注栏注明。

注2：支座及垫板的材料应在设备图样的材料栏内标注，表示方法如下：支座材料/垫板材料。

标记示例1：A 型，3 号耳式支座，支座材料为 Q235B，垫板材料为 Q245R，其标记为：

NB/T 47065.3—2018，耳式支座 A3-Ⅰ

材料栏内注：Q235B/Q245R

标记示例2：B 型，4 号耳式支座，支座材料为 Q235B，垫板材料为 S30408，垫板厚 12mm，其标记为：

NB/T 47065.3—2018，耳式支座 B4-Ⅰ，$\delta_3=12$

材料栏内注：Q235B/S30408

(3) 支承式支座

支承式支座通常作为高度不大的直立容器的支承，支座焊接在容器的下封头上。典型的支承式支座如图 7-28 所示，它由筋板、底板和垫板组成，有时为了增加刚性还需用一侧面盖板将两块筋板焊接起来。支承式支座也可用钢管制成，如图 7-29 所示。底板上有螺栓孔，可用螺栓固定在地基上。

当容器公称直径 $DN=800\sim4000$mm，且圆筒长度 L 与公称直径 DN 之比 $\dfrac{L}{DN}\leqslant 5$，容器总高度 $H_0\leqslant 10$m 时，可根据 NB/T 47065.4—2018《容器支座 第 4 部分：支承式支座》

选用。设计时可根据容器的公称直径 DN 和标准中附录 A 规定的方法计算支承式支座承受的实际载荷,选取标准支座。

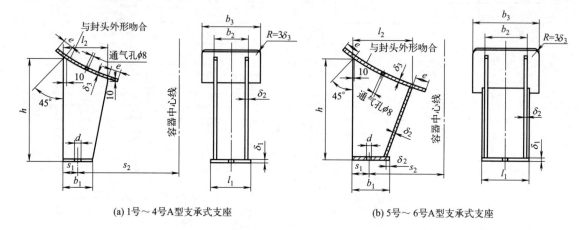

图 7-28 A 型支承式支座

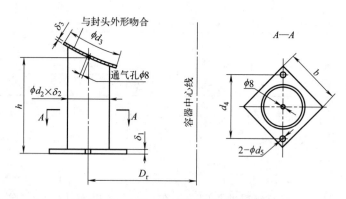

图 7-29 1号~8号 B 型支承式支座

支承式支座的型式特征如表 7-27 所示。垫板材料一般应与容器材料相同,支座使用性能如表 7-28 所示。

标记方法:NB/T 47065.4—2018,支座 ①②

①——支座型号(A、B);

②——支座号(1~8)。

注1:若支座高度 h、垫板厚度 δ_3 与标准尺寸不同,则应在设备图纸的零件名称或备注栏中注明。

注2:支座及垫板材料应在设备图样的材料栏内标注,表示方法如下:支座材料/垫板材料。

标记示例1:钢板焊制的3号支承式支座,支座材料为 Q235B,垫板材料为 Q245R,其标记为:

NB/T 47065.4—2018,支座 A3

材料栏内注:Q235B/Q245R

标记示例2:钢管制作的4号支承式支座,支座高度为 600mm,垫板厚度为 12mm,钢管材料为10钢,底板材料为 Q235B,垫板材料为 S30408,其标记为:

NB/T 47065.4—2018,支座 B4,$h=600$,$\delta_3=12$

材料栏内注:10,Q235B/S30408

表 7-27　支承式支座型式特征

型式		支座号	盖板	适用容器公称直径 DN/mm
钢板制作	A	1	无	800～1000
		2		1100～1400
		3		1500～1800
		4		1900～2200
		5	有	2400～2600
		6		2800～3000
钢管制作	B	1	无	800～900
		2		1000～1200
		3		1300～1600
		4		1700～2200
		5		2400～2600
		6		2800～3200
		7		3400～3600
		8		3800～4000

表 7-28　支承式支座使用性能

支座类型	A 型支座	B 型支座
材料牌号	Q235B	10
允许使用温度/℃	－20～200	

思考题

7-1　压力容器及零部件标准化有何意义？标准化的基本参数有哪些？

7-2　补强元件有哪几种结构？各有何特点？

7-3　采用补强圈补强时，GB/T 150 对其使用范围作了何种限制？为什么要作这些限制？

7-4　法兰垫片密封的原理是什么？影响密封的因素有哪些？

7-5　为什么垫片不是越宽越好、越厚越好？

7-6　法兰垫片密封面型式有哪些？各有何特点？

7-7　法兰的结构形式有哪些？各有何特点？

7-8　选择标准法兰时，按哪些因素确定法兰的公称压力等级？

7-9　容器支座有哪几种形式？各用于什么场合？

习　题

7-1　有一受内压圆筒形容器，两端为标准椭圆形封头，内径 $D_i=1000$mm，计算压力为 2.5MPa，设计温度 300℃，材料为 Q345R，名义厚度 $\delta_n=14$mm，腐蚀裕量 $C_2=2$mm，

焊接接头系数 $\phi=0.85$。圆筒上接管 a 规格为 $\phi 89 \times 6.0$mm，封头顶部接管 b 规格为 $\phi 219 \times 8$mm，材料均为 20 号无缝钢管。试问上述开孔结构是否需要补强？为什么？若需要，试用等面积法进行开孔补强设计。

7-2 一内径 800mm 的精馏塔，操作温度 300℃，操作压力为 0.5MPa；其筒体与封头由法兰连接，出料管为公制管，其公称通径为 100mm。

① 筒体法兰和接管法兰应各按哪个法兰标准选用？二者可否由同一标准选用？为什么？

② 筒体与封头连接法兰如选用甲型平焊法兰的凹面法兰，法兰材料选用 20 钢锻件，试确定该法兰的公称压力等级，并写出其法兰标记。

③ 出料管如按欧洲管法兰标准体系选用带颈凹面平焊钢制管法兰，法兰材料选用 20 钢锻件，试确定该管法兰的公称压力等级，并写出其法兰标记。

能力训练题

试述压力容器及零部件标准化的意义，并通过查阅我国压力容器及零部件标准化的历程，分析中外压力容器及零部件发展存在差距的主要原因以及缩小差距的措施。

过程设备机械基础

8 典型过程静设备

静设备可用于储存、换热、分离、反应等不同的生产过程,应根据具体的工艺流程和操作条件对其进行选择和设计。同时,在静设备的使用过程中,需要保持设备的良好状态,减少设备的损耗,提高生产效率。

8.1 换热设备

换热设备是在不同温度物料间进行热量交换的设备,用于物料的加热升温、再沸、蒸发或冷却降温、冷凝等。其作用是改变或维持物料的温度或相态,满足各种工艺操作的不同要求;进行余热回收,提高能量利用率,从而节能增效。

换热设备在化工、炼油、冶金、动力、食品、制药、家电等领域均有广泛应用。在化工厂中,换热设备的费用约占设备总投资的15%~20%,在炼油厂中则高达40%。换热设备的经济性与可靠性将直接影响到产品的质量和企业效益。

在过程工业中,常见的换热设备有加热器、冷却器、冷凝器、再沸器、过热器和废热锅炉等。在这类设备中,高温介质对低温介质加热升温,而低温介质则对高温介质冷却降温,进行热量交换,故这些设备亦统称为换热器(热交换器)。生产中,绝大多数换热器都是利用换热性能良好的固体壁面将两种流体介质隔开,通过壁面进行热量交换。这类换热器均属于间壁式换热设备,应用最为广泛以及结构类型最为繁多,其中又以管式换热设备最为多见。

8.1.1 管壳式换热器结构类型及特点

管壳式换热器又称为列管式换热器,它具有坚固耐用、可靠性高、适用性强和选材广等优点。管壳式换热器都包括圆筒壳和装在其内的管束等。按照管束在圆筒壳内的装设方式,有固定管板式、浮头式、U形管式、填料函式换热器和釜式重沸器等类型。我国颁布有GB/T 151—2014《热交换器》国家标准,对该类换热器的设计、制造和检验等均作了详细规定和要求。管壳式换热器的设计或选用除应满足规定的工艺条件外,还需满足下述基本要求:

ⅰ. 换热效率高；
ⅱ. 流体流动阻力小，即压降小；
ⅲ. 结构可靠，制造成本低；
ⅳ. 便于安装、检修。

(1) 固定管板式换热器

图 8-1 所示为带立式支座的固定管板式换热器，换热器的管端以焊接或胀接的方法固定在两块管板上，而管板则以焊接的方法与壳体相连。与其他型式的管壳式换热器相比，结构简单，当壳体直径相同时，可排列的管数更多，制造成本较低；管内不易积聚污垢，即使产生污垢也便于清洗；如果换热管发生泄漏或损坏，也可以通过堵管或换管进行处理。但是这种换热器管外表面无法进行机械清洗，壳程适合处理洁净的介质。另一个主要的缺点是，因换热管与壳体连为一体，二者间刚性约束大，易产生温差应力，特别是在壁温差或材料的线胀系数相差较大时，在壳体与换热管中的温差应力将达到很大的数值。当温差应力大到超过允许值时，通常要在壳体上设置膨胀节，以减少温差应力。

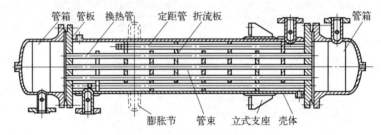

图 8-1　固定管板式换热器

固定管板式换热器适用于壳程介质清洁、不易结垢、管程能进行清洗，以及温差不大或温差虽大但其应力仍可得到补偿、壳程压力不高的场合。

(2) 浮头式换热器

如图 8-2 所示，浮头式换热器的一块管板与壳体用螺栓连接固定，而另一端管板与浮头盖由垫片和螺栓进行密封，称为浮头管板。浮头管板与壳体无固定连接，可以沿轴向自由移动，管束和壳体变形互不约束，故不会产生温差应力，且管束可以抽出筒壳之外，便于管内外的清洗。缺点是结构较复杂，材料用量较大，较固定管板式造价约高 20%。另外，浮头盖垫片密封处在操作运行中无法检查，有泄漏发生时常常无法发现。

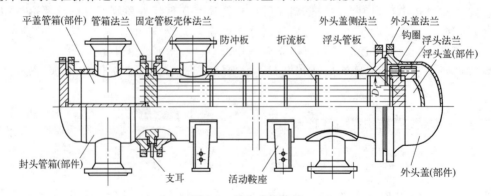

图 8-2　浮头式换热器

浮头式换热器适用于管壳程温差较大和介质易结垢需要清洗的工况，通常用于温度 450℃ 及压力 6.4MPa 以下。

(3) U形管式换热器

如图8-3所示，U形管式换热器由管箱、圆筒壳体和U形管管束等组成。它只有一块管板，管的两端固定在同一块管板上。结构较简单，在高温、高压下耗材量最小。其特点为：管束可以自壳内抽出，管外便于机械清洗，但位于管板中心处则清洗困难；U形管管束可以沿轴向自由伸缩，当管壳间有温差时，也不会产生温差应力，适用于高温高压工况；受弯管曲率半径的限制，管板上布管较少，管板利用率低，且内层换热管损坏后无法更换，只能堵管，换热管报废率高。

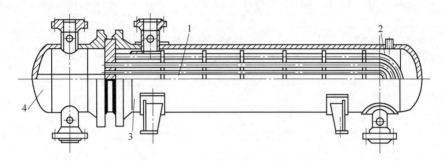

图8-3 U形管式换热器
1—中间挡板；2—U形换热管（U形管）；3—壳体；4—管箱

U形管式换热器适用于管壳程温差大，或壳程介质易结垢需要清洗而管内介质清洁不易结垢的高温、高压和腐蚀性较强的情况。

(4) 填料函式换热器

填料函式换热器如图8-4所示。其结构与浮头式换热器类似，但壳体与浮动管板之间采用填料密封来防止介质的渗漏混合。管束可沿轴向自由滑动，不会产生管壳间的温差应力；管束也可由壳内抽出，管内外均可清洗，维修方便；结构较简单，材料消耗较浮头式约低10%。缺点是填料处易泄漏，且壳程操作温度受填料材料性能限制，温度和压力均不宜过高。

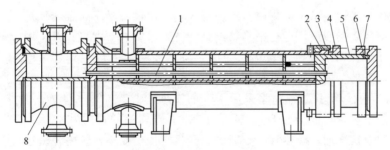

图8-4 填料函式换热器
1—换热管；2—填料；3—填料函；4—填料压盖；5—浮动管板裙；
6—部分剪切环；7—活套法兰；8—管箱

填料函式换热器适用于温度200℃、压力2.5MPa以下的工况，且不适用于有毒、易燃、易爆、易挥发及贵重介质场合。

(5) 釜式重沸器

釜式重沸器（图8-5）是属于带蒸发空间的管壳式换热器。其壳体内管束上部设有适当的液体蒸发空间，同时兼有蒸汽室的作用。管束可以是固定管板式、浮头式或U形管式等不同结构形式。换热管可以是光管，也可以是波纹管、螺纹管和翅片管等高效换热管。

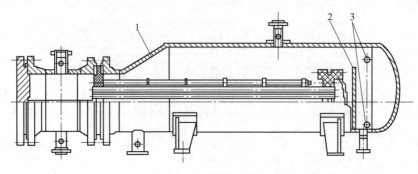

图 8-5 釜式重沸器
1—偏心锥壳；2—堰板；3—液面计接口

8.1.2 管壳式换热器设计概要

换热器设计包括工艺设计和机械设计两部分。工艺设计在先，机械设计要根据工艺设计的结果和要求进行。

(1) 工艺设计

换热器工艺设计需根据生产流程的实际操作参数，如限定的冷、热介质进出口温度和压降等，选定一些参数，通过试算，初步确定换热器的结构形式和主要工艺参数，如所需换热面积、壳体直径、介质走向、换热管规格及其排列方式等。然后再做进一步的计算和校核，直到符合工艺要求为止。同时还应参照国家有关系列化标准，尽可能地选用已有的定型产品结构参数。

工艺计算的具体内容步骤本书不作讨论，以下简要介绍工艺计算和结构设计需要选择确定的几个问题。

① 换热管规格、排列方式及管心距　列管式换热器多采用光滑圆管制造，因其结构简单、制造容易。在需要提高传热效率时，亦可采用波纹管等异形管，但造价会有所增加。

采用小直径换热管，单位体积内传热面积大，可使设备紧凑、金属耗量少，传热效率也会有所提高，但制造较麻烦，运行中易结垢且清洗困难。通常大直径管宜用于黏性大或污浊介质，而小直径管宜用于较清洁流体。为满足降压要求，一般宜选用 $\phi 19$ 以上的换热管；为方便清洗，对于易结垢介质，宜选用 $\phi 25$ 以上的换热管；对于气液两相流介质，常采用 $\phi 32$ 大直径管；在火焰直接加热时多采用 $\phi 76$ 的换热管。

我国的标准换热管长最小为 1m，最大为 12m。最常用的管长为 3m 和 6m。在管径和换热面积一定时，管长增加，换热管根数减少，壳程直径也减小，管内外流速均增加，传热性能会提高，但压降就会上升，故换热管不宜太长。卧式换热器，管长与壳内径之比在 6～10 之间，立式为 4～6。

换热管在管板上的排列方式，常用的如图 8-6 所示，有正三角形、正方形和转角正三角形、转角正方形等。正三角形排列在一定的管板面积上排管数量多，故用得最普遍，但管外不易清洗，适用于壳程不易结垢或壳程不需要清洗的工况。正方形排列的管外空间较三角形排列大，利于壳程清洗，但布管数要少 10% 以上。

管心距与换热管直径、排列方式及其与管板的连接方式等有关。例如在采用三角形排列时，其管心距一般应不小于 1.25 倍管外径，以保证管外壁间小桥有足够的强度，不同换热管径的管心距应按 GB/T 151 的规定确定。

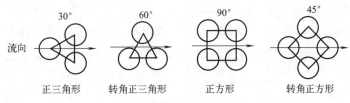

图 8-6　换热管排列方式

② 管程分程与壳程折流

i. 管程分程。介质由换热管的一端流到另一端称为一个管程。只有一个管程时，结构最简单，称为单管程换热器。在换热管长度和数量一定时，为了提高管内流速和传热效率，常采用管程分程的方法，使介质在管束内的流通面积减小、流程加长和流速提高。例如将原为单程的管程分为两程后，则其流通面积即减小一半，流程增加一倍，这对提高传热效率和防垢都是有利的。我国规定有 1、2、4、6、8、10、12 等七种分程数，最常用的是 2 管程和 4 管程。图 8-7 为 2、4 管程管箱中隔板的布局图。其中平行设置利于管箱内残液排尽和接管方便，对上下叠放的卧式换热器应优先采用；T 字形设置可排更多的换热管，且均为两管程共用一块隔板，但管箱接管不在正上下方，对接管连接不太方便。

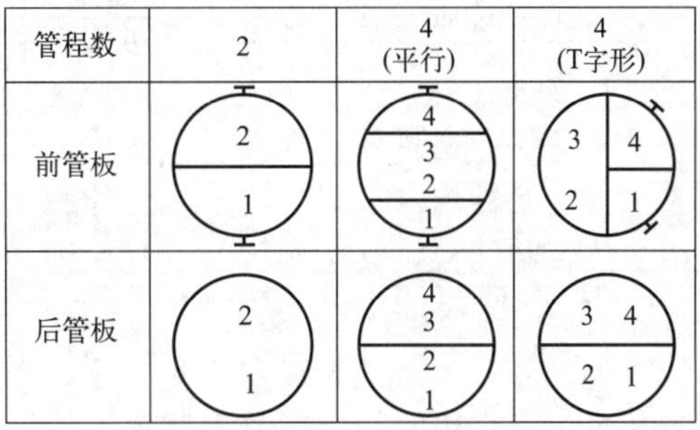

ii. 壳程折流。为提高介质流速，壳程亦可分程，使介质在壳内沿轴向往返流动，但这会使制造装配难度增加。为此，工程中多采用将几台单壳程换热器串联起来，使介质在壳程内往复流动。对于单台换热器，为增加介质的湍流程度，提高壳程传热系数，减少结垢，通常是在管束外侧设置一定数量的折流板。

图 8-7　管程分程布置

常用的折流板有弓形和圆环-圆盘两种。弓形又分为单弓形、双弓形和三弓形三种。其中单弓形结构及制造装配最简易，应用最普遍。但当换热器壳径较大，且折流板数量少、间距大时，单弓形折流板的背后会存在介质局部滞留，对传热不利，这时可以采用双弓形甚至三弓形折流板予以改善，但却会使制造安装趋于复杂。图 8-8 所示为三种弓形折流板的形状及其相应介质在壳内的流向。由图可知，介质在折流板间反复横穿换热管流过，使湍流加剧，传热性能提高，但阻力也增大了。

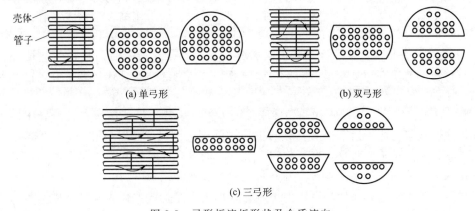

图 8-8　弓形折流板形状及介质流向

单弓形折流板的缺口弦高，常为 0.20 倍和 0.25 倍壳内径。折流板一般按等距设置，最小间距应不小于 1/5 壳内径，且不小于 50mm，最大间距应不大于壳内径。标准系列折流板间距有 100mm、150mm、200mm、300mm、450mm、600mm 等，可参照壳程直径大小及具体工艺要求合理选定。

（2）机械设计

换热器机械设计要满足工艺设计提出的传热面积和压降的要求。在此前提下，机械设计应使设备具有足够的强度，保证安全持久运行。

GB/T 151《热交换器》国家标准，对固定管板式、浮头式、U 形管式和填料函式等类型管壳式换热器的设计、制造、检验和验收等均作了规定和要求，其中对结构设计与强度计算规定尤为详尽。该标准的适用参数为公称直径 $DN \leqslant 4000mm$，设计压力 $PN \leqslant 35MPa$。

8.1.3 管壳式换热器结构设计

管壳式换热器通常由管箱、管壳和管束三大部件组成，如图 8-1～图 8-5 所示。

（1）管束

管束主要由换热管、管板、折流板、拉杆、定距管、防冲板、导流元件及防短路元件等构成。这些元件均位于壳内的换热管外侧，对壳程的传热和流体阻力有直接影响。下面重点介绍换热管和管板，其余元件的设置原则和结构尺寸均可由 GB/T 151 查取。

① 换热管材料与质量等级　根据工作压力、温度和介质的腐蚀性能等，换热管材料可以是碳钢、低合金钢、不锈钢、铜、钛、铝合金等金属，也可以是石墨、陶瓷、聚四氟乙烯等非金属。最常用的是碳钢及不锈钢。设计时应按照 GB/T 151 的规定采用相应标准的无缝钢管。

管束的质量分为 I 级和 II 级。I 级管束由较高精度的换热管组成，II 级管束由普通精度的换热管组成。当换热管采用不锈钢和有色金属时，由于其精度较高，全部为 I 级管束；当换热管采用碳钢和低合金钢时，除有较高精度外，还有普通精度供货。I 级管束换热管质量优于 II 级管束换热管质量，如 I 级管束换热管壁厚较为均匀、偏差小等。另外，I 级管束管板及折流板上的管孔加工偏差较 II 级管束的小，因而 I 级管束可得到更高质量的胀接和焊接接头，并有利于防止和减小换热管的振动，对整个管束的附加应力也较小。

I 级管束适用于无相变、大流速和易产生振动等苛刻工况；II 级管束适用于重沸、冷凝传热和无振动的工况。

② 管板材料与坯料类型　管板受力复杂，是重要的受压元件。管板上开有管孔和分程隔板密封槽，在兼作法兰时，还有法兰密封面以及为与筒壳连接焊缝制备的坡口槽或凸肩等。管板多用碳钢或低合金钢制成，在有耐腐蚀要求时，应采用高合金钢或复合钢板。管板采用复合板可节约费用 20%～30%。复合板有不锈钢-碳钢、钛-碳钢和堆焊层-碳钢等。

③ 换热管与管板的连接　换热器的失效绝大多数发生在换热管与管板的连接处。因此换热管与管板的连接必须具有足够的抗拉脱强度和防漏密封性。其连接方式有胀接、焊接和胀焊结合三种。

ⅰ.胀接。胀接法分为机械胀接和柔性胀接两大类。后者包括液压胀接、液袋胀接、橡胶胀接和爆炸胀接等。胀接后既要有足够的抗拉脱强度，同时又要严密不漏时，称为强度胀。不管何种胀接法，都是使管壁扩胀产生塑性变形，而管孔同时扩胀产生弹性变形，对管壁形成弹性压应力，从而达到结合紧密不漏并且具有足够的连接强度。

胀接法便于维修和更换换热管，但不宜在高温下工作。因为在高温时胀接处的残余应力会因应力松弛而逐渐减小或消失，从而降低密封性与抗拉脱力。GB/T 151 规定胀接法适用

于设计压力 $p \leqslant 4.0$MPa 和设计温度 $t \leqslant 300$℃ 以及无振动、无过大的温度波动、无明显的应力腐蚀倾向的场合。

ⅱ. 焊接。当因温度或压力过高而不能采用胀接法时,可以采用焊接法。焊接法管孔不需要开槽,加工简单;焊接强度高,抗拉脱力强;当有泄漏时,可以进行补焊;维修时也可采用专用刀具更换换热管,比胀接方便。一般情况下,焊接法的适用压力和温度无限制,但不适用于有较大振动与有缝隙腐蚀倾向的场合。因为在焊接处存在残余应力及应力集中,会加剧振动引起的疲劳破坏;另外,管孔与换热管外壁间存在缝隙,其积存介质与缝隙外介质浓度有差别,会产生缝隙腐蚀。

ⅲ. 胀焊结合。有些操作工况,例如高温、高压,换热管与管板的连接处受到反复热变形、热冲击、腐蚀与流体压力的作用,很容易受到破坏,如单独采用胀接或焊接均难以满足要求,但胀焊结合可较好地解决这类问题。胀焊结合有强度胀加密封焊与强度焊加贴胀两种方式。前者是换热管与管板连接的密封性及抗拉脱强度主要由胀接来保证,辅之以焊接使密封性更好;后者则相反,密封性及抗拉脱强度主要由焊接来保证,辅之以贴胀。贴胀是指消除管外壁与孔壁之间缝隙的轻度胀接,其胀度较小,通常控制胀度 $K=2\%$。

对于胀焊结合的两种方式,一般认为以先焊后胀较好。因为若先胀后焊,则胀接时存留的油污会在焊接高温下形成气体进入焊缝,使焊缝产生气孔,影响焊接质量。先焊后胀则不存在此问题,但可能在胀接时使焊缝开裂,为此要求控制距离管板外表面 15mm 以上范围内不进行胀接,以防胀管时焊缝受到损坏。

胀焊结合适合的工况为:承受振动、疲劳及交变载荷,有缝隙腐蚀或密封性要求较高,为复合管板等。

(2) 管板与壳体的连接

在固定管板式换热器中,管板与壳体均采用焊接连接,是不可拆的。其结构形式分为管板兼作法兰和不兼作法兰两种,如图 8-9(a)、(b) 所示。

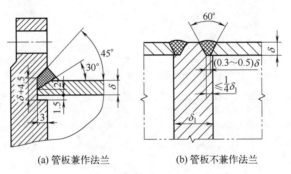

(a) 管板兼作法兰　　(b) 管板不兼作法兰

图 8-9　管板与壳体焊接

对于需要将管束抽出来清洗的浮头式、U 形管式和填料函式换热器,管板与壳体采用可拆式连接,如图 8-10 所示。

(3) 管箱

管箱的作用是将从管程进口管输送来的流体均匀送入各换热管和将管内流体汇集到管程出口管。多管程换热器的管箱内有按图 8-7 设置的分程隔板,其材料与圆筒短接相同,焊于管箱内表面上。隔板端部与管板密封槽相配,形成压紧密封面。水平隔板上应开设有 6mm 直径排净孔。

管箱有不同结构形式,图 8-11 是常见的两种。其中图 8-11 (a) 具有不可拆的薄壳封头,壁薄省材料,适用于管程较清洁介质,因检查或清洗管内时,必须拆下管箱,不太方便；图 8-11 (b) 具有可拆平盖封头，检查清洗管内时不必拆下管箱，仅将平盖拆下即可，但平盖厚度大，且多了一个相配的法兰，耗材较多。

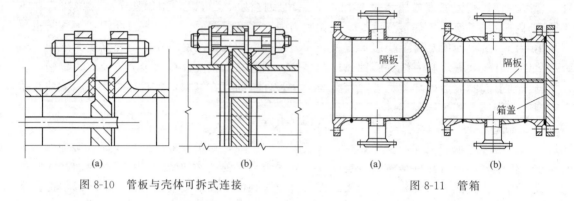

图 8-10　管板与壳体可拆式连接　　　　　图 8-11　管箱

(4) 膨胀节

膨胀节是可以轴向伸缩的弹性补偿元件，能有效地补偿轴向变形，大大减小因膨胀变形差引起的管板应力、换热管和壳程圆筒的轴向应力及换热管与管板连接的拉脱力。

固定管板式换热器是否设置膨胀节，不能简单地按温差大小来确定，而必须按 GB/T 151 管板计算中计入膨胀变形差的三种工况所计算出的六个应力来判定，详见 8.1.4 节。当三种工况中有一个应力不满足限制条件时，首先考虑可否通过改变有关元件的结构尺寸或将换热管与管板由胀接改为焊接的方法予以满足，无法满足时即可在壳体上设置膨胀节。

固定管板式换热器中采用的膨胀节大多为 U 形，即波形膨胀节，其次是 Ω 形，如图 8-12 所示。波形膨胀节由塑性良好的低强度钢板模压而成，其结构有单波与多波和单层与多层之分。而 Ω 形膨胀节由无缝钢管弯制而成，其壁内应力仅与钢管的直径和壁厚有关，与壳体直径几乎无关。因此，在换热器直径大或压力高时，应优先考虑采用 Ω 形膨胀节。

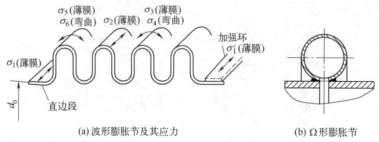

图 8-12　膨胀节

σ_1，σ_2，σ_3，σ_4，σ_1'—压力引起的应力；σ_5，σ_6—轴向位移引起的应力

我国颁布有 GB/T 16749—2018《压力容器波形膨胀节》标准，设计时应优先按标准选用，必要时可自行设计。

8.1.4　管板强度计算

管板与仅受均布载荷或集中载荷的圆平板不甚相同，其结构与受载均较复杂，影响强度的因素更多，使管板的强度计算也变得复杂。目前各国对管板的计算都是对影响强度的诸多因素作一定的简化假定后得到的近似厚度公式。由于各自的简化假定不尽相同，所以各国管板计算公式也不相同，计算结果存在不同程度的差异。例如美国列管式热交换器制造商协会

(TEMA)标准和日本工业标准(JIS),是将管板视为周边支承条件下受均布载荷的圆平板,用平板理论弯曲应力公式,考虑管孔的削弱,再引入经验性修正系数来计算管板厚度,其公式简单,使用方便,但精确性较差。英国 BS 标准和我国 GB/T 151 标准都是将管板作为放置在弹性基础上受轴对称载荷的多孔圆平板,既考虑了管束作为弹性基础的弹性反力的加强作用,又考虑了管孔的削弱作用,分析较全面,但计算复杂。目前,BS 标准被多数国家采用。

(1) 结构对管板应力的影响与简化假设

① 管束对管板在外载荷作用下的挠度和转角具有支承约束作用,可以减小管板中的应力。但其中转角约束对管板的应力影响很小,可予以忽略,仅计对管板挠度的影响,并用换热管加强系数 K 来表示。K 反映了管束作为弹性基础相对于管板自身抗弯刚度的大小,即管束对管板承载能力的加强作用,K 值越大,表明管束加强作用越大。

② 管孔对管板的整体刚度和强度具有削弱作用,并用刚度削弱系数 η 和强度削弱系数 μ 来表征其削弱作用。GB/T 151 中规定取 $\eta=\mu=0.4$。

③ 将管板划分为中心部分的多边形布管区及其周边的不布管区两部分。多边形布管区,有管孔削弱,用直径为 D_t 的当量圆取代,直径为 D_t 的当量圆面积近似等于布管区多边形面积;周边不布管区简化为圆环板,无管孔削弱,会使管板边缘应力下降。

④ 管板周边支承条件,即封头、壳体、法兰、螺柱、垫片系统对管板弯曲变形及应力均有影响。对转角的影响用管板边缘旋转刚度无量纲参数 $\widetilde{K}_f$ 表征。$\widetilde{K}_f$ 越大,该系统对管板边缘的转角约束越大,管板周边支承越接近固支。周边支承对管板应力的影响用管板边缘力矩系数 $\widetilde{M}$ 来体现。

(2) 管板的危险工况

管板设计时应考虑各种载荷的危险组合工况,而各组合工况下的管板应力则是几种载荷分别作用时应力的叠加。对于压力载荷 p_t 和 p_s,在操作中不可能保证总是同时作用,因此规定考虑单独作用和同时作用的危险组合工况。GB/T 151 对不同型式换热器的危险工况均作了规定。例如固定管板式换热器,其危险组合工况有三种,即:当只有管程设计压力 p_s,而壳程设计压力 $p_t=0$ 时,按不计膨胀差和同时考虑膨胀差进行计算;当只有管程设计压力 p_t,而壳程设计压力 $p_s=0$ 时,亦按不计膨胀差和同时考虑膨胀差进行计算;当既有管程设计压力 p_t,又有壳程设计压力 p_s 时,亦按不计膨胀差和同时考虑膨胀差进行计算。

(3) 管板设计中的计算应力及其强度限制

在管板设计时,需要计算的管板应力视换热器的结构类型而异。对于固定管板式换热器的管板,GB/T 151 规定要对以下六个应力进行计算校核:管板最大径向应力 σ_r、管板布管区周边的剪切应力 τ_p、壳体法兰应力 σ'_f(仅对管板延长部分兼做法兰的热交换器计算)、换热管和壳程圆筒的轴向应力 σ_t 和 σ_c、换热管与管板连接的拉脱力 q。

对上述各应力,GB/T 151 按应力分类分别给予不同强度限制条件。压力在换热管和壳体内产生的一次总体薄膜应力,因沿壁厚均布,限其 $\leqslant[\sigma]^t$(材料设计温度下许用应力);压力及法兰力矩在管板中引起的径向应力为非自限性的,但因沿截面线性分布,为一次弯曲应力,限其 $\leqslant 1.5[\sigma]^t$;换热管、壳体膨胀差引起的管板应力,因变形协调产生,具有自限性,为二次应力,初次加载不会使结构破坏,但反复加载可产生疲劳破坏失去稳定性,限其 $\leqslant 3[\sigma]^t$。

有关管壳式换热器管板设计中各种应力的计算内容与步骤及具体公式可详见 GB/T 151。

8.2 塔设备

塔设备是过程工业中的重要单元操作设备之一，无论是在投资还是能耗方面，都占据了举足轻重的地位。据统计，塔设备在全部工艺设备中的投资比重仅次于换热设备，例如在炼油及煤化工中约占 22%～35%。

按过程原理和功用，塔设备可以分为精馏塔、吸收塔、解吸塔、萃取塔、反应塔和干燥塔等。但按塔内的结构形式，上述各类塔仅可划分为板式塔和填料塔两大类。板式塔内设置着一系列塔盘，作为传质传热元件；而填料塔无塔盘，其传质传热元件是堆放于塔内的填料。

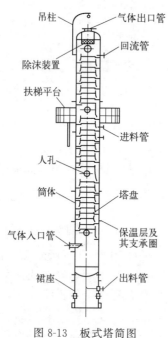

图 8-13 板式塔简图

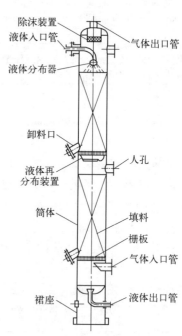

图 8-14 填料塔简图

由图 8-13 和图 8-14 可知，不论板式塔还是填料塔，其基本结构组成均可概括为：
① 塔体　包括筒体、封头及连接法兰等；
② 塔内件　主要指塔盘或填料，其次有支承结构及气体、液体的分配和分离装置等；
③ 塔体支座　一般为裙式支座（裙座）；
④ 附件　包括人孔、进出料管、仪表接管及塔外的扶梯平台、保温层及其支承圈和塔顶吊柱等。

对于板式塔和填料塔，以上各部分中，只有塔内件具有显著差异，而其余各部分的结构、形状及功能几乎是相同的。

8.2.1 塔设备载荷分析

塔设备一般直立安装于室外，多属高耸的大型结构压力容器设备。它既承受操作压力和重力等静载荷，又承受风及地震的动载荷。动载荷的大小和方向是随时间变化的，其大小与设备的自振周期、振型和阻尼等自振特性参数有关。

可见，在对塔设备进行分析计算时，必须确定其自振周期或频率。

(1) 塔的自振周期

自振周期对塔承受的风载荷与地震载荷均有影响：自振周期大，风的脉动性增强，从而使水平风力加大；自振周期变化，地震影响系数也变化，从而影响水平地震力的大小。因此，自振周期计算结果将直接影响塔的动载荷计算精确度。

图 8-15 是下端刚性固定于地面，顶端具有集中单质点自由度结构的振动模型。在不计自身质量和阻尼时，根据振动理论，其自振周期 T 为

$$T = 2\pi\sqrt{my} \tag{8-1}$$

式中　m——顶端质点的质量，kg；
　　　y——顶端质点在单位力作用下的位移，即柔度，m/N。

式（8-1）表明，单自由度结构的自振周期与其质量和柔度密切相关，质量和柔度愈大，自振周期也愈大。多自由度结构亦如此。

塔设备的质量并不像单质点自由度结构那样集中于塔顶，而是沿塔全高连续分布或分段连续分布。故任何一个塔均可视为有无限个质量点，即无限个自由度体系。为便于分析计算，常把连续分布段简化为多自由度体系，而每个自由度体系均对应一个固有自振频率。因此塔的振动具有多个固有自振频率，其中最低的频率称为基本固有频率或称基本频率，而其余由低到高依次为第二、第三频率。对应于任意一个频率，塔振动后的变形曲线称为振型。显然塔设备的振动也具有多个振型，如图 8-16 所示。

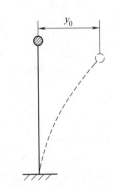

图 8-15　顶端单质点自由度

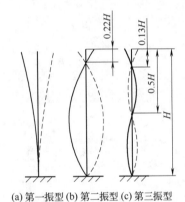

(a) 第一振型 (b) 第二振型 (c) 第三振型

图 8-16　塔设备振型

与基本固有频率相对应的自振周期最大，称为基本固有自振周期或基本自振周期。塔设备的自振周期及振型主要取决于其质量和刚性的分布状况，其次为阻尼等外部因素。其自振周期计算有解析法、折算质量法及有限元法等几种，常依塔的质量与刚性分布而选择其中合适的计算方法。NB/T 47041—2014《塔式容器》对等直径等壁厚等截面塔采用解析法，而对不等直径不等壁厚变截面塔则采用折算质量法。

① 等截面塔　等截面塔，即等直径等壁厚塔，其质量和刚性特点是沿塔高不变化，呈连续分布，故其振动状态可用时间与坐标的连续函数来描述。即将塔简化为顶端自由、底端刚性固定、质量及刚度沿高度连续分布的悬臂梁，当做垂直于轴线方向振动时，主要产生横向弯曲变形，塔的振动只需要横向位移（挠度）来表征。此时采用解析法求解其自振周期，可得精确的计算结果。据此，对于等直径等壁厚和材料密度与弹性模量均相同的等截面塔，作为无限自由度体系，其无阻尼振动方程为

$$\frac{d^4 y}{dx^4} - \frac{\overline{m}\omega^2}{EI} y = 0 \tag{8-2}$$

式中 x——沿塔高任意截面的坐标；

y——塔振动时在 x 处的位移；

I——横截面惯性矩；

E——弹性模量；

$\bar{m}$——单位高度的质量；

ω——塔的自振圆频率，其与塔的自振周期关系为

$$T = \frac{2\pi}{\omega} \tag{8-3}$$

求解式（8-2）和式（8-3），可得塔的前三个振型对应的自振周期分别为

$$T_1 = 1.79\sqrt{\frac{\bar{m}H^4}{EI}}, \quad T_2 = 0.285\sqrt{\frac{\bar{m}H^4}{EI}}, \quad T_3 = 0.102\sqrt{\frac{\bar{m}H^4}{EI}}$$

对于圆柱形塔，若其质量 m_0 单位为 kg，单位高度的质量为 $\bar{m} = \frac{m_0}{H}$；塔的横截面惯性矩近似取 $I = \frac{\pi}{8}D_i^3 \delta_e$；$H$、$D_i$、$\delta_e$ 分别为塔的总高、内径及有效厚度，单位均为 mm；E 的单位为 MPa。

则上述各式可变得更为简明，即

$$T_1 = 90.33H\sqrt{\frac{m_0 H}{E\delta_e D_i^3}} \times 10^{-3} \text{ (s)} \tag{8-4}$$

$$T_2 = 14.42H\sqrt{\frac{m_0 H}{E\delta_e D_i^3}} \times 10^{-3} \text{ (s)} \tag{8-5}$$

$$T_3 = 5.11H\sqrt{\frac{m_0 H}{E\delta_e D_i^3}} \times 10^{-3} \text{ (s)} \tag{8-6}$$

式中，T_1 为塔的第一振型自振周期，即基本自振周期；T_2 和 T_3 分别为第二和第三振型的自振周期，且可近似取 $T_2 = \frac{T_1}{6}$ 和 $T_3 = \frac{T_1}{18}$。

② 变截面塔 变截面塔的质量与刚度沿高度分布是不连续的，但一般是分段连续，亦具有无限个自由度。若把每个分段内沿高度均布的连续质量简化为作用于该段中点处的集中质量，就可以使塔由无限的自由度体系变为有限的自由度体系（见图 8-17）。但多自由度的自振周期不易采用解析法求解，故常用折算质量法求其近似解。

折算质量法就是将上述多自由度体系中的所有集中质量振动产生的最大动能之和与一个单质点自由度体系振动产生的最大动能相等。基于此点，就可采用式（8-1）单质点理论式计算变截面塔的自振周期，即 $T = 2\pi\sqrt{my}$。但式中 m 与 y 分别为折算质量和塔顶单位作用力时的位移，由下式确定：

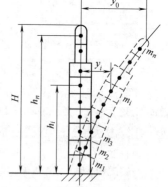

图 8-17 变截面塔简化为多质点体系

$$m = \sum_{i=1}^{n} m_i \left(\frac{h_i}{H}\right)^3, \quad y = \frac{1}{3}\left[\sum_{i=1}^{n}\frac{H_i^3}{E_i^t I_i} - \sum_{i=2}^{n}\frac{H_i^3}{E_{i-1}^t I_{i-1}}\right]$$

将 m 及 y 值代入式（8-1），即得不等直径、不等壁厚变截面塔的基本自振周期计算公

式如式（8-7）。且同样可取其第二振型自振周期为 $T_2 = \dfrac{T_1}{6}$。

$$T_1 = 114.8 \sqrt{\sum_{i=1}^{n} m_i \left(\dfrac{h_i}{H}\right)^3 \left(\sum_{i=1}^{n} \dfrac{H_i^3}{E_i^t I_i} - \sum_{i=2}^{n} \dfrac{H_i^3}{E_{i-1}^t I_{i-1}}\right)} \times 10^{-3} \quad \text{(s)} \tag{8-7}$$

式中　　H——包括塔顶封头在内的塔体总高，mm；

H_i——第 i 段底部截面至塔顶的距离，mm；

h_i——第 i 段集中质量点（中点）距地面的高度，mm（H、H_i、h_i 见图 8-18）；

n——塔体分段数，自下而上由小到大；

m_i——第 i 段的集中质量，kg；

E_i^t，E_{i-1}^t——分别为第 i 段、第 $i-1$ 段壳体的设计温度下的弹性模量，MPa；

I_i，I_{i-1}——为第 i 段、第 $i-1$ 段截面惯性矩，mm^4；对于圆柱壳 $I_i = \dfrac{\pi}{8}(\delta_{ei} + D_{ii})^3 \delta_{ei}$，

其中 δ_{ei} 为第 i 段塔体的有效厚度，mm；D_{ii} 为第 i 段塔内直径，mm。

(2) 风载荷

风载荷对塔的作用可作如下表述：

风载荷→塔 ⎰ 迎风面→风压 q ⎰ 平均静风压 q →顺风向水平风力→顺风向风弯矩→顺风向弯曲
　　　　　⎱　　　　　　　　　 K_{2i}
　　　　　　　　　　　　　　　⎱ 阵风脉动风压→顺风向摇晃振动
　　　　　⎱ 背风面→卡门涡街→垂直风向交变横推力→横风向交变弯矩→横风向摇晃振动

不难看出，风会使塔在两个方向产生弯矩。其中顺风向风弯矩包括平均静风压产生的静弯矩和脉动风压产生的动弯矩，而横风向弯矩则是在塔的背风面由风的诱导振动所引起，属动载荷。

① 顺风向水平风力计算　　风是一种随机变化的载荷，顺风方向的风力是由平均静水平风力和脉动风力两部分组成。前者称稳定风力，属静载荷作用，其值等于风压与塔迎风面积的乘积；后者为脉动阵风，属动载荷，会使塔产生顺风向摇晃振动，计算中可将其折算成静载荷，即将平均静水平风力乘以风振系数 K_{2i}。由此计算出的是平均静风压与脉动风压共同作用产生的顺风方向总水平风力。

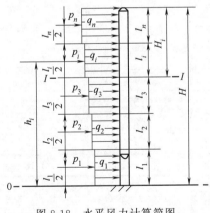

图 8-18　水平风力计算简图

如图 8-18 所示，计算时通常将塔划分为 10m 左右的若干段，并认为每段作用的风压是均布的定值。该定值风压按计算段中点距地面的高度确定。每个塔段所受顺风向的总水平风力，就认为是作用于该中点处的集中力 P_i，由式 (8-8) 计算：

$$P_i = K_1 K_{2i} q_0 f_i l_i D_{ei} \times 10^{-6} \quad \text{(N)} \tag{8-8}$$

式中　　l_i——第 i 计算塔段的长度，mm；

K_1——塔的体型系数，圆柱形塔取 $K_1 = 0.7$；

K_{2i}——第 i 计算段的风振系数；

q_0——基本风压，N/m^2；

f_i——风压高度变化系数，高度取第 i 计算段顶截面的高度；

D_{ei}——第 i 计算段塔体迎风面的有效直径，mm。

以上各参数表明不同因素对水平风力的影响。

i. 基本风压 q_0。以一定速度运动着的风，作用于垂直于风方向的单位平面上的压力称为风压。按流体力学原理，风压 $q=\frac{1}{2}\rho V^2$，可见风压与风速 V 和空气密度 ρ 有关。其中风速又与地区、季节、离地高度及地面阻碍物等因素有关，尤其距地面高度对风压影响显著。因此，为确定风压的大小，必须有一个标准高度作为基准。按此标准高度计算的风压称为基本风压，以 q_0 表示。基本风压是计算风载荷最基本的参数，其值由式（8-9）计算。但我国各地基本风压按 GB 50009—2012 查取，其值不应小于 300N/m^2。

$$q_0=\frac{1}{2}\rho V_0^2 \quad (\text{N/m}^2) \tag{8-9}$$

式中参数我国规定：空气密度取 $\rho=1.25\text{kg/m}^3$；基本风速 V_0 按 50 年内当地空旷平坦地面上 10m 高度处，10min 最大平均风速数据，单位为 m/s。

ii. 风压高度变化系数 f_i。风压高度变化系数 f_i，是任意高度处风压与基本风压的比值。其大小与距地面高度和地面粗糙度有关，高度愈高，风速与风压愈大，但当到达一定高度时，风速会稳定在一定值不再变化，此高度称为梯度风高度。梯度风高度约为 300～500m。塔设备高度通常低于 300m，其任意高度段内的风压是用基本风压 q_0 乘以高度变化系数来确定。我国 150m 以下风压高度变化系数如表 8-1 所示。

表 8-1 风压高度变化系数 f_i

距地面高度 h_i/m	地面粗糙度类别			
	A	B	C	D
5	1.17	1.00	0.74	0.62
10	1.38	1.00	0.74	0.62
15	1.52	1.14	0.74	0.62
20	1.63	1.25	0.84	0.62
30	1.80	1.42	1.00	0.62
40	1.92	1.56	1.13	0.73
50	2.03	1.67	1.25	0.84
60	2.12	1.77	1.35	0.93
70	2.20	1.86	1.45	1.02
80	2.27	1.95	1.54	1.11
90	2.34	2.02	1.62	1.19
100	2.40	2.09	1.70	1.27
150	2.64	2.38	2.03	1.61

注：A 类系指近海海面、海岸、海岛、湖岸及沙漠地区；B 类系指田野、乡村、丛林、丘陵及住房比较稀疏的中小城镇和大城市郊区；C 类系指有密集建筑群的城市市区；D 类系指有密集建筑群且房屋较高的城市市区。

iii. 体型系数 K_1。K_1 表征塔的受风表面结构对风压的影响。不同形状的结构，在相同风速下，其风压分布是不同的。试验表明，对于细长的圆柱形结构，当雷诺数 $Re \geqslant 4\times 10^5$ 时，$K_1=0.4\sim 0.7$。我国绝大多数地区的塔设备，其 $Re > 4\times 10^5$，故在大多塔的设计中取

$K_1 = 0.7$,对矩形迎风面才有 $K_1 = 1$。

ⅳ. 风振系数 K_{2i}。K_{2i} 表征阵风脉动风压在水平风力中的影响程度,其值为全部总风压与静风压之比。如前所述,基本风压 q_0 是 10min 内的平均稳定静风压,并未考虑随时间变化的脉动风压的影响。而 K_{2i} 是考虑脉动风压后平均静风压的放大系数。静风压 q_0 乘以 K_{2i} 后,就将单纯的静风压折算成了含有脉动风压二者共同作用的风压。K_{2i} 与塔的高度、自振周期及其振型等因素有关。我国标准规定,塔高 $H \leqslant 20m$ 时,$K_{2i} = 1.70$;$H > 20m$ 时,可按 NB/T 47041《塔式容器》标准中的公式进行计算,这里不作介绍。

ⅴ. 塔体迎风面的有效直径 D_{ei}。塔体迎风面有效直径 D_{ei},包括计算段内所有受风构件迎风面的宽度,取其总和。

当笼式扶梯与塔顶管线布置成 180°时:
$$D_{ei} = D_{oi} + 2\delta_{si} + K_3 + K_4 + d_o + 2\delta_{ps}$$

当笼式扶梯与塔顶管线布置成 90°时,因二者不会同时受风载,取下列两式中的较大值:
$$D_{ei} = D_{oi} + 2\delta_{si} + K_3 + K_4$$
$$D_{ei} = D_{oi} + 2\delta_{si} + K_4 + d_o + 2\delta_{ps}$$

式中　D_{oi}——塔体第 i 段外直径,mm;

　　　δ_{si}——塔体保温层厚度,mm;

　　　δ_{ps}——塔顶管线保温层厚度,mm;

　　　d_o——塔顶管线外直径,mm;

　　　K_3——笼式扶梯当量宽度,无确定数据时,取 $K_3 = 400mm$;

　　　K_4——操作平台当量宽度,mm,$K_4 = \dfrac{2\sum A}{l_o}$;其中 $\sum A$ 为计算段内平台构件的投影面积(不计空档投影面积),mm^2,取 $\sum A = (0.35 \sim 0.40)2WH$;$l_o$ 为操作平台所在计算段的长度,mm;W 为平台宽度,mm;H 为平台栏杆高度,mm。

② 顺风向风弯矩计算　由式(8-8)计算的每个塔段中的水平风力 P_i 会使塔在顺风方向产生弯矩。将 P_i 视为作用于计算段中点的集中力,则图 8-18 塔上任意截面 I—I 处的风弯矩 M_W^{I-I} 为

$$M_W^{I-I} = P_i \frac{l_i}{2} + P_{i+1}\left(l_i + \frac{l_{i+1}}{2}\right) + P_{i+2}\left(l_i + l_{i+1} + \frac{l_{i+2}}{2}\right) + \cdots \quad (N \cdot mm) \quad (8-10)$$

设计中应按式(8-10)分别对可能的危险截面进行风弯矩计算。例如:塔式容器底截面 0—0 处,具有最大的风弯矩 M_W^{0-0};裙座开孔处的 1—1 截面,因开孔而使其抗弯刚度减小;与裙座相连处塔体上的 2—2 截面,是塔体圆筒上最大风弯矩作用面。因此,这三个截面的风弯矩通常都要计算。在图 8-18 中,裙座底截面 0—0 处的风弯矩,按式(8-10)即变为

$$M_W^{0-0} = P_1 \frac{l_1}{2} + P_2\left(l_1 + \frac{l_2}{2}\right) + P_3\left(l_1 + l_2 + \frac{l_3}{2}\right) + \cdots \quad (N \cdot mm) \quad (8-11)$$

式中　P_i——计算段的顺风向水平风力,N;

　　　l_i——计算段的塔体长度,mm。

塔的横向振动,又称风致诱导振动,其对塔的危害随塔的相对高度增大而加剧。我国规定,对于 $\dfrac{H}{D} > 15$(D 为塔平均直径),且 $H > 30m$ 的塔,除必须计算顺风向水平弯矩(含顺风向脉动作用)外,还应进行横风向风振弯矩计算。

(3) 地震载荷

我国是多地震国家，近年发生的几次大地震均造成了极大危害。塔属高大设备，为防止在地震中直接发生破坏及由此引发二次灾害，必须重视抗震设计。

① 工程地震基本概念

i. 地震震级。表征地震的强弱程度，是指一次地震震源所释放的能量大小。每发生一次地震，只有一个震级。目前国际通用的里氏地震级共有12个级别，震级越高释放能量越大。震级相差一级，其释放能量相差32倍。

ii. 地震烈度。指某地区遭受地震后工程设施等的宏观破坏程度。烈度不仅与地震级别有关，还与震源深度、震中距离等有关。一次地震波及的不同地区可以有不同的烈度。一般是震中区的烈度最大，距震中愈远烈度愈小。国际通用的是将地震烈度分为12度，度数愈大，破坏愈严重。震中区烈度与震级的关系如表8-2所示。

表8-2 震中区烈度与震级的关系

里氏震级	4	5	6	7	8	8级以上
地震烈度	4~5	6~7	7~8	9~10	11	12

地震烈度又有基本烈度与设防烈度之分。前者在我国是指50年内，一个地区可能遭遇到的最大烈度；而设防烈度是人为规定的作为一个地区抗震设防依据的烈度，通常由国家主管部门规定的权限审定。一般情况下设防烈度可以采用基本烈度。在塔的设计中，我国规定的设防烈度由低到高依次有7、8、9三个级别。由表8-2可知，在5级地震区的塔就有可能要进行抗震设计。

对于塔设备，在15~20年的设计寿命期内，遭遇大地震的概率很低，而且钢材的塑性好，较一般砖混结构的塑性储备大，不易产生严重破坏。实际上，在已发生的国内外著名大地震中，均未发现塔设备的塔体和裙座壳发生破坏，仅是地脚螺栓有的被拉长、拉断或从基础中被拉脱。故塔的抗震设计主要是进行强度和稳定性验算，控制其在弹性变形范围内，一般不做变形验算和结构处理。

iii. 设计地震分组及设防烈度。大地震调查表明，地震引起的破坏，与震级、距震中的距离和场地结构类别等因素有关。同样的地震级别，在不同的地区引起的破坏也不同，对不同地区的抗震设防应区别对待。为此，我国将设计地震进行分组并规定其设防烈度，如表8-3所示。根据塔的安装所在地区，利用该表可以确定是否要进行抗震计算及所需的设防烈度和相应的设计基本地震加速度。表中示出，全国划分成三个设计地震组，每个组均有7、8、9三个不同的抗震设防烈度。对塔设备而言，抗震设防烈度低于7度时，不必进行抗震计算。

表8-3 部分城镇地区的设计地震分组

设防烈度/度		7		8	9	
设计基本地震加速度		0.1g	0.15g	0.2g	0.3g	0.4g
设计地震分组	第一组	上海、南京、大连、沧州、淄博	天津、濮阳	北京、唐山、汕头	海口、天水	西昌、古浪、台中
	第二组	东营	泉州	兰州、独山子	喀什	塔什库尔干
	第三组	连云港	汉源	伽师		

iv. 地震影响系数曲线——地震设计反应谱。地震破坏的动力是地震力，而地震力的大小受诸多因素的影响，如震级、震中距、场地土类别及结构的阻尼比等。为此，在计算地震

力时引入地震影响系数 α 来反映各种因素的影响,并由大量的地震实际记录统计的平均值,制成图 8-19 所示的 α-T 地震影响系数曲线图供设计使用。该图又称地震设计反应谱。

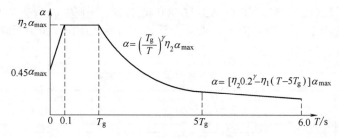

图 8-19　地震影响系数曲线

α—地震影响系数;α_{max}—地震影响系数最大值;γ—衰减指数;T—结构自振周期;

T_g—特征周期;η_1—直线下降段的下降斜率调整系数;η_2—阻尼调整系数

图中横坐标为特征周期 T_g 和结构自振周期 T。其中特征周期 T_g 是曲线部分下降区段的起始点对应的周期值,它与地震分组和场地土类别有关。我国规定有三个设计地震分组,并按坚硬、中硬、中软和软弱将场地土依次分为 Ⅰ～Ⅳ 类,其中 Ⅰ 类又分为 I_0、I_1 两个亚类。分组与场地土配合不同,其特征周期即不同,如表 8-4 所示。由表可知,设计分组愈高(震中距愈大),场地土愈软,特征周期就愈大。在震级和震中距相同条件下,在较软场地土上地震的位移幅度较大,周期较长,对自振周期较大的柔性结构造成的破坏也大。

根据特征周期 T_g 和结构自振周期 T,可以计算任意振型时的地震影响系数 α。即当 $T=0.1\sim T_g$ 时,α 按平台段所示公式 $\eta_2 \alpha_{max}$ 计算;当 $T \geqslant (1\sim 5)T_g$ 时,α 按曲线下降段所示公式计算;当 $T > 5T_g$ 时,α 按直线下降段所示公式计算。

表 8-4　特征周期 T_g　　　　　　　　　　　　　　　　　　　　单位:s

设计地震分组	场地土类别				
	I_0	I_1	Ⅱ	Ⅲ	Ⅳ
第一组	0.20	0.25	0.35	0.45	0.65
第二组	0.25	0.30	0.40	0.55	0.75
第三组	0.30	0.35	0.45	0.65	0.90

图 8-19 中纵坐标 α 为地震影响系数,它反映地震强弱、结构的阻尼和自振周期等对地震力的影响,其值由式(8-12)计算:

$$\alpha = \overline{C_z} K \beta \tag{8-12}$$

式中　$\overline{C_z}$——各种结构综合影响(如振型等)系数的平均值,取 $\overline{C_z}=0.35$;

　　　K——地震系数,表征地震强弱的影响,其值为设计基本地震加速度与重力加速度的比值,设防烈度增加一度,K 值提高一倍,如表 8-5 所示;

　　　β——结构的动力放大系数,表征结构对地面运动物理量的放大效应,其最大值 $\beta_{max}=2.25$。

表 8-5　地震影响系数最大值 α_{max}

设防烈度/度	7		8		9
地震系数 K	0.1	0.15	0.2	0.3	0.4
设计基本地震加速度	0.1g	0.15g	0.2g	0.3g	0.4g
地震影响系数最大值	0.08	0.12	0.16	0.24	0.32

将 $\overline{C_z}=0.35$ 及 $\beta_{max}=2.25$ 代入上式即得地震影响系数最大值 $\alpha_{max}=0.7875K$。

图 8-19 α-T 曲线是采用动力放大系数最大值 $\beta_{max}=2.25$ 和结构阻尼比 $\zeta=0.05$ 制订的，但实际结构并非都是如此。故还要根据实际结构的特征周期 T_g、自振周期 T 和调整系数 η_1、η_2 等按曲线段所示公式进行修正，求取设计所用 α 值。图 8-19 中发现，有关调整系数均与阻尼比 ζ 有关，均可由公式计算，但由表 8-6 查取更方便。

表 8-6 地震影响系数计算参数

ζ	η_2	γ	$0.2^\gamma \eta_2$	η_1
0.01	1.42	1.01	0.279	0.029
0.02	1.27	0.97	0.267	0.026
0.03	1.16	0.94	0.256	0.024
0.05	1.00	0.90	0.235	0.020
0.07	0.90	0.87	0.222	0.017
0.10	0.79	0.84	0.204	0.013

注：对应 $\zeta=0.05$ 的系数认为是标准的地震影响系数计算参数。

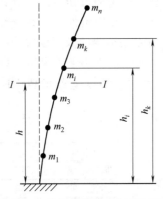

图 8-20 多自由度体系水平地震力

② 水平地震力及其弯矩计算　地震载荷包括水平地震力和垂直地震力。水平地震力引起的弯矩会使塔产生晃动，破坏性大，当设防烈度为 7～9 度时，是塔设备设计中必须计算的内容；而垂直地震力则使塔产生上下颠簸，危害相对较小，故规定只有在设防烈度为 8 度或 9 度时才对其进行计算。

将塔沿高度分成若干段，使其由无限自由度体系简化成一个多自由度体系，并认为每段的质量作用在每个分段的中点，如图 8-20 所示。则任意段在高度 h_k 处的集中质量 m_k 引起的第 j 振型的水平地震力 F_{jk} 按式（8-13）计算：

$$F_{jk}=\alpha_j \eta_{jk} m_k g \text{（N）} \tag{8-13}$$

式中　g——重力加速度，m/s²；

m_k——距地面 h_k 高度处的集中质量，kg；

α_j——对应于第 j 振型自振周期的地震影响系数，按图 8-19 取 $T=T_j$ 时确定的 α 值；

η_{jk}——第 j 振型的振型参与系数，表征其他振型对第 j 振型的影响。塔的每个分段均为一个自由度并对应有一个振型，不同振型间相互有影响，因此有多个振型参与系数。但仅计算前三个主要振型参与系数，因为其后者影响愈来愈小。根据振型函数，第一振型的振型参与系数为

$$\eta_{1k}=\frac{h_k^{1.5}\sum_{i=1}^{n}m_i h_i^{1.5}}{\sum_{i=1}^{n}m_i h_i^3} \tag{8-14}$$

任意高度 h_k 处的集中质量 m_k 引起的基本（第一）振型水平地震力 F_{1k} 为

$$F_{1k}=\alpha_1 \eta_{1k} m_k g \text{（N）} \tag{8-15}$$

对于等截面塔，由于质量沿高度 H 均布，故可不必采用分段简化，而直接用积分法求

其振型参与系数和弯矩。在 h_k 高度处的基本振型参与系数为

$$\eta_{1k}=\frac{h_k^{1.5}\int_0^H\frac{m}{H}h^{1.5}\mathrm{d}h}{\int_0^H\frac{m}{H}h^3\mathrm{d}h}=1.6\left(\frac{h_k}{H}\right)^{1.5}$$

将此 η_{1k} 值代入式（8-15），并以 $\frac{m_0}{H}$ 取代式中的 m_k，则任意高度 h 处 I—I 截面的基本振型地震弯矩为

$$M_{E1}^{I-I}=\int_h^H\alpha_1\times 1.6\left(\frac{h_k}{H}\right)^{1.5}\frac{m_0}{H}g(h_k-h)\mathrm{d}h_k$$

$$=\frac{8\alpha_1 m_0 g}{175H^{2.5}}(10H^{3.5}-14H^{2.5}h+4h^{3.5})\text{（N·mm）} \tag{8-16}$$

在塔底截面 0—0 处，$h=0$，则同理得该截面基本振型地震弯矩为

$$M_{E1}^{0-0}=\frac{16}{35}\alpha_1 m_0 gH\text{（N·mm）} \tag{8-17}$$

式中　m_0——塔操作时总质量，kg；

　　　H——塔总高，mm；

　　　h,h_k——计算截面 I—I 及集中质量点 m_k 处距地面的高度，如图 8-20 所示，mm。

当塔的 $\frac{H}{D}>15$，且 $H>20\text{m}$ 时，还应考虑高振型的影响。现行标准是计算前三个振型的地震弯矩（其后振型影响甚微，不予考虑），并按式（8-18）计算组合地震弯矩 M_E^{I-I}：

$$M_E^{I-I}=\sqrt{(M_{E1}^{I-I})^2+(M_{E2}^{I-I})^2+(M_{E3}^{I-I})^2} \tag{8-18}$$

式中，根号内三项分别为 I—I 截面处第一、二、三阶振型的地震弯矩。由于计算复杂，此处不便详述，具体可参见 NB/T 47041—2014 附录 B 塔式容器高振型计算。

③ 垂直地震力计算　垂直地震力引起的最大地面加速度与水平地震力的最大加速度之比为 1/2～2/3，很少有高于水平地震加速度的情况，因此仅在设防烈度为 8 度或 9 度时才对垂直地震力进行计算。

垂直地震力对塔的作用是引起轴向拉应力和压应力。在校核轴向拉应力时，取垂直地震力向上方向；在校核轴向压应力时，取垂直地震力向下方向。

垂直地震力计算方法有三种：静力法，规定垂直地震力等于结构重量的某一百分率，例如 10% 或 20% 等；按水平地震力的百分率，如日本等国取水平地震力的 50%；反应谱法，按一个多自由度体的垂直地面运动计算垂直地震力。

我国现行标准采用的是反应谱法。其步骤是首先求出塔底截面处总的垂直地震力，然后按倒三角形原则分配到各质点上，如图 8-21 所示。最后再将计算截面以上各质点分配到的垂直地震力累加起来就是该截面所承受的垂直地震力。总垂直地震力与水平地震力的计算原理和方法是类似的，也要引入地震影响系数和振型参与系数。由此导出的塔底截面 0—0 处基本（第一）振型的总垂直地震力为

$$F_V^{0-0}=\alpha_{V\max}m_{eq}g \tag{8-19}$$

式中　$\alpha_{V\max}$——垂直地震影响系数最大值，取 $\alpha_{V\max}=0.65\alpha_{\max}$，
　　　　　　$\alpha_{\max}$ 由表 8-5 查取；

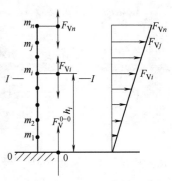

图 8-21　垂直地震力作用示意图

m_{eq}——塔的当量质量,取 $m_{eq}=0.75m_0$,kg;
m_0——塔操作时的总质量,kg。

任意质量点 i 处所分配的垂直地震力 F_{Vi} 为

$$F_{Vi} = \frac{m_i h_i}{\sum_{k=1}^{n} m_k h_k} F_V^{0-0} \quad (N) \quad (i=1,2,\cdots,n) \tag{8-20}$$

任意计算截面 $I-I$ 处承受的累加垂直地震力 F_V^{I-I} 为

$$F_V^{I-I} = \sum_{k=i}^{n} F_{Vk} \quad (N) \quad (i=1,2,\cdots,n) \tag{8-21}$$

(4) 偏心弯矩

有时候在塔设备上悬挂有冷凝器、再沸器等附属设备,这些设备的质心不在塔的轴线上,会形成偏心弯矩 M_e,其值为

$$M_e = m_e g l_e \quad (N \cdot mm) \tag{8-22}$$

式中　g——重力加速度,$g=9.8m/s^2$;
　　　m_e——附属设备的偏心质量,kg;
　　　l_e——偏心距,即偏心质量中心至塔体中心轴线的距离,mm。

(5) 重力载荷

重力载荷由塔的各部分质量引起,其值为 mg。其中质量包括八个部分,即:塔壳和裙座壳的质量 m_{01};塔内件,如塔盘或填料等的质量 m_{02};保温层材料质量 m_{03};平台及扶梯质量 m_{04};操作时塔内的物料质量 m_{05};塔的附件,如人孔、接管和法兰等的质量 m_a;液压试验时充液质量 m_w;塔外部附设的冷凝器等设备的偏心质量 m_e。

表8-7　塔体内外附件质量

名称	笼式扶梯	开式扶梯	钢制平台	圆泡罩塔盘	条形泡罩塔盘
单位质量	40kg/m²	15~24kg/m²	150kg/m²	150kg/m²	150kg/m²
名称	舌形塔盘	筛板塔盘	浮阀塔板	塔盘充液质量	
单位质量	75kg/m²	65kg/m²	75kg/m²	70kg/m²	

设计中需参照表8-7计算下列三个组合质量:
塔设备在正常操作时的质量为

$$m_0 = m_{01} + m_{02} + m_{03} + m_{04} + m_{05} + m_a + m_e \tag{8-23}$$

塔设备的最大质量为

$$m_{max} = m_{01} + m_{02} + m_{03} + m_{04} + m_w + m_a + m_e \tag{8-24}$$

塔设备的最小质量为

$$m_{min} = m_{01} + 0.2m_{02} + m_{03} + m_{04} + m_a \tag{8-25}$$

液压试验时塔内没有物料,故式(8-24)中不含物料质量 m_{05},而含液压试验时充液质量 m_w。式(8-25)中,$0.2m_{02}$ 为焊在塔内壁上的不可拆塔盘内件,如支承圈和降液板等;当空塔吊装时,如未装保温层、平台和扶梯,则不计 m_{03} 和 m_{04},此时塔的质量最小;停工检修时不但要计入 m_{03} 和 m_{04},实际上大部分塔盘可拆件亦在塔内,故此时塔的质量不是最小值。

8.2.2 塔体圆筒轴向应力计算与校核

在塔的机械设计中,首先根据设计压力按照第5章或第6章初步设计出圆筒的名义厚

度，然后选定可能的危险截面，对于不同工况下各种载荷及轴向应力进行计算与组合，并使轴向应力满足强度和稳定条件。若不满足，应调整名义厚度，重新进行轴向应力校核，直到满足要求为止。

塔体圆筒轴向应力计算应考虑塔的吊装、停工检修、耐压试验和正常操作四种工况。

(1) 停工检修及正常操作工况

① 轴向应力计算

i. 内压或外压引起的轴向应力 σ_1 为

$$\sigma_1 = \frac{p_c D_i}{4\delta_{ei}} \tag{8-26}$$

式中 p_c——计算压力，MPa；

D_i，δ_{ei}——各计算截面 i 塔体圆筒内径及有效厚度，mm；

σ_1——内压时为拉应力，外压时为压应力，MPa。

ii. 重力引起的轴向压应力 σ_2 为

$$\sigma_2 = \frac{m_0^{I-I} g}{\pi D_i \delta_{ei}} \text{ (MPa)} \tag{8-27}$$

式中，m_0^{I-I} 为计算截面 $I-I$ 以上的各质量之和，kg。不计物料的质量，正常操作、吊装及停工检修时分别按式 (8-23) 和式 (8-25) 计算。

iii. 最大弯矩引起的轴向应力 σ_3，迎风侧为拉应力，背风侧为压应力，其值为

$$\sigma_3 = \frac{M_{max}^{I-I}}{W} = \frac{4M_{max}^{I-I}}{\pi D_i^2 \delta_{ei}} \text{ (MPa)} \tag{8-28}$$

式中，M_{max}^{I-I} 为各种弯矩共同作用时的最大组合弯矩，取下式中的较大者，即

$$M_{max}^{I-I} = \max \begin{cases} M_W^{I-I} + M_e \\ M_E^{I-I} + 0.25 M_W^{I-I} + M_e \end{cases} \tag{8-29}$$

上面第一式为非地震时的组合弯矩，下面第二式为地震时的组合弯矩。由于地震时，同时伴有最大风速的可能性甚微，故风弯矩取 M_W^{I-I} 的 25%。M_W^{I-I} 在仅计顺风向风弯矩时，按式 (8-10) 计算；M_E^{I-I} 在不计高振型时，按式 (8-16) 计算，若考虑高振型，则按式 (8-18) 计算；偏心弯矩 M_e 按式 (8-22) 计算。

iv. 垂直地震力引起的轴向拉（压）应力 σ_4 为

$$\sigma_4 = \frac{F_V^{I-I}}{\pi D_i \delta_{ei}} \text{ (MPa)} \tag{8-30}$$

式中，F_V^{I-I} 为任意计算截面 $I-I$ 处的垂直地震力，N，按式 (8-21) 计算。仅在最大组合弯矩含有地震弯矩时才计入 σ_4。

设计中，认为上述各项应力同时作用，以其叠加组合应力进行校核计算。

② 轴向拉应力强度校核 最大组合拉应力作用于塔的迎风侧，会引起塔体圆筒的强度破坏。其校核条件如下：

内压塔为

$$\sigma_1 - \sigma_2 + \sigma_3 + \sigma_4 \leqslant K[\sigma]^t \phi \tag{8-31}$$

外压塔为

$$-\sigma_2 + \sigma_3 + \sigma_4 \leqslant K[\sigma]^t \phi \tag{8-32}$$

式中 $[\sigma]^t$——设计温度下塔壳材料的许用应力，MPa；

ϕ——环向焊接接头系数;

K——载荷组合系数,取 $K=1.2$,表征短期载荷在组合应力中的作用效果。此处主要反映地震及风载荷的作用效果,因其作用时间短,且以最大值进行计算,而实际寿命期内出现最大值的可能性很小,即使其应力水平稍高些也不会对塔造成过大危害,故我国将轴向组合拉应力的许用值提高 20%,即 $K=1.2$。

对内压塔,式(8-31)中,在塔的质量最小时压应力 σ_2 最小,组合拉应力最大。塔在吊装后尚未装设塔内可拆件及塔外附件时具有最小的质量 $m_{\min}$,此时 σ_2 最小。在停工检修时虽塔内无物料,但增加了塔内可拆件及塔外附件的质量,此时 σ_2 较吊装工况要大。可见吊装工况的组合拉应力要大于停工检修工况的。正常操作时较检修工况多了物料重力,使 σ_2 增大,但此时 $\sigma_1 \neq 0$,使组合拉应力增大。故校核时应对吊装和操作两种工况的组合拉应力进行计算,按其中的较大者进行校核。

对于外压塔,式(8-32)按停工停产检修工况计算。因为 σ_1 为压应力,停工检修时 $\sigma_1=0$,且压应力 σ_2 较小,故此时具有最大的组合拉应力。

③ 轴向压应力稳定性及强度校核 最大组合压应力作用于塔的背风侧,会使塔产生失稳或强度破坏。其校核条件如下:

内压塔按检修工况有

$$\sigma_2 + \sigma_3 + \sigma_4 \leqslant [\sigma]_{cr} \tag{8-33}$$

外压塔按操作工况有

$$\sigma_1 + \sigma_2 + \sigma_3 + \sigma_4 \leqslant [\sigma]_{cr} \tag{8-34}$$

式中,$[\sigma]_{cr}$ 为设计温度下材料的许用轴向压应力,MPa,取下式中的较小值,即

$$[\sigma]_{cr} = \min \begin{cases} KB \\ K[\sigma]^t \end{cases}$$

式中,B 为外压应力系数,由轴向受压时外压应变系数 $A = \dfrac{0.094}{R_o/\delta_e}$ 计算后,按设计温度查第 6 章相应的材料外压应力系数 B 曲线求取;K 及 $[\sigma]^t$ 意义与式(8-31)中相同。

(2) 耐压试验工况

耐压试验塔体圆筒轴向应力的校核应注意其计算载荷与操作等工况的区别,即:耐压试验不计介质充液质量 m_{05},因其重力是由与裙座连接环焊缝以下的封头部分承受,对圆筒壳无作用;试压时一般也不会在地震或 50 年一遇的最大风速下进行,故不计地震载荷,且风弯矩仅取 M_W^{I-I} 的 30%。

① 轴向应力计算:

i. 试验压力 p_T 引起的轴向拉应力为

$$\sigma_1 = \frac{p_T D_i}{4\delta_{ei}} \text{ (MPa)} \tag{8-35}$$

式中,p_T 应计入计算截面 $I-I$ 以上液柱高度的静压,MPa。

ii. 质量重力引起的轴向压应力为

$$\sigma_2 = \frac{m_T^{I-I} g}{\pi D_i \delta_{ei}} \text{ (MPa)} \tag{8-36}$$

式中,m_T^{I-I} 指计算截面以上塔壳、内件、偏心质量、保温层、扶梯及平台、附件及偏心质量之和,不计试验液体充液质量。

ⅲ. 风弯矩引起的轴向应力为

$$\sigma_3 = \frac{M_{\max}}{W} = \frac{4(0.3M_W^{I-I} + M_e)}{\pi D_i^2 \delta_{ei}} \text{ (MPa)} \tag{8-37}$$

② 迎风侧轴向拉应力强度校核：

$$\sigma_1 - \sigma_2 + \sigma_3 \leqslant \begin{cases} 0.9R_{eL} \text{（液压试验）} \\ 0.8R_{eL} \text{（气压试验或气液组合压力试验）} \end{cases} \tag{8-38}$$

③ 背风侧轴向压应力稳定性及强度校核：充液尚未升压时最大压应力应满足

$$\sigma_2 + \sigma_3 \leqslant \min \begin{cases} KB \\ 0.9R_{eL} \end{cases} \tag{8-39}$$

式中，R_{eL} 为材料常温下的屈服强度；B 为外压应力系数，由轴向受压 $A = \dfrac{0.094}{R_o/\delta_e}$ 计算后，按常温查第 6 章相应的材料外压应力系数 B 曲线求取。

8.2.3 裙座设计

(1) 裙座结构

如图 8-22 所示，裙座由裙座壳、人孔或检查孔、引出管通道、排气孔和地脚螺栓座等组成。地脚螺栓座包括基础环、盖板、筋板和地脚螺栓。

ⅰ. 裙座壳分为圆筒形和圆锥形两种。一般情况下首选圆筒形裙座壳，它不仅制作方便，受力也较锥形壳好。但当塔所承受倾覆力矩过大、基础环下面混凝土承压面的压应力过大，或地脚螺栓个数过多，需要加大基础环承压面积和地脚螺栓中心圆直径时，则宜采用圆锥形裙座。例如 $D<1m$ 且 $H/D>25$，或 $D>1m$ 且 $H/D>30$ 的细高塔，通常采用圆锥形裙座。

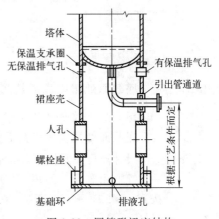

图 8-22 圆筒形裙座结构

ⅱ. 裙座与塔体连接有对接和搭接两种型式。对接时裙座壳外径应与塔壳外径相等，如图 8-23(a) 所示。其连接焊缝主要受拉、压应力，受力情况良好，在焊缝受到较高温度作用时，产生的温度应力较搭接小，抗热疲劳性能较好。故标准中推荐首选对接，尤其在高温条件下。

搭接焊缝处受力状况较对接差，既有内压产生的薄膜应力，又有较大的不连续应力和温差应力及重力引起的剪应力等，易使搭接焊缝失效或破坏。但便于组装，安装时易于调整塔的垂直度，适用于小直径和连接焊缝受力较小的塔。

(2) 裙座设计计算

裙座设计计算包括裙座壳轴向应力校核、基础环设计计算及地脚螺栓个数与规格的确定等。

① 裙座轴向应力校核　为便于焊接，通常首先选择裙座壳与塔壳等厚或相近，然后再按轴向应力对壁厚进行校核计算。裙座壳受重力和各种弯矩的作用，但不承受介质压力。重力和弯矩在裙座底部截面处最大，因而裙座底部截面是危险截面；裙座上的检查孔或人孔、引出管通道有承载削弱作用，这些孔中心横截面处也是裙座壳的危险截面。裙座壳不受介质压力作用，轴向组合拉应力总是小于轴向组合压应力，故只需校核最大轴向压应力。另外，裙座壳与塔壳连接焊缝也是薄弱部位，故轴向应力校核一般有以下三个截面。

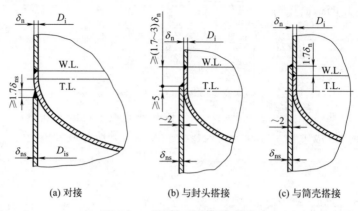

(a) 对接　　(b) 与封头搭接　　(c) 与筒壳搭接

图 8-23　裙座与塔壳连接型式

W.L.—筒体与椭圆形封头的连接焊缝；T.L.—椭圆形封头赤道线

ⅰ.裙座底部 0—0 截面。此处承受最大弯矩和重力。其轴向压应力稳定性与强度按下列两式校核：

操作工况下有

$$\frac{1}{\cos\theta}\left(\frac{M_{\max}^{0-0}}{Z_{sb}}+\frac{F_V^{0-0}+m_0 g}{A_{sb}}\right) \leqslant \min(KB\cos^2\theta, K[\sigma]_s^t) \tag{8-40}$$

水压试验工况下有

$$\frac{1}{\cos\theta}\left(\frac{0.3M_W^{0-0}+M_e}{Z_{sb}}+\frac{m_{\max} g}{A_{sb}}\right) \leqslant \min(0.9R_{eL}, B\cos^2\theta) \tag{8-41}$$

式中　Z_{sb}——底截面处裙座壳的抗弯截面系数，mm^3，$Z_{sb}=\dfrac{\pi D_{is}^2 \delta_{es}}{4}$；其中，$\delta_{es}$，$D_{is}$ 为裙座的有效厚度和裙座底截面的内直径，mm；

A_{sb}——底截面处裙座的横截面积，mm^2，$A_{sb}=\pi D_{is}\delta_{es}$；

$[\sigma]_s^t$——设计温度下裙座材料的许用应力；

θ——锥形裙座壳半顶角，(°)；圆筒裙座 $\theta=0°$，$\cos\theta=1$。

$M_{\max}^{0-0}$ 按式 (8-29) 确定；F_V^{0-0} 按式 (8-19) 计算，仅在最大组合弯矩含有地震弯矩时计入。

ⅱ.裙座最大开孔处 Ⅰ—Ⅰ 截面。如果裙座直径大于 700mm，则往往在裙座上开有 $\phi 450\sim 500$ 的人孔，由于开孔削弱，危险截面可能转到开孔截面处，因而还必须对开孔截面处的强度和稳定性进行校核。校核公式仍然用式 (8-40) 和式 (8-41)，只不过将载荷换成开孔截面处的载荷，用开孔截面处的抗弯截面系数 Z_{sm} 和面积 A_{sm} 分别取代底部截面的 Z_{sb} 和 A_{sb}：

$$A_{sm}=\pi D_{im}\delta_{es}-\sum[(b_m+2\delta_m)\delta_{es}-A_m]$$

$$A_m=2l_m\delta_m$$

$$Z_{sm}=\frac{\pi D_{im}^2 \delta_{es}}{4}-\sum\left(b_m D_{im}\frac{\delta_{es}}{2}-Z_m\right)$$

$$Z_m=2\delta_{es}l_m\sqrt{\left(\frac{D_{im}}{2}\right)^2-\left(\frac{b_m}{2}\right)^2}$$

式中，Z_m 是裙座开孔 Ⅰ—Ⅰ 截面处接管有关的抗弯截面系数。各式中尺寸意义见图 8-24，单位均为 mm。

ⅲ. 裙座与塔壳连接焊缝处 $J-J$ 截面。分为对接和搭接两种情况。对接时焊缝在迎风侧产生拉应力,在停工检修工况下有最大值,其强度条件为

$$\frac{4M_{\max}^{J-J}}{\pi D_{it}^2 \delta_{es}} - \frac{m_0^{J-J} g - F_V^{J-J}}{\pi D_{it} \delta_{es}} \leqslant 0.6K[\sigma]_w^t \quad (8-42)$$

式中,D_{it} 为裙座顶部截面的内直径,mm;m_0^{J-J} 为连接焊缝处 $J-J$ 截面以上塔式容器的操作质量,不计入操作时塔内的物料质量,kg;$M_{\max}^{J-J}$ 按式(8-29)确定,F_V^{J-J} 按式(8-21)计算,仅在最大组合弯矩含有地震弯矩时计入。

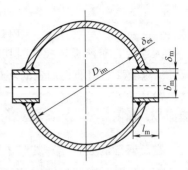

图 8-24 裙座人孔尺寸

搭接时焊缝承受剪应力。因为操作工况与水压试验工况下焊缝所受载荷及许用应力有差别,故两种工况均要进行强度校核如下:

操作工况下有

$$\tau = \frac{M_{\max}^{J-J}}{Z_w} + \frac{m_0^{J-J} g + F_V^{J-J}}{A_w} \leqslant 0.8K[\sigma]_w^t \quad (8-43)$$

水压试验工况下有

$$\tau_w = \frac{0.3M_W^{J-J} + M_e}{Z_w} + \frac{m_{\max}^{J-J} g}{A_w} \leqslant 0.8 \times 0.9 KR_{eL} \quad (8-44)$$

式中 A_w——焊缝抗剪断面面积,mm^2,$A_w = 0.7\pi D_{ot} \delta_{es}$;其中,$D_{ot}$,$\delta_{es}$ 为裙座顶部截面的外直径和有效厚度,mm;

Z_w——焊缝抗剪截面模数,mm^3,$Z_w = 0.55 D_{ot}^2 \delta_{es}$;

$[\sigma]_w^t$——设计温度下焊缝材料的许用应力,MPa。

② 基础环直径与厚度计算 塔设备的重力和由风载荷、地震载荷及偏心载荷引起的弯矩通过裙座壳作用在基础环上,而基础环安放在混凝土基础上。在基础环与混凝土基础接触面上,重力引起均布压缩应力,弯矩引起弯曲应力。组合压缩应力始终大于拉伸应力。最大组合压缩应力为 $\sigma_{b\max}$,位于塔的背风侧。混凝土基础和基础环均应有足够的强度承受这个最大组合压应力 $\sigma_{b\max}$。

裙座基础环的结构分为无筋板及有筋板两种,如图 8-25 所示。无筋板适用较小直径塔。基础环设计计算包括其内、外直径确定及元件强度计算。基础环内、外直径,常根据裙座壳底部内径 D_{is} 取经验值,即

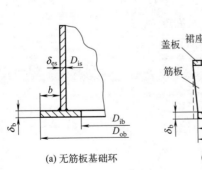 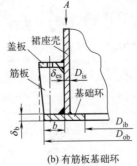 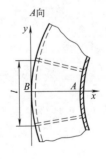

(a) 无筋板基础环　　(b) 有筋板基础环

图 8-25 裙座基础环结构

外径 $D_{ob} = D_{is} + (160 \sim 400)$ (mm)

内径 $D_{ib} = D_{is} - (160 \sim 400)$ (mm)

无筋板与有筋板环板，因其周边约束条件不同，其厚度计算式也不同。

i. 对于没有用筋板加强的环板，将它简化为一个承受均布载荷 σ_{bmax} 的悬臂梁，梁的宽度为沿环向截取的单位长度，长度即基础环在裙座外的宽度 b，梁被焊接固支于裙座壳的底截面处，如图 8-25(a) 所示。

在悬臂梁的固定端，其弯矩为 $M = \dfrac{b^2 \sigma_{bmax}}{2}$。该弯矩将在直径方向引起弯曲应力 σ_b，其值为

$$\sigma_b = \frac{M}{W} = \frac{3b^2}{\delta_b^2} \sigma_{bmax}$$

如环板材料的许用应力为 $[\sigma]_b$，则应使 $\sigma_b \leqslant [\sigma]_b$，即

$$\frac{3b^2}{\delta_b^2} \sigma_{bmax} \leqslant [\sigma]_b$$

由此可得无筋板基础环板计算厚度 δ_b 为

$$\delta_b \geqslant b \sqrt{\frac{3\sigma_{bmax}}{[\sigma]_b}} = 1.73 b \sqrt{\frac{\sigma_{bmax}}{[\sigma]_b}} \text{ (mm)} \tag{8-45}$$

$$\sigma_{bmax} = \max \left(\frac{M_{max}^{0-0}}{Z_b} + \frac{m_0 g + F_V^{0-0}}{A_b}, \frac{0.3 M_W^{0-0} + M_e}{Z_b} + \frac{m_{max} g}{A_b} \right) \text{ (MPa)} \tag{8-46}$$

式中　$[\sigma]_b$——基础环材料许用应力，MPa，碳钢为 147MPa，低合金钢为 170MPa；

Z_b——基础环的抗弯截面系数，mm^3，$Z_b = \dfrac{\pi (D_{ob}^4 - D_{ib}^4)}{32 D_{ob}}$；

A_b——基础环面积，mm^2，$A_b = \dfrac{\pi}{4}(D_{ob}^2 - D_{ib}^2)$。

为保证混凝土基础不被压坏，还应控制 $\sigma_{bmax} \leqslant [\sigma]_k$（混凝土基础许用压应力）。

ii. 对于直径及载荷较大的塔，其裙座基础环一般如图 8-25(b) 所示设有筋板、盖板和垫板，组成地脚螺栓座。这种结构的基础环板不能简化为悬臂梁，而是简化为受均布载荷产生弯曲的矩形板。此矩形板的宽度为 b，长度为筋板间距 l，均布载荷为 σ_{bmax}。在均布载荷作用下，该平板在 x、y 两个方向分别产生 M_x 和 M_y 弯矩。而弯矩的大小和部位与 b/l 大小有关：当 $b/l \leqslant 1.5$ 时，最大弯矩 M_s 在固支边的中点 A 处；当 $b/l > 1.5$ 时，M_s 则在自由边的中点 B 处。根据平板理论，环板中的最大弯矩为

$$M_s = \max\{|M_x|, |M_y|\} \text{ (N·mm)} \tag{8-47}$$

式中，$M_x = C_x \sigma_{bmax} b^2$；$M_y = C_y \sigma_{bmax} l^2$；系数 C_x、C_y 根据 b/l 值由表 8-8 查取；σ_{bmax} 由式（8-46）计算。

由此得有筋板环板厚度为

$$\delta_b = \sqrt{\frac{6 M_s}{[\sigma]_b}} \text{ (mm)} \tag{8-48}$$

通常，无论有无筋板，基础环板的最小厚度不宜小于 16mm。

表 8-8 矩形板力矩 C_x、C_y 计算表

b/l	C_x	C_y	b/l	C_x	C_y	b/l	C_x	C_y	b/l	C_x	C_y
0	-0.5000	0.0000	0.8	-0.1730	0.0751	1.6	-0.0485	0.1260	2.4	-0.0217	0.1320
0.1	-0.5000	0.0000	0.9	-0.1420	0.0872	1.7	-0.0430	0.1270	2.5	-0.0200	0.1330
0.2	-0.4900	0.0006	1.0	-0.1180	0.0972	1.8	-0.0384	0.1290	2.6	-0.0185	0.1330
0.3	-0.4480	0.0051	1.1	-0.0995	0.1050	1.9	-0.0345	0.1300	2.7	-0.0171	0.1330
0.4	-0.3850	0.0151	1.2	-0.0846	0.1120	2.0	-0.0312	0.1300	2.8	-0.0159	0.1330
0.5	-0.3190	0.0293	1.3	-0.0726	0.1160	2.1	-0.0283	0.1310	2.9	-0.0149	0.1330
0.6	-0.2600	0.0453	1.4	-0.0629	0.1200	2.2	-0.0258	0.1320	3.0	-0.0139	0.1330
0.7	-0.2120	0.0610	1.5	-0.0550	0.1230	2.3	-0.0236	0.1320	—	—	—

③ 地脚螺栓强度计算 在风载荷和地震载荷的作用下,塔设备有可能倾倒,为此须在裙座上设置地脚螺栓,将其固定在基础上。如果风载荷和地震载荷比较小,塔设备的基础环各个部位上都是压应力,此时塔设备不会倾倒。但这种情况下仍应设置一定数量的地脚螺栓,起水平方向定位作用。

地脚螺栓设计的依据是作用于基础环板上的最大拉应力。在水压试验时,质量最大而组合弯矩最小,故最大拉应力不会出现在水压试验工况下。设备吊装或停产检修时质量最小,且有可能遭遇最大风载荷,会出现很大的拉应力;操作时则有可能经受最大的地震载荷,也会存在很大的拉应力。故地脚螺栓要按下式中的较大者作为最大拉应力 σ_B 进行设计计算:

$$\sigma_B = \max \begin{cases} \dfrac{M_W^{0-0} + M_e}{Z_b} - \dfrac{m_{\min} g}{A_b} \\ \dfrac{M_E^{0-0} + 0.25 M_W^{0-0} + M_e}{Z_b} - \dfrac{m_0 g}{A_b} + \dfrac{F_V^{0-0}}{A_b} \end{cases} \quad (\text{MPa}) \qquad (8\text{-}49)$$

式中 $m_{\min}$——塔设备安装状态时的最小质量,按式(8-25)计算;

m_0——塔设备的操作质量,按式(8-23)计算;

M_W^{0-0}——塔设备底部截面 0—0 处的风弯矩,按式(8-11)计算;

Z_b,A_b——基础环板的抗弯截面系数和面积。

当 $\sigma_B \leq 0$ 时,仅设置一定数量固定位置螺栓;当 $\sigma_B > 0$ 时必须设置地脚螺栓,且应按强度条件确定其数量和规格。一般可先按间距不小于 400mm 和 4 的倍数设定螺栓数目,并使全部螺栓允许承受的轴向拉力大于按 σ_B 计算的基础环所承受的轴向拉力,即

$$\frac{\pi n d_1^2}{4} [\sigma]_{bt} \geq \sigma_B A_b$$

由此得地脚螺栓的根径 d_1 为

$$d_1 \geq \sqrt{\frac{4 \sigma_B A_b}{\pi n [\sigma]_{bt}}} + C_2 \quad (\text{mm}) \qquad (8\text{-}50)$$

式中 $[\sigma]_{bt}$——地脚螺栓材料的许用应力,MPa,对 Q235 可取 $[\sigma]_{bt} = 147$MPa;对于 Q345 则取 $[\sigma]_{bt} = 170$MPa;

C_2——腐蚀裕量,一般取 $C_2 = 3$mm。

最后,应根据上式算出的 d_1 值确定地脚螺栓的公称直径。也可先设定一个螺栓的公称直径,由其根径按式(8-50)求螺栓的个数 n。对于塔设备,地脚螺栓的公称直径不宜小于 M24,埋入混凝土基础内的长度应大于螺栓根径的 25 倍,以防拉脱。

8.3 搅拌反应设备

搅拌反应设备广泛用于化工、轻工、化纤、制药等工业生产中。这种设备能完成搅拌过程与搅拌下的化学反应。例如,把多种液体物料相混合、把固体物料溶解在液体中、将几种不能互溶的液体制成乳浊液、将固体颗粒混在液体中制成悬浮液以及磺化、硝化、缩合、聚合等化学反应。它们都是在一定容积的容器中和在一定压力与温度下,借助搅拌器向液体物料传递必要的能量而进行搅拌过程的化学反应设备。在工业生产中通常将搅拌反应设备称为搅拌反应器,习惯上也称为反应釜。

8.3.1 搅拌反应器总体结构

典型搅拌反应器为立式容器中心搅拌反应器,其搅拌装置安装在立式设备筒体的中心线上,总体结构如图 8-26 所示,主要由搅拌罐、搅拌装置和轴封三大部分组成。

搅拌装置包括搅拌器、搅拌轴和传动装置。由电动机和减速机驱动搅拌轴,使搅拌器按照一定的转速旋转以实现搅拌的目的。

轴封为罐体和搅拌轴之间的动密封,以封住罐内的流体不致泄漏。

搅拌罐包括罐体、换热元件及安装在罐体上的附件。搅拌罐是反应釜的主体装置,它盛装反应物料;换热元件包括夹套、蛇管等;附件包括工艺接管及防爆装置等。

8.3.2 搅拌罐

(1) 罐体

常用的搅拌反应器,其罐体多由内筒和夹套及与其相连的封头组成,为承压容器。其设计计算均按第 5 章或第 6 章有关论述进行。

承压容器设计计算必须首先确定其直径,而罐体圆筒的容积、直径和高度等均由工艺计算确定。罐体容积与生产能力有关。生产能力

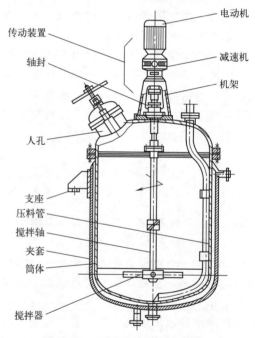

图 8-26 搅拌反应器总体结构

以单位时间内处理物料的质量或体积来表示。例如已知间歇操作时,每昼夜处理物料体积为 V_a(m³),其中每批物料的反应时间为 t(h),考虑装料系数 φ,则每台反应器的容积 V(m³)可以由下式计算:

$$V=\frac{V_a t(1+\eta)}{24\varphi m} \tag{8-51}$$

式中 V_a——每昼夜处理的物料体积,m³;
φ——装料系数,即装料容积与 V 的比值;
m——反应器的台数;
t——每批物料反应时间,h;
η——反应器的容积备用系数。

装料系数 φ 是根据实际生产条件或试验结果确定的,通常 φ 的取值为 0.7~0.85,如果

泡沫严重则取 0.4～0.6。反应器的容积备用系数 η 一般取 10%～15%。

显然,对一定的产量来讲,m 和 V 之间可能有多种选择。一般应该从设备投资和日常生产等方面综合比较其经济性。

搅拌反应器的容积 V 确定后,即可选择其内径 D 和圆筒高度 H。对于常用的直立反应器,容积 V 通常是指下封头与圆筒的容积之和。反应器的圆筒高度与其内径之比值可以参照表 8-9 选择,立式搅拌反应器亦可根据计算值参考 HG/T 3796.1—2005《搅拌器型式及基本参数》等系列标准确定。

表 8-9 搅拌反应器的 H/D 推荐值

种类	搅拌反应器内物料类型	H/D
混合罐、溶解罐	液-液相或液-固相	1～1.3
分散罐	气-液相	1～2
发酵罐	气-液相	1.7～2.5

(2) 换热元件

有传热要求的搅拌反应器,为维持反应的最佳温度,需要设置换热元件。所需要的传热面积根据传热量和传热速率来计算,具体可参阅化学工程等书籍。常用的传热元件有夹套和内盘管。当夹套的传热面积能满足传热要求时,应优先采用夹套,这样可减少容器内构件,便于清洗,不占用有效容积。

① 夹套结构　夹套是最常用的外部传热构件。它是一个薄壁筒体,一般还带有一个底封头,套在搅拌反应器内筒与封头的外部,与筒体壁构成一个环形密闭空间。在此空间通入加热或冷却介质,可加热或冷却容器内的物料。

夹套根据需要有多种结构形式可供选择。图 8-27 所示是一种整体式夹套结构,夹套内径 D_2 与筒体内径 D_1 的关系如表 8-10 所示。

表 8-10 夹套内径 D_2 与筒体内径 D_1 的关系　　单位：mm

D_1	500～600	700～1800	2000～3000
D_2	D_1+50	D_1+100	D_1+200

有时对于较大型的容器,为了达到较好的传热效果,在夹套空间装设螺旋导流板,如图 8-28 所示,以缩小夹套中流体的流通面积,提高流体的流动速度和避免短路。

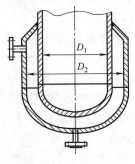

图 8-27　整体夹套

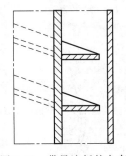

图 8-28　带导流板的夹套

② 内盘管结构　当搅拌反应器的热量仅靠外夹套传热,传热面积不够时,常采用内盘管。它浸没在物料中,热量损失小,传热效果好,但检修较困难。内盘管可分为螺旋形盘管

和竖式蛇管，其结构分别如图8-29和图8-30所示。对称布置的几组竖式蛇管除传热外，还起到挡板的作用。

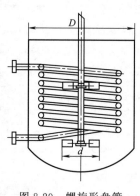

图8-29 螺旋形盘管

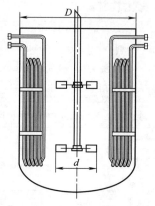

图8-30 竖式蛇管

（3）工艺管口结构

搅拌反应器上的工艺管口，包括进出料管口、温度计管口、压力计管口及其他仪表管口等。管口的管径及方位布置由工艺要求确定，下面介绍进、出料管的结构形式。

① 进料管 有固定式［图8-31(a)、(c)］和可拆式［图8-31(b)］两种。

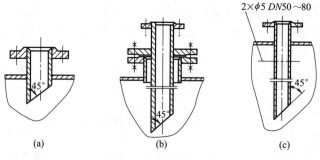

图8-31 进料管口

接管伸进设备内，可避免物料沿罐体内壁流动，以减少物料对釜壁的局部磨损与腐蚀。管端一般制成45°斜口，以避免喷洒现象。对于易磨蚀、易堵塞的物料，宜用可拆式管口，以便清洗和检修。进口管如需浸没于料液中，以减少冲击液面而产生泡沫，管可稍长，液面以上部分开小孔（如图8-31中$2×\phi 5$）可以防止虹吸现象。

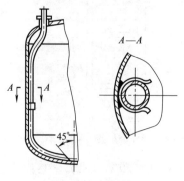

图8-32 压料管

② 出料管 出料管有上出料（图8-32中的压料管）和下出料（图8-33）等形式。当反应釜内液体物料需要输送到位置更高或与它并列的另一设备中去时，可以采用压料管装置，利用压缩空气或惰性气体的压力，将物料压出。压料管一般做成可拆式，罐体上的管口大小要保证压料管能顺利取出。为防止压料管在釜内因搅拌影响而晃动，除使其基本与罐体贴合外，还需以管卡（图8-32中A—A视图）或挡板固定。

当向下出料时，管口及夹套处的结构、尺寸如图8-33、表8-11所示。

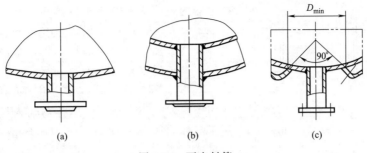

图 8-33 下出料管

表 8-11 下出料时夹套底部及管口尺寸　　　　　　　　　　　单位：mm

管口公称直径 DN	50	70	100	125	150
D_{min}	130	160	210	260	290

8.3.3　搅拌装置

（1）搅拌器

搅拌器亦称搅拌桨或搅拌叶轮，是搅拌反应器的关键部件。其功能是提供过程所需要的能量和合适的流动状态。搅拌器旋转时把机械能传递给流体，在搅拌器附近形成高湍动的充分混合区，并产生一股高速射流推动液体在容器内循环流动。这种循环流动的途径称为流型。

① 搅拌器流型、挡板及导流筒作用　液体在桨叶驱动下循环流动的途径就是搅拌设备内的"流型"。如图 8-34 所示，使液体与搅拌轴平行方向流动，或液体轴向流入、轴向流出的为轴向流；使液体在搅拌器半径和切线方向上流动的，或液体从径向流出、轴向流入的为径向流；无挡板的容器内，流体绕轴做旋转运动，流速高时液体表面会形成旋涡的为切向流。切向流在这个区域内流体没有相对运动，所以混合效果很差。

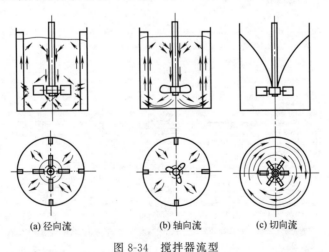

图 8-34 搅拌器流型

上述三种流型通常同时存在，其中轴向流与径向流对混合起主要作用，而对切向流应加以抑制，采用挡板可以削弱切向流，增强轴向流和径向流。

在搅拌设备中心搅拌黏度不高的流体时，只要搅拌器的转速足够高都会产生切向流，严重时可使全部液体围绕搅拌轴旋转，形成圆柱状回转区。此时外面的空气被吸到液体中，液体混入气体后密度减小，从而降低混合效果。通常在容器中加入挡板以消除这种现象，一般

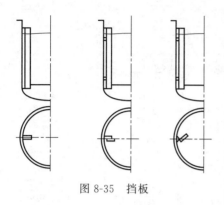

图 8-35 挡板

在容器内壁面均匀安装 4 块挡板,其宽度为容器直径的 0.1 倍左右。增加挡板数量和挡板宽度,搅拌功率也会随之增加。当功率消耗不再增加时,称为全挡板条件。挡板的安装如图 8-35 所示。

② 搅拌器类型、特点及选用　搅拌器使流体产生剪切作用和循环流动。当搅拌器输入流体的能量主要用于流体的循环流动时,称为循环型叶轮,如框式、螺带式、锚式、桨式、推进式等为循环型叶轮;当输入液体的能量主要用于对流体的剪切作用时,则称为剪切型叶轮,如径向涡轮式、锯齿圆盘式等。

按流体流动形态,搅拌器可分为轴向流搅拌器、径向流搅拌器和混合流搅拌器。各种搅拌桨叶形状按搅拌器的运动方向与桨叶表面的角度可分为平叶、折叶和螺旋面叶三种。桨式、涡轮式、锚式和框式桨叶都有平叶和折叶两种结构,而推进式、螺杆式、螺带式的桨叶则为螺旋面叶。平叶的桨面与运动方向垂直,即运动方向与桨面法线方向一致。折叶的桨面与运动方向成一个倾斜角度 θ,一般 θ 为 45°或 60°。螺旋面叶是连续的螺旋面或其一部分,桨叶曲面与运动方向的角度逐渐变化,如推进式桨叶的根部曲面与运动方向一般可为 40°~70°,而其桨叶前端曲面与运动方向的角度较小,一般为 17°左右。

平叶的桨式、涡轮式是径向流;螺旋面叶片的螺杆式、螺带式、推进式是轴向流;折叶桨则居于两者之间,一般认为它更接近于轴向流。

按搅拌器的用途分为低黏度流体用搅拌器和高黏度流体用搅拌器。用于低黏度流体搅拌器有推进式、长薄叶螺旋桨式、桨式、开启涡轮式、圆盘蜗轮式、布尔马金式、板框桨式、三叶后掠式、MIG(多层双倾斜)和 INTERMIG(MIG 改型多层)等;用于高黏度流体的搅拌器有锚式、框式、锯齿圆盘式、螺旋桨式、螺带式(单螺带、双螺带)、螺旋-螺带式等。各类搅拌器结构如图 8-36 所示。

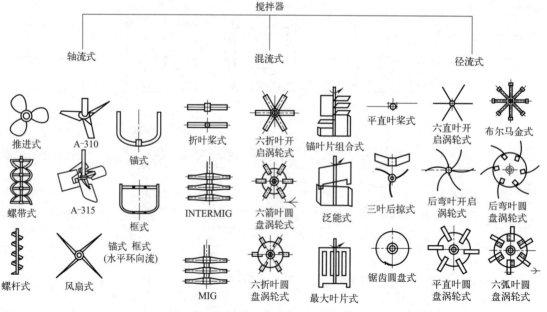

图 8-36　搅拌器流型分类图谱

由于液体的黏度对搅拌状态有很大影响,所以根据搅拌介质黏度大小来选型是一种基本的方法。图 8-37 就是这种选型图,几种典型的搅拌器都随黏度的高低而有不同的使用范围。由图 8-37 可知,随黏度增高的各种搅拌器使用顺序为推进式、涡轮式、桨式、锚式和螺带式等。

③ 搅拌功率 搅拌功率是指搅拌器以一定转速进行搅拌时,对液体做功并使之发生流动所需的功率。计算搅拌功率的目的,一是用于设计或校核搅拌器和搅拌轴的强度和刚度,二是用于选择电机和减速机等传动装置。

影响搅拌功率的因素很多,主要以下四个方面。

i. 搅拌器的几何尺寸与转速：搅拌器直径、桨叶宽度、桨叶倾斜角、转速、单个搅拌器叶片数、搅拌器距离容器底部的距离等。

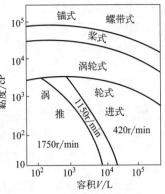

图 8-37 常用搅拌器选型图
（1cP＝10^{-3} Pa·s）

ii. 搅拌容器的结构：容器内径、高度、挡板数、挡板宽度、导流筒的尺寸等。

iii. 搅拌介质的特性：液体的密度、黏度等。

iv. 重力加速度。

一般用因次分析的方法可导出搅拌功率的关联式：

$$N_P = \frac{P}{\rho n^3 d^5} = K(Re)^r (Fr)^q f\left(\frac{d}{D}, \frac{B}{D}, \frac{h}{D}, \cdots\right) \tag{8-52}$$

式中 N_P——功率准数;

P——搅拌功率,W;

ρ——液体的密度,kg/m^3;

n——搅拌器转速,r/s;

d——搅拌器直径,m;

K——系统几何构形的总形状系数,无因次;

Re——雷诺数,$Re = \dfrac{\rho n d^2}{\mu}$,用以衡量液体运动状态的影响;其中,$\mu$ 为液体的黏度,Pa·s;

Fr——弗劳德数,$Fr = \dfrac{n^2 d}{g}$,用以衡量重力的影响;其中,g 为重力加速度,m/s^2;

D——搅拌容器内直径,m;

B——桨叶宽度,m;

h——液面高度,m;

r,q——指数。

由式 (8-52) 可以得到搅拌功率 P 为

$$P = N_P \rho n^3 d^5 \tag{8-53}$$

上式中 ρ、n、d 是已知的,只有功率准数 N_P 是未知的。在特定的搅拌装置上可以测得功率准数 N_P 与雷诺数 Re 的关系。将此关系绘于对数坐标图上即得功率曲线。图 8-38 为全挡板条件下的六种搅拌器的功率准数曲线。由图可知,功率准数随雷诺数变化。在低雷诺数 ($Re<10$) 的层流区内,流体不会打旋儿,重力影响可以忽略。功率曲线为斜率等于 -1 的直线;当 $10 \leqslant Re \leqslant 10000$ 时为过渡流区,功率曲线为一条下凹曲线;当 $Re>10000$ 时,流动为充分湍流区,功率曲线为一条水平曲线,即功率准数与雷诺数无关,保持不变。由此图查得功率准数并代入式（8-53），即可计算出搅拌功率。

【例题 8-1】 有一内径 $D=1800\text{mm}$ 的搅拌反应器，内装一个直径 $d=600\text{mm}$ 的六直叶圆盘涡轮式搅拌器，搅拌器距器底高度 $h_1=1\text{m}$，转速 $n=160\text{r/min}$。器壁安装 4 块挡板，宽度 $b=0.3\text{m}$，液面深度 $h=3\text{m}$。液体黏度为 $\mu=0.12\text{Pa}\cdot\text{s}$，密度 $\rho=1300\text{kg/m}^3$，计算搅拌功率。

解 计算 Re 为

$$Re=\frac{d^2 n\rho}{\mu}=\frac{0.6^2\times\frac{160}{60}\times 1300}{0.12}=10400$$

由图 8-38 查曲线 1 可知 $N_P=6.0$。

按式（8-53）计算搅拌功率为

$$P=N_P\rho n^3 d^5=6.0\times 1300\times\left(\frac{160}{60}\right)^3\times 0.6^5=11.5(\text{kW})$$

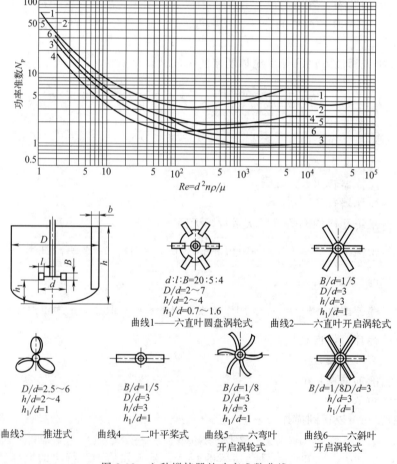

图 8-38 六种搅拌器的功率准数曲线

（2）搅拌轴

搅拌反应器的振动、轴封性能等直接与搅拌轴的设计相关。对于大型或高径比大的搅拌反应器，尤其要重视搅拌轴的设计。

设计搅拌轴时，主要应考虑四个因素：扭转变形、临界转速、转矩和弯矩联合作用下的强度、轴封处允许的径向位移。考虑上述因素计算所得的轴径是危险截面处的最小直径,确定轴的实际直径时,通常还要考虑腐蚀裕量等因素,最后把直径圆整为标准轴径。

搅拌轴可设计成一段,但当轴较长时考虑安装、检修、制造等因素,有时将轴分成上下两段。搅拌轴可以是实心轴,也可以是空心轴。

(3) 传动装置

带搅拌的反应器,需要电动机和传动装置来带动搅拌器转动。传动装置通常设置在反应釜的顶部,一般采用立式布置,如图8-39所示。电动机先经减速装置将转速减至工艺要求的搅拌转速,再通过联轴器带动搅拌轴旋转。减速机下设置一个机架,以便安装在反应釜的封头上。由于考虑到传动装置与轴封装置安装时要求保持一定的同心度以及装卸检修方便,常在封头上焊一个凸缘,整个传动装置连机架及轴封装置都一起安装在凸缘上。因此,反应器传动装置的设计内容一般应包括选用电动机、减速机和联轴器以及选用或设计机架和凸缘等。

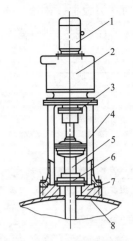

图8-39 反应器的传动装置
1—电动机;2—减速机;3—联轴器;
4—机架;5—搅拌轴;6—轴封装置;
7—凸缘;8—上封头

① 电动机与减速机的类型及选用 搅拌反应器的电动机绝大部分与减速机配套使用,只有在搅拌转速很高时电动机才不经减速机而直接驱动搅拌轴。因此电动机的选用一般应与减速机的选用互相配合考虑。设计时可根据选定的减速机选用配套的电动机。

反应器传动装置上的电动机选用,主要是确定系列型号、功率、转速以及安装形式和防爆要求等几项内容。

反应器常用的电动机系列有 Y、YB、Y-F、YXJ 等几种型号,其特点和使用范围见表8-12所示。

表8-12 反应器常用电动机

名称	型号	结构特征
异步电动机	Y	铸铁外壳,小机座上有散热筋,铸铝转子,有防护式与封闭式之分
隔爆型异步电动机	YB	防爆式,钢板外壳,铸铝转子,小机座上有散热筋
化工防腐用异步电动机	Y-F	结构同Y型,采取密封及防腐措施
摆线针轮减速异步电动机	YXJ	由封闭式异步电动机与摆线针轮减速器直联

在工艺确定搅拌功率后考虑摩擦损失和传动效率可以得到电动机的计算功率为

$$P_e = \frac{P + P_m}{\eta} \text{ (kW)} \tag{8-54}$$

式中 P——搅拌轴功率,由式(8-53)确定,kW;

P_m——轴封处摩擦损失功率,kW;

η——传动系统的机械效率。

可由 P_e 向上圆整到电动机系列的额定功率值 P_n。当启动功率较大且超过电动机的允许启动功率时,还应适当提高 P_n。

反应器用的立式减速机主要有摆线针轮行星减速机、齿轮减速机、三角带式减速机、圆柱蜗杆减速机等几种。这几种减速机已有标准设计系列,并由有关工厂定点生产。这几种减速机的有关数据、主要特点、应用条件等基本特性列于表 8-13 中。选用时应优先考虑传动效率高的齿轮减速机和摆线针轮行星减速机。

表 8-13 几种釜用立式减速机的基本特性

特性参数	减速机类型			
	摆线针轮行星减速机	齿轮减速机	三角带式减速机	圆柱蜗杆减速机
传动比 i	87～9	12～6	4.53～2.96	80～15
输出轴转速/(r/min)	17～160	65～250	200～500	12～100
输入功率/kW	0.04～55	0.55～315	0.55～200	0.55～55
传动效率	0.9～0.95	0.95～0.96	0.95～0.96	0.80～0.93
传动原理	利用少齿差内啮合行星传动	两级同中距并流式斜齿轮传动	单级三角带传动	圆弧齿圆柱蜗杆传动
主要特点	传动效率高,传动比大,结构紧凑,拆装方便,寿命长,重量轻,体积小,承载能力高,工作平稳。对过载和冲击载荷有较强的承受能力,允许正反转,可用于防爆要求	在相同传动比范围内体积小,传动效率高,制造成本低,结构简单,装配检修方便,可以正反转,不允许承受外加轴向载荷,可用于防爆要求	结构简单,过载时能打滑,可起安全保护作用,但传动比不能保持精确,不能用于防爆要求	凹凸圆弧齿廓啮合,磨损小,发热低,效率高,承载能力高,体积小,重量轻,结构紧凑,广泛用于搪玻璃反应罐,可用于防爆要求

② 机架与凸缘

i. 机架。反应器立式传动装置是通过机架安装在反应器封头的凸缘上的,机架上端与减速机装配,下端则与凸缘装配。在机架上一般还需要有容纳联轴器、轴封装置等部件及其安装操作所需的空间,有时机架中间还要安装中间轴承以改善搅拌轴的支承条件。选用时,首先考虑上述需要,然后根据所选减速机的输出轴轴径及其安装定位面的结构尺寸选配合适的机架。有些减速机与机架连成整体,如三角带式减速机;有些制造厂,机架与减速机配套供应,这样就不存在机架的设计或选用问题了。

一般应优先选用 HG/T 21566—1995《搅拌传动装置 单支点机架》及 HG/T 21567—1995《搅拌传动装置 双支点机架》规定的标准机架,这两种标准机架结构如图 8-40 所示。

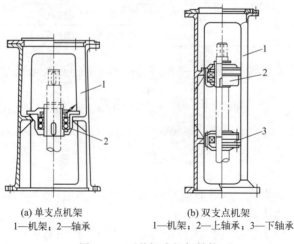

(a) 单支点机架
1—机架;2—轴承

(b) 双支点机架
1—机架;2—上轴承;3—下轴承

图 8-40 两种标准机架结构

ii. 凸缘。凸缘焊接在设备的顶盖上,用以连接减速机和轴的密封装置。设计时应优先选用 HG/T 21564—1995《搅拌传动装置 凸缘法兰》,其结构如图 8-41 和图 8-42 所示,有无衬里和有衬里两种。当介质的腐蚀性较强时,应选用具有衬里防腐层的凸缘。

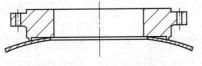 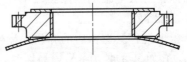

图 8-41 无衬里凸缘法兰　　　　　　　图 8-42 有衬里凸缘法兰

8.3.4 轴封

轴封是搅拌反应器的重要组成部分。搅拌反应器轴封的作用是保证设备内处于正压或真空状态,并防止反应物料逸出或杂质渗入。主要形式有填料密封和机械密封两种。

(1) 填料密封

填料密封是搅拌反应器最早采用的一种轴封结构,它的特点是结构简单且易于制造,适用于低压、低转速场合。

填料密封的结构如图 8-43 所示。在搅拌轴和填料函之间环隙中的填料,在压盖压力作用下,对搅拌轴表面产生径向压紧力。由于填料中含有润滑剂,在径向压紧力作用下形成液膜,它一方面使搅拌轴得到润滑,另一方面阻止设备内流体逸出或外部流体渗入而起到密封的作用。

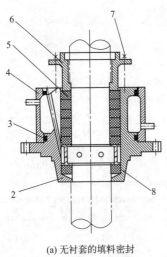 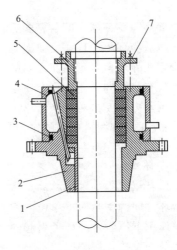

(a) 无衬套的填料密封　　　　　　　　(b) 带衬套的填料密封

图 8-43 填料密封的结构

1—衬套;2—填料箱体;3—O 形密封圈;4—水夹套;5—填料环;6—压盖;7—压紧螺栓;8—油杯

虽然填料中含有一些润滑剂,但其数量有限且在运转中不断消耗,故填料箱上常设置添加润滑剂的装置。填料密封不可能达到绝对密封,因为压紧力太大时会加速轴及填料的磨损,使密封失效更快。为了延长密封寿命,允许一定的泄漏量(<150～450mL/h),运转过程中需调整压盖的压紧力,并规定更换填料的周期。当设备内温度高于 100℃或转轴线速度大于 1m/s 时,填料密封需有冷却装置,将摩擦产生的热量带走。

对填料的要求如下:

i. 有足够的塑性,在压盖压紧力作用下能产生塑性变形;

ii. 耐介质及润滑剂的浸泡和腐蚀；
iii. 有足够的弹性，能吸收不可避免的振动；
iv. 耐磨性好，延长使用寿命；
v. 减摩性好，与轴的摩擦系数小；
vi. 耐温性好。

通常根据搅拌反应器内的介质、操作压力、操作温度、转速等来选择填料。在压力小于 0.2MPa 而介质又无毒、不易燃易爆时，可用一般石棉填料，安装时外涂工业用黄油。在压力较高和介质有毒、易燃易爆时，常用浸渍石墨石棉填料。石棉绳浸渍聚四氟乙烯填料具有耐磨、耐腐蚀和耐高温等优点，可用在高真空的条件下，但搅拌轴转速不宜过高。

工程设计中常选用 HG 21537.1《碳钢填料箱》、HG 21537.2《不锈钢填料箱》、HG 21537.3《常压碳钢填料箱》和 HG 21537.4《常压不锈钢填料箱》等四种标准填料箱。由于含石棉的填料产品会致癌，这四项标准已于 2023 年被工业和信息化部公告废止。

(2) 机械密封

机械密封是把转轴的密封面从轴向改为径向，通过动环和静环两个端面的相互贴合，并做相对运动达到密封的装置，又称端面密封。它具有功耗小、泄漏量低、密封可靠、使用寿命长等优点，在搅拌反应器中得到了广泛应用。

机械密封一般有四个密封处，如图 8-44 中的 A、B、C、D 所示。

A 处一般是指静环座和设备之间的密封。这种静密封比较容易处理，很少发生问题。通常采用凹凸密封面，焊在设备封头上的凸缘做成凹面，静环座做成凸面，采用一般静密封用垫片。

B 处是指静环与静环座之间的密封，这也是静密封，通常采用各种形状有弹性的辅助密封圈来防止介质从静环与静环座之间泄漏。

C 处是动环和静环相对运动面之间的密封，这是动密封，是机械密封的关键。它是依靠弹簧加荷装置（有些结构则还利用介质压力）在相对运动的动环和静环的接触面（端面）上产生一合适的压紧力，使这两个光洁、平直的端面紧密贴合，端面间维持一层极薄的流体膜（这层膜起着平衡压力和润滑端面的作用）而达到密封目的。两端面之所以必须高度光洁平直，是为了给端面创造完全贴合和压力均匀的条件。

D 处是指动环与轴（或轴套）之间的密封，这也是一个相对静止的密封，但在端面磨损时，允许其作补偿磨损的轴向移动。常用的密封元件是 O 形环。

动环和静环之间的密封面上单位面积所受的压力称为端面比压，它是动环在介质压力和弹簧力的共同作用下压紧在静环上引起的，是操作时保持密封所必需的静压力。端面比压过大，将造成摩擦面发热，使磨损加剧，功率消耗增加，使用寿命缩短；端面比压过小，则会导致密封面因压不紧而泄漏，使密封失效。

端面比压是关系到密封性能与密封寿命的重要数据，对于一定的工作条件（密封介质特性、压力、温度、轴径、转速等）端面比压有一个最佳范围，通常端面比压取 0.3～0.6MPa。对介质压力高、润滑性良好、摩擦副材料好的可选定更高的端面比压；对润滑性差、易挥发的介质选用较小的端面比压；对气体介质，端面比压取得较小。目前，还没有完整的理论与计算公式来确定最佳端面比压，都要结合试验与生产确定。搅拌反应器的操作特点是压力易于波动而搅拌轴的转速一般不高，所以确定端面比压时可以适当取得大些。

机械密封有单端面和双端面之分。所谓单端面即密封机构中仅有一对摩擦副，即一个密封端面，如图 8-44 所示。双端面就是密封机构有两对摩擦副，即两个密封端面，如图 8-45 所示。单端面的结构简单，制造与安装都较容易，使用较多。双端面要将带压力的密封液送到密封腔中，起密封和润滑作用，所以结构复杂。当操作压力较高或介质的毒性大、易燃易爆时应选用双端面密封。密封液的压力一般比介质压力大 0.05～0.1MPa。

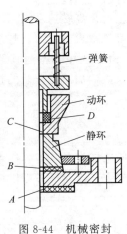

图 8-44　机械密封

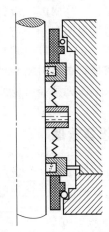

图 8-45　双端面机械密封

机械密封还分为内装式和外装式。内装式的弹簧置于工作介质之中，外装式的弹簧置于工作介质之外。如图 8-46(a) 为内装式，图 8-46(b) 为外装式。搅拌反应器所用的机械密封多为外装式，因为它便于安装维修和观察。外装式还适用于密封零件和弹簧材料不耐介质腐蚀、介质易结晶或黏度很大影响弹簧工作的场合。

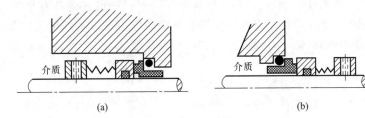

图 8-46　内装式和外装式

机械密封的形式还分成平衡型与非平衡型两类。这种区分是根据介质压力负荷面积与端面密封面积的比值 K 的大小判别的。当 $K \geqslant 1$ 时是非平衡型，如图 8-47(a) 所示。这时介质在端面上的推开力与弹簧力的方向相反，随介质压力的升高，若保持端面间一定的比压，就必须预先加大弹簧力，可是当操作刚开始还处于低负荷时，过大的弹簧力却会使端面磨损加剧和发热严重，这又是很不利的。所以这种非平衡型机械密封比较适于介质压力较低的场合，根据使用经验，一般在 0.1～0.6MPa。当比值 $K < 1$ 时是平衡型，如图 8-47(b) 所示。平衡型的结构使得介质压力的变化对端面比压的影响比较小或没有影响。这时介质压力在动环上部有一定大小的作用范围，它对动环的作用力方向向下，可以平衡或部分平衡介质压力对端面的推开力，它和弹簧力一起保证动环不致被介质压力推开，使得端面仍能维持一定的比压，而无须增大弹簧力。这种结构比非平衡型合理，可以应用在介质压力波动或介质压力较高的场合。

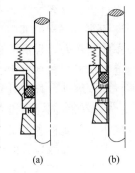

图 8-47　非平衡型与平衡型

工程设计中常选用 HG/T 2098—2011《釜用机械密封类型、主要尺寸及标志》和 HG/T 21571《搅拌传动装置　机械密封》等两种标准机械密封。HG/T 2098 机械密封适用于介质操作压力在 1.33×10^{-4}（绝压）～2.5MPa（表压）之间，温度在 0～80℃ 范围内的机械搅拌容器；HG/T 21571 机械密封适用于设计压力 -0.1～1.6MPa，设计温度 -20～300℃ 的机械搅拌容器。

机械密封与填料密封相比有很多优点。虽然目前高压力、高转速和高温下的机械密封还没有标准，但在 5.0MPa 以下密封效果很好，泄漏量比填料密封小得多，甚至可以做到不泄漏。摩擦功率消耗只有填料密封的 10%～15%，使用寿命也比填料密封长，经常达半年到一年甚至一年以上而无须经常检修。它的缺点是结构复杂些，加工与安装的技术要求较高。

8.4 过程静设备管理

过程静设备管理是对其寿命周期全过程的管理，包括选择设备、正确使用设备、维护修理设备以及更新改造设备全过程的管理工作，为企业完成生产经营任务提供可靠保证。

8.4.1 设计、制造与安装

过程静设备设计、制造与安装是确保设备在运行过程中性能稳定、安全可靠的重要环节，其设计、制造与安装单位必须具有相应的资质。

在设备设计阶段，首先需要进行全面的工艺流程设计，以确立设备的功能和操作要求。在选择设备材料时，必须根据工艺要求和操作环境，选择合适的材料，如不锈钢、碳钢、玻璃钢等，并严格遵循相关标准，如 ASTM、ASME 和中国标准 GB/T 150。在结构设计过程中，需要考虑到设备承受的载荷、压力和温度等因素，确保设备具有足够的强度和稳定性，并符合相关标准。此外，在安全与环保设计方面，需考虑设备的操作安全和环保性，采用防爆设计、泄漏防护和紧急应对措施等，符合环保法规。

在设备制造阶段，根据设计要求和材料特性，选择合适的制造工艺，如焊接、锻造、铸造等，并确保制造工艺符合相关标准和规范。

在设备安装阶段，需要进行详细的安装方案设计和施工计划制定，确定安装方法和工序，并制订安全操作规程。在施工过程中，必须严格按照设计要求和标准进行，确保设备安装质量和安全性。

通过科学的设计、合理的制造和规范的安装，可以确保过程静设备在运行过程中具有良好的性能、可靠性和安全性，为生产运行提供稳定的技术支持。

8.4.2 使用、修理与改造

过程静设备的使用单位应当按照《特种设备使用管理规则》的有关要求向所在地负责特种设备使用登记的部门申请办理《特种设备使用登记证》。使用过程中需要严格遵守相关的操作规程和安全标准，确保生产过程的安全性和稳定性。同时，操作人员需要定期监测设备的运行状态，包括压力、温度、液位等参数，及时发现并解决问题。此外，需要对操作人员进行专业培训，提高其对设备操作的技能和安全意识，从而确保设备的安全运行。

在修理方面，当设备出现故障时，需要进行及时的故障排除和修复，恢复设备的正常运行状态。定期检查设备的关键零部件，如密封件、阀门等，发现损坏或磨损要及时更换，避免因零部件故障导致的设备停机事故。对设备的传感器、仪表进行定期校准，确保测量准确性。对于出现液体泄漏的情况，及时进行处理，修复漏损部位，防止污染和产生安全隐患。

在设备改造方面，可以根据新技术和工艺要求对设备进行技术改造和升级，提高设备的生产效率和品质。针对设备存在的结构缺陷或不足，进行结构改进和优化设计，提高设备的可靠性和安全性。引入环保节能技术，对设备进行改造，降低能耗和排放，实现清洁生产。同时，安装安全防护装置，提升设备的安全性能，预防意外事故的发生。

通过以上内容的合理实施，可以确保过程静设备在使用、修理和改造过程中保持良好的运行状态，提高生产效率，降低安全风险，实现设备的可持续运行和优化。

8.4.3 定期检验

定期检验是确保静设备安全可靠运行的重要环节之一。通过定期检验，可以及时发现设备的潜在问题，并采取相应的措施进行改进和修复，以确保设备的正常运行和安全性。

定期检验的内容包括但不限于以下几个方面。

外观检查：对静设备的外观进行全面检查，包括表面是否存在腐蚀、变形、裂纹等情况，确保设备的完整性和稳定性。

内部检查：对设备的内部部件进行检查，包括容器内壁、密封件、紧固件等，查看是否存在磨损、松动、渗漏等问题，并及时采取维护和修复措施。

功能性检查：对设备的功能性部件进行检查，包括阀门、传感器、仪表等，确保其正常工作，保证设备的操作性能。

材料检查：对设备所采用的材料进行检查，查看是否存在腐蚀、老化等情况，确保材料的质量符合要求，保证设备的耐久性和稳定性。

定期检验应根据设备的使用情况和工艺要求进行安排，一般建议每隔一定时间进行一次全面的检查，以及在设备发生异常情况或运行参数变化时进行及时的检验和调整。

8.4.4 安全附件、密封件与紧固件

安全附件、密封件与紧固件是静设备中至关重要的部件，直接影响着设备的安全性能和密封性能。定期检查和维护这些部件是确保设备正常运行的关键措施之一。

安全附件：包括泄压阀、安全阀等安全装置，用于在设备压力超过安全范围时释放压力，保护设备和操作人员的安全。定期检查安全附件的灵敏度和工作状态，确保其可靠性和有效性。

密封件：包括法兰密封、机械密封、填料密封等，用于保证设备的密封性能，防止液体或气体的泄漏。定期检查密封件的完整性和紧固性，及时更换老化或损坏的密封件，确保设备的密封效果。

紧固件：包括螺栓、螺母、垫片等。定期检查紧固件的紧固程度和完整性，确保其正常工作，防止因紧固件松动而导致的设备失效。

思考题

8-1 管壳式换热器有哪几种类型？各有何特点？

8-2 Ⅰ级管束与Ⅱ级管束有何区别？各适用于何种工况？

8-3 换热管与管板的连接有几种方法？各自的主要特点及应用有何区别？

8-4 换热管在管板上的排列方式有哪些？各适用什么条件？

8-5 固定管板式换热器设置波形膨胀节有何作用？

8-6 塔设备承受哪些载荷？会引起何种应力和破坏？

8-7 基本风压 q_0 在我国是按什么条件确定的？

8-8 塔设备设计中，哪些危险截面需要校核轴向强度和稳定性？为什么？

8-9 最大组合弯矩有 $M_{\mathrm{W}}^{I-I}+M_{\mathrm{e}}$、$M_{\mathrm{E}}^{I-I}+0.25M_{\mathrm{W}}^{I-I}+M_{\mathrm{e}}$ 和 $0.3M_{\mathrm{W}}^{I-I}+M_{\mathrm{e}}$，三式各表征什么工况？为什么 M_{W}^{I-I} 前的系数不同？

8-10 裙座的质量载荷计算中包括水压试验充水质量，而塔壳质量计算中是否也应包括充水质量？为什么？

8-11 为防塔倾倒，裙座何时须设置地脚螺栓？最大拉应力按何种工况计算？为什么？

8-12 机械搅拌反应器主要由哪些零部件组成？

8-13 搅拌容器的传热元件有哪几种？各有什么特点？

8-14 搅拌反应器的密封装置有哪几种？各有什么特点？

习　题

8-1 某产品生产为间歇操作，每昼夜处理 $40\mathrm{m}^3$ 的物料，每次反应的时间为 1.5h，生产中无沸腾现象。如果要求最多用 3 台搅拌反应器，试求每台搅拌反应器的容积，并决定其直径和高度。

8-2 搅拌反应器的筒体内直径为 1200mm，液深为 1800mm，容器内均布四块挡板，搅拌器采用直径为 400mm 的推进式以 320r/min 转速进行搅拌，反应器介质的黏度为 $0.1\mathrm{Pa \cdot s}$，密度为 $1050\mathrm{kg/m}^3$，试求：

(1) 搅拌功率；

(2) 改用六直叶圆盘涡轮搅拌器，其余参数不变时的搅拌功率；

(3) 如反应液的黏度改为 $25\mathrm{Pa \cdot s}$，搅拌器采用六斜叶开式涡轮，其余参数不变时的搅拌功率。

能力训练题

8-1 调研工程中换热设备、塔设备或反应设备及其元件失效的实例及解决措施，形成调研报告。

8-2 查阅资料，浅谈先进换热设备、塔设备或反应设备的发展方向，以及本专业当代大学生应承担的使命和责任。

过程设备机械基础

9 典型过程动设备

9.1 概述

9.1.1 过程流体机械

过程是指事物状态在时间和空间上的持续和延伸，描述了事物状态变化的经历。生产过程是人们利用生产工具改变劳动对象以满足需要的过程，通常涵盖了从劳动对象进入生产领域到制成产品的整个过程，是人类社会存在和发展的基础。

现代产品的生产过程，特别是化工生产过程，通常由多个生产环节相连接或主、附生产环节相互呼应，具有大型化、管道化、连续化、快速化、自动化等特征。人们不断改进和完善生产过程，以提高生产率、降低成本、节约能源、提高安全可靠性、优化控制和减少污染。

在现代产品的生产过程中，广义上所说的生产工具包括各种生产过程装备，如机械、设备、管道、工具、仪器仪表以及自动控制用的电脑、调节操作机构等。因此，过程装备的现代化和先进性对产品质量、性能和竞争力起着决定性作用。

过程动设备是以流体或混合物为对象进行能量转换和处理，包括提高压力进行输送的机械。它是过程装备的重要组成部分，也称为过程流体机械。在许多产品的生产中，流体是原料、半成品和产品，因此流体机械在生产过程中起着至关重要的作用。它直接或间接地参与各个生产环节，提供能量、制作产品并进行物质输送。因此，流体机械往往被视为工厂的核心、动力和关键设备。

过程装备中的动设备通常包括各种旋转机械、泵、压缩机、风机、阀门等，它们在生产过程中扮演着关键角色。这些设备的结构和部件在高速运转时与流体相互作用，因此对其进行的控制需要更为精细和复杂。动设备的运行状态直接影响着生产过程的效率和产品质量，因此必须进行精确监控和调节。同时，为了确保生产安全和设备可靠性，动设备的维护和保养也至关重要。在现代工业生产中，动设备的运行状态和性能监测常常借助先进的传感技术和自动化控制系统来实现，以提高生产过程的稳定性和可控性。过程装备中的动设备的许多结构和零部件在高速地运动着，并与其中不断流动着的流体发生相互作用，因而它比过程装备中的静设备、管道、工具和仪器仪表等重要得多、复杂得多，对这些动设备所实施的控制也复杂得多。

9.1.2 过程流体机械分类

过程流体机械的分类方法很多，这里仅从三个方面分类如下。

（1）按能量转换的方式分类

过程流体机械根据能量转换的方式可分为两大类：原动机和工作机。原动机将流体能转换为机械能，以输出轴功，典型如汽轮机、燃气轮机和水轮机；而工作机则将外部动力传递给流体，改变其能量状态，例如提高压力或分离流体，典型如压缩机、泵和分离机。这两类过程流体机械在流体工程中各具重要作用，用于实现流体的压缩、输送和处理。

（2）按流体介质分类

通常，流体是具有良好流动性的气体和液体的总称。在某些情况下，也存在不同流动介质的混合，例如气固、液固两相流体或气液固多相流体。

在流体机械的工作机中，主要有提高气体或液体压力、输送气体或液体的机械，以及多种流动介质分离的机械。其分类如下。

① 压缩机和风机　将机械能转化为气体能量，用于增压和输送气体。根据气体压力升高的程度，可分为压缩机、鼓风机和通风机等类型。

② 泵　将机械能转化为液体能量，用于增压和输送液体。当液体与固体颗粒混合流经泵时，称之为杂质泵或液固两相流泵。

③ 分离机　即用机械能将混合介质分离的设备。这里提到的分离机主要指用于分离流体介质或以流体介质为主的分离设备。

（3）按结构特点分类

过程流体机械按结构可分为两大类，一类是往复式结构，另一类是旋转式结构。

① 往复式结构的过程流体机械　包括往复式压缩机和往复式泵等。这种结构的主要特点是通过能量转换使流体提高压力，其核心部件是在工作腔中做往复运动的活塞。活塞的往复运动是由做旋转运动的曲轴带动连杆，进而带动活塞实现的。这种结构的过程流体机械具有输送流体流量较小而单级压升较高的特点，一台机器就能将流体升至很高的压力。

② 旋转式结构的过程流体机械　主要包括各种回转式、叶轮式（透平式）的压缩机、泵以及分离机等。其特点在于通过能量转换使流体提高压力或进行分离的主要运动部件是转轮、叶轮或转鼓，这些旋转件可以直接由原动机驱动。这种结构的过程流体机械具有输送流体流量大而单级压升不太高的特点。要实现较高的压力，通常需要将机器设计成多级组成或将几台多级机器串联成机组。

9.2 压缩机结构及工作原理

9.2.1 压缩机应用

压缩机是一种过程流体机械，其作用是将吸入的气体进行压缩，从而提高气体压力。我国历史上很早就采用了鼓风用木质风箱，它可以被视为活塞式压缩机的前身。早在1280年的《演禽斗数三世相书》和1637年的《天工开物》中就有了明确的记载。到了18世纪末，第一台工业用往复活塞式空气压缩机在英国问世。1900年，第一台离心式压缩机在法国得到了应用。此后，多项新技术不断涌现，如1934年瑞士出现的第一台多级轴流式压缩机，

1937年瑞典推出的螺杆压缩机样机,以及1963年美国研制成功的高压离心式压缩机,气动力学三元流动分析、先进制造技术、计算机软件、新材料、密封技术、控制理论等的进步促进了压缩机的巨大发展。1949年后,我国压缩机行业从最初仿制国外产品到对技术消化吸收和技术创新,至今逐渐形成了较为完整的工业体系。

压缩机的应用十分广泛,涉及化工、石油化工、机械制造、空调制冷、能源动力、航空航天、交通运输、深海勘探、国防以及日常生活等多个领域。这些应用大致可归纳为以下几类。

(1) 化工工艺用压缩机

通常用于满足化学等过程工艺对气体压力的需求。例如,在氨合成工艺中,氢气和氮气的合成压力需要达到20.3MPa(哈伯-博施法)、30.4MPa(佛瑟法),以及5.2~10.1MPa(蒙特·赛尼斯-伍德法)。其他应用如二氧化碳与氨生产尿素(15~21MPa)、丙烯合成橡胶(2MPa)以及乙烯聚合生产塑料(150~350MPa)等。在涉及气体工质的生产过程中,通常需要严格控制操作压力以满足生产工艺参数的要求,因此需要使用压缩机。

(2) 制冷和气体分离用压缩机

经过压缩的气体或混合气体可以通过节流膨胀或形成激波等方式来实现冷热分离,以达到降温的目的。例如,膨胀机和气波制冷机(也称为热分离机)等设备可以实现这一目标。另外,混合气体在被压缩液化后,可以利用不同组分的蒸发温度差异进行气体分离。例如,通过分离空气可以获得氧、氮等不同组分。

(3) 气体输送用压缩机

气体输送通常需要借助压缩机来提高压力,管道输送则需要足够的压力来克服管道流动阻力,并实现所需的输送流量。例如,天然气管道输送目前占据着重要地位,其管道全长可达数千千米。一般来说,集气管道的压力约在10MPa以上,而输气管道的压力在7~8MPa左右。为了实现这样的压力,需要依靠起点压气站和沿线压气站进行加压输送。此外,罐装和瓶装存储及输送也是重要的气体运输形式之一。为了增加装载量,通常需要使用较高的充装压力。例如,车用天然气气瓶的充装压力达到20MPa,而氩气瓶、氧气瓶的充装压力则在14~15MPa左右。

(4) 动力用压缩机

通常使用空气压缩机来产生压缩空气,用于驱动各种风动机械、执行吹扫操作或执行启动与关闭等控制。这种应用广泛存在于许多行业领域中,例如风镐、砂轮机、气锤、铆枪、气钻、气动阀、搅拌、喷砂、清扫等。此外,在国防领域,例如潜艇的沉浮系统、鱼雷和导弹的发射装置等也需要使用压缩空气。

9.2.2 压缩机分类

压缩机的种类和结构形式越来越多,下面介绍几种常用的分类方法。

(1) 按工作原理分类

按工作原理的不同,压缩机分为容积式和速度式(动力式)两大类,如图9-1所示。容积式压缩机的特点在于能够形成封闭的工作腔,通过逐渐减小工作腔容积来提高气体压力。其理论基础是气体状态方程。而速度式压缩机则具有高速旋转的叶轮或者高速工作流体的特点,通过叶轮或工作流体对气体进行做功,从而提高被压缩气体的压力能和动能。

(2) 按排气压力分类

排气压力(表压)大于等于0.2MPa时称为压缩机,排气压力(表压)小于等于0.2MPa时称为风机,如图9-2所示。

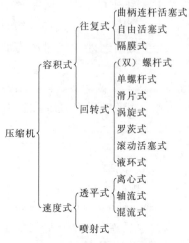

- 压缩机
  - 容积式
    - 往复式
      - 曲柄连杆活塞式
      - 自由活塞式
      - 隔膜式
    - 回转式
      - （双）螺杆式
      - 单螺杆式
      - 滑片式
      - 涡旋式
      - 罗茨式
      - 滚动活塞式
      - 液环式
  - 速度式
    - 透平式
      - 离心式
      - 轴流式
      - 混流式
    - 喷射式

图 9-1　压缩机按工作原理分类

- 风机和压缩机
  - 风机
    - 通风机（<0.015MPa）
    - 鼓风机（0.015～0.2MPa）
  - 压缩机
    - 低压压缩机（>0.2～1.0MPa）
    - 中压压缩机（>1.0～10MPa）
    - 高压压缩机（>10～100MPa）
    - 超高压压缩机（≥100MPa）

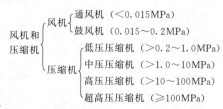

图 9-2　压缩机按排气压力分类

（3）按压缩级数分类

压缩机的基本压缩单元通常由工作腔或叶轮完成气体压力提升。一个基本压缩单元形成一级（注意，一级不一定只有一个工作腔，例如单级双缸活塞式压缩机，其中两个气缸的吸气与排气条件相同，共同构成一级）。根据气体在被压缩过程中经过的基本压缩单元数量，压缩机可分为单级、两级和多级压缩机，如图 9-3 所示。

（4）按驱动功率分类

压缩机为主要的耗能机械，根据驱动功率的大小分为微型、小型、中型和大型压缩机，如图 9-4 所示。

- 压缩机
  - 单级压缩机（气体只通过一个基本压缩单元）
  - 两级压缩机（气体通过两个基本压缩单元）
  - 多级压缩机（气体通过多个基本压缩单元）

图 9-3　压缩机按压缩级数分类

- 压缩机
  - 微型压缩机（驱动功率<5kW）
  - 小型压缩机（5kW≤驱动功率<150kW）
  - 中型压缩机（150kW≤驱动功率<500kW）
  - 大型压缩机（驱动功率≥500kW）

图 9-4　压缩机按驱动功率分类

压缩机种类繁多，各种压缩机适用的流量范围和提压能力以及结构复杂性、性能可靠性、使用维护性等存在较大的区别。每一种具体的压缩机形式，随着科学和技术的发展，其性能特点也得到了提高。

一般说来，活塞式压缩机的排气压力最高，轴流式压缩机的排气量最大，离心式压缩机兼有排气压力高和排气量大的特点。常见的几种压缩机的性能及其结构特点的比较见表 9-1。

表 9-1　常见的几种压缩机性能及结构特点比较

项目	活塞式	离心式	轴流式	螺杆式
排气压力/MPa	一般 0.2～32，工业上可达 320，实验室可达 800	一般 0.2～15，可达 90	一般 0.2～0.8	一般 0.2～1.2，可达 4.5
排气量(N)/(m^3/min)	一般 0.1～400，最小 0.01，最大 800	10～3000，可达 10000	200～25000	2～600，最大 1500
转速/(r/min)	大型 250～500，一般不超过 3000	2000～15000，可达 25000	2500～20000	1500～3000
绝热效率	较高	一般	较高	一般

续表

项目	活塞式	离心式	轴流式	螺杆式
结构复杂性	复杂	简单	简单	较简单
排气压力稳定性	稳定	随流量变化	随流量变化	稳定
寿命	一般	长	长	较长
可靠性	一般	高	高	高
制造难度	一般	高	高	较高
安装维修	较复杂	较简单	较简单	较简单
气体带液适应性	差	不可	不可	强

9.2.3 活塞式压缩机

(1) 活塞式压缩机基本结构及工作原理

活塞式压缩机是一种利用活塞在圆筒形气缸内做往复运动，以提高气体压力的流体机械。图9-5是一台大型曲柄连杆活塞式压缩机（卧式四列五级对称平衡M型）总体结构的示意图，为化工工艺用高压压缩机。图9-6所示为活塞式压缩机基本结构组成的示意图。通过曲柄连杆机构将曲轴的旋转运动转化为活塞组件的往复运动，活塞位于圆筒形气缸内，气缸圆筒形内壁、气缸盖、活塞端面所包围的空间称为工作腔，气缸上安装有吸气阀和排气阀。随着曲轴的转动，获得动力的活塞做往复运动，工作腔容积发生周期变化，以此完成气体吸入、压缩增压以及气体排出的任务。

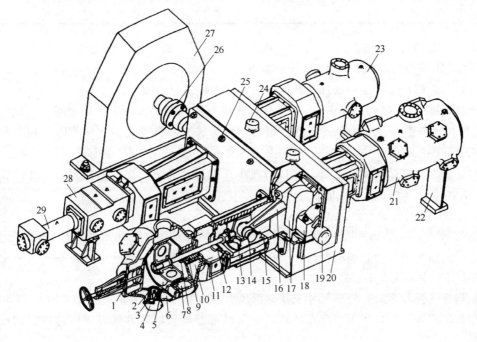

图9-5 活塞式压缩机总体结构示意图

1—气量调节装置；2—气阀；3—气阀压筒；4—气阀压盖；5—Ⅰ级活塞；6—Ⅰ级缸气道；7—Ⅰ级缸夹套；8—活塞杆；9—密封填料；10—Ⅰ级气缸；11—中间接筒；12—刮油环；13—十字头；14—十字头销；15—中体；16—连杆；17—曲柄；18—主轴承；19—曲轴；20—机身；21—Ⅱ级气缸；22—支座；23—Ⅲ级气缸；24—总气罩；25—拉紧螺栓；26—联轴器；27—驱动电机；28—Ⅳ级气缸；29—Ⅴ级气缸

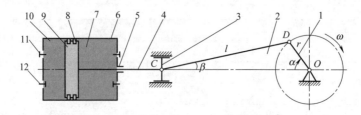

图 9-6 活塞式压缩机基本结构组成

1—曲轴;2—连杆;3—十字头;4—活塞杆;5—填料密封;6—气缸;7—轴侧工作腔;
8—活塞环;9—活塞;10—盖侧工作腔;11—排气阀;12—吸气阀

曲轴中心 O 到连杆大头中心 D 之间的部分称为曲柄,D 也即曲柄销中心,曲柄半径为 r,活塞内外止点间往复移动的最大距离为 $2r$,称为行程 s,$s=2r$。为了实现可靠及高效运行,活塞式压缩机的结构除了图 9-6 所示基本构件外,通常还有润滑系统、冷却系统、密封装置、气体储存及缓冲装置、控制系统等。活塞式压缩机的结构由基本部分、气缸部分、辅助部分三个部分组成(表 9-2)。

表 9-2 活塞式压缩机基本结构

组成部分	作用	组成结构
基本部分	传递动力,连接基础与气缸部分	机身、中体、曲轴、连杆、十字头等
气缸部分	形成工作容积和止漏	气缸、气阀、活塞、填料、气量调节装置
辅助部分	润滑、冷却、过滤、分离、安全防护	冷却器、缓冲器、油水分离器、滤清器、安全阀、油泵、注油器、管路系统

(2) 活塞式压缩机的特点

活塞式压缩机具有以下优点:

① 适用范围广泛　能够处理从低压到数千大气压的压力范围。

② 高效率　其绝热效率可高达 80%。相比离心式压缩机,由于工作原理的不同,活塞式压缩机的效率更高。与回转式压缩机相比,活塞式压缩机避免了大气流阻力损失和内泄漏,因此效率更高。

③ 适应性强　排气量稳定且范围广。在小排气量条件下,更容易实现,相比速度式压缩机,对气体性质的敏感度较低。

活塞式压缩机的缺点包括:

① 油润滑活塞式压缩机的应用受限,气体可能带有油污,因此需要考虑净化问题。

② 受到往复惯性力、填料密封、气阀寿命等因素的限制,转速不能过高,实际上在所有压缩机类型中转速几乎是最低的。

③ 当排气量较大时,外形尺寸及基础都较大。

④ 排气不连续,气体压力存在波动,严重时可能导致脉动共振,进而造成管网或机件的损坏。

⑤ 气阀、填料、活塞环轴套、轴瓦等易损件较多,维修量较大。

(3) 活塞式压缩机的分类

活塞式压缩机的主要分类见表 9-3。

表 9-3 活塞式压缩机的主要分类

分类项目	名称	说明
排气量/(m³/min)	微型	<1
	小型	[1,10)
	中型	[10,100)
	大型	≥100
排气压力/MPa	低压压缩机	[0.2,1)
	中压压缩机	[1,10)
	高压压缩机	[10,100)
	超高压压缩机	≥100
气缸排列方式	立式	气缸中心线垂直于地面
	卧式	气缸中心线平行于地面
	对称平衡式	卧式,气缸分布在曲轴两侧,相对列曲轴拐错角为180°,相对列活塞对动运动
	对置式	卧式,气缸分布在曲轴两侧,各列活塞运动并非对动
	角式	气缸中心线互成一定角度(L、V、W、扇、星形)
气缸容积利用方式	单作用式	仅活塞一侧的气缸容积工作
	双作用式	活塞两侧的气缸容积交替工作
	级差式	同列一侧中有两个以上不同级的活塞组装在一起工作
压缩级数	单级	气体仅经一次压缩即达排气压力
	两级	气体经两次压缩即达排气压力(级间有冷却器)
	多级	气体经多次压缩(级间有冷却器)
冷却方式	风冷式	采用空气冷却
	水冷式	采用水冷却
安装方式	固定式	固定在基础上
	移动式	可移动使用
轴功率/kW	微型	<5
	小型	[5,150)
	中型	[150,500)
	大型	≥500

9.2.4 离心式压缩机

(1) 离心式压缩机的结构

① 典型结构　离心式压缩机的典型结构主要包括两部分：转子和定子。转子由转轴、固定在轴上的叶轮、轴套、平衡盘、推力盘以及联轴器等零部件组成。而定子则是压缩机的固定元件，包括扩压器、弯道、回流器、蜗壳以及机壳等部分，也被称为固定部件。转子和定子之间密封气体的位置还设有密封元件。

图 9-7 展示了沈阳鼓风机集团生产的中低压水平剖分式 MCL 系列离心式压缩机的实物部分剖视图。该系列压缩机能够输送空气和无腐蚀性的各种工业气体，适用于化肥生产、乙烯生产、炼油等化工装置，以及冶金、制氧、制药、长距离气体增压输送等设备。

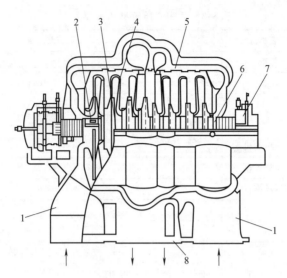

图 9-7　MCL 系列离心式压缩机实物部分剖视图
1—吸入室；2—轴；3—叶轮；4—固定部件；5—机壳；6—轴端密封；7—轴承；8—排气蜗室

② 工作原理　压缩机主轴叶轮通过汽轮机或电动机驱动转动。在离心力的作用下，气体被甩到叶轮后面的扩压器中。叶轮中间形成了稀薄地带，前面的气体从吸入室进入叶轮。在叶轮不断旋转的过程中，气体持续被甩出，从而保持了压缩机中气体的连续流动。由于离心作用增加了气体的压力，气体可以以很高的速度离开叶轮，经过扩压器逐渐降低速度，将动能转化为静压能，进一步增加了压力。如果一个工作叶轮的压力还不够，可以通过将多级叶轮串联来满足出口压力的要求，级间的串联通过弯道和回流器来实现。

一级由叶轮和固定部件构成，是压缩机实现气体压力升高的基本单元。逐级压缩使气体温度升高，增加了再压缩所需的功率。为了减少功率损耗，气体经过四级压缩后的第一段通过排气蜗室排出，然后经过中间冷却器降温后再次引入第二段的第五级叶轮。该压缩机在经过两段八级压缩后，通过另一个排气蜗室排出高压气体。

③ 级的典型结构　级是离心式压缩机使气体增压的基本单元，如图 9-8 所示，级分三种形式即首级、中间级和末级。图 9-8(a) 为中间级，它由叶轮 1、扩压器 2、弯道 3、回流器 4 组成。图 9-8(b) 为首级，它由吸气管和中间级组成。图 9-8(c) 为末级，它由叶轮 1、扩压器 2、排气蜗室 5 组成。其中除叶轮随轴旋转外，扩压器、弯道、回流器及排气蜗室等均属固定部件。为简化研究，通常只着重分析与计算级中几个特征截面上的气流参数，如图 9-8 所示。

④ 离心叶轮的典型结构　叶轮是外界（原动机）传递给气体能量的部件，也是使气体增压的主要部件，因而叶轮是整个压缩机最重要的部件。

叶轮旋转时，流体一方面和叶轮一起做旋转运动，同时又在叶轮旋转中沿叶片向外流动。因此，流体在叶轮内的运动是一种复合运动，它可以分解为牵连运动和相对运动。所谓牵连运动是指当叶轮旋转时，流体微团在叶轮作用下沿着圆周方向的运动。如图 9-9 所示。这时可以把流体微团看成固定在叶轮上随叶轮一起旋转的刚体，其速度称为牵连速度，用 u 表示。显然它的方向与圆周的切线方向一致，大小与所在的圆周半径和转速有关。所谓相对运动，是指流体微团在叶轮流道内相对于叶片的运动，其速度称为相对速度，用 ω 表示。显然它的方向就是质点所在处叶片的切线方向，大小与流量及流道形状有关。牵连运动和相对运动的合成运动称为绝对运动，它是流体相对于机壳等固定件的运动，其速度称为绝对速

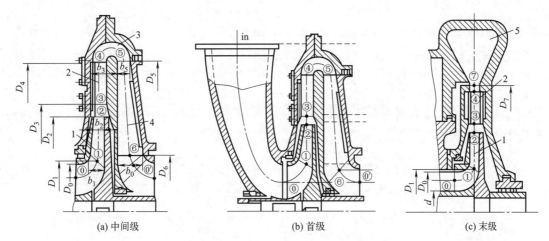

图 9-8 离心式压缩机级及其特征截面

1—叶轮；2—扩压器；3—弯道；4—回流器；5—排气蜗室；in—吸气管进口截面，即首级进口截面或整个压缩机的进口截面；⓪—叶轮进口截面，即中间级和末级进口截面；①—叶轮叶道进口截面；②—叶轮出口截面；③—扩压器进口截面；④—扩压器出口截面，即弯道进口截面；⑤—弯道出口截面，即回流器进口截面；⑥—回流器出口截面；⑦—排气蜗室进口截面；⓪'—本级出口截面，即下一级的进口截面

度，用 c 表示。由这三种速度矢量组成的矢量图称为速度三角形或速度图，如图 9-9 所示。绝对速度 c 与圆周速度 u 之间的夹角用 α 表示，称进口角；相对速度与圆周速度反方向的夹角用 β 表示，称为出口角。叶片切线与圆周速度反方向的夹角，称为叶片安装角，用 β_A 表示。流体沿叶片型线运动时，出口角 β 等于安装角 β_A。c_u 是流体绝对速度沿叶轮圆周方向的速度分量，c_r 是流体绝对速度沿叶轮半径方向的径向分量。各参数下标"2"表示叶轮出口截面的参数，下标"1"表示叶轮进口截面的参数（以下同）。

叶轮结构形式可以按照叶片弯曲形式和叶片出口处安装角来区分，如图 9-9 所示。图 9-9(a) 所示为后弯型叶轮，叶片弯曲方向与叶轮旋转方向相反，叶片出口处安装角 $\beta_{2A}<90°$，压缩机多采用这种叶轮，它的级效率高，稳定工作范围宽。图 9-9(b) 所示为径向型叶轮，其叶片出口处安装角 $\beta_{2A}=90°$，图 9-9(b) 中的叶片为径向直叶片，也属于这种类型。图 9-9(c) 所示为前弯型叶轮，叶片弯曲方向与叶轮旋转方向相同，$\beta_{2A}>90°$，由于气流在这种叶道中流程短、转弯大，其级效率较低，稳定工作范围较窄，故它仅用于一部分通风机中。

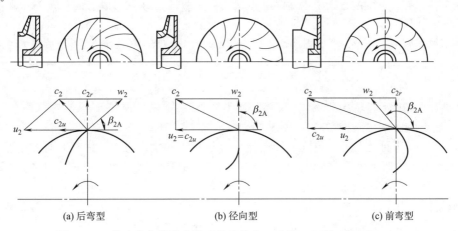

图 9-9 三种叶片弯曲形式的叶轮及其出口速度三角形（设 $\beta_2=\beta_{2A}$）

离心叶轮还可以按照结构分为闭式叶轮、半开式叶轮和双面进气叶轮，如图 9-10 所示。最常见的是闭式叶轮，由轮盖、叶片和轮盘组成，它的漏气量小，性能好，效率高，但因轮盖影响叶轮强度，叶轮的圆周速度受到限制。半开式叶轮不设轮盖，一侧敞开，仅有叶片和轮盘，适于承受离心惯性力，因而对叶轮强度有利，叶轮圆周速度可以较高。钢制半开式叶轮圆周速度目前可达 450～550m/s，单级压力比可达 6.5。半开式叶轮效率较低。双面进气叶轮有两套轮盖、两套叶片，共用一个轮盘，适应大流量，且叶轮轴向力本身得到平衡。

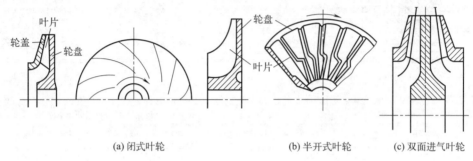

(a) 闭式叶轮　　(b) 半开式叶轮　　(c) 双面进气叶轮

图 9-10　离心叶轮

⑤ 扩压器的典型结构　　扩压器是定子部件中最重要的一个部件。扩压器的功能主要是使从叶轮出来的具有较大动能的气流减速，把气体的动能有效地转化为压力能。扩压器通常是由两个和叶轮轴相垂直的平行壁面组成。扩压器内环形通道截面是逐渐扩大的，当气体流过时，速度逐渐降低，压力逐渐升高。如果在两平行壁面之间不装叶片，称为无叶扩压器，如图 9-11(a) 所示。其结构简单，级变工况的效率高，稳定工作范围宽。图 9-11(b) 为叶片扩压器，其内设置叶片，由于叶片的导向作用，气体流出扩压器的路程短，D_4 不需要太大，且设计工况效率高，但结构复杂，变工况的效率较低，稳定工作范围较窄。通常较多采用的是无叶扩压器。

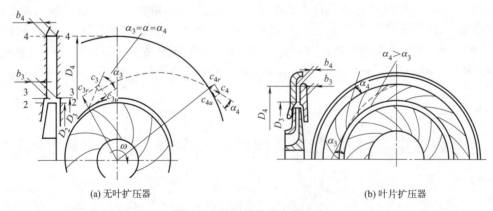

(a) 无叶扩压器　　(b) 叶片扩压器

图 9-11　扩压器及其内部流动

另外，弯道和回流器可以使气流转向以引导气流无预旋地进入下一级，通常它们不再起降速升压的作用。吸入室是将管道中的流体吸入，并沿环形面积均匀地进入叶轮。而排气蜗壳主要作用是把扩压器后面或叶轮后面的气体汇集起来，并把它们引出压缩机，使其流向输送管道或气体冷却器；此外，在汇集气体过程中，大多数情况下，由于蜗壳外径和流通面积的逐渐增大，排气蜗壳也起到了一定的降速扩压作用。

(2) 离心式压缩机的特点

将离心式压缩机和活塞式压缩机相比较，离心式压缩机具有以下特点。

① 优点

i. 流量大。由于活塞式压缩机仅能间断地进气、排气，气缸容积小，活塞往复运动的速度不能太快，因而排气量受到很大限制。而气体流经离心式压缩机是连续的，其流通截面积较大，且因叶轮转速很高，故气流速度很高，因而流量很大（有的离心式压缩机进气量可达 $6000m^3/min$ 以上）。

ii. 转速高。活塞式压缩机的活塞、连杆和曲轴等运动部件，必须实现旋转与往复运动的变换，惯性力较大，活塞和进气阀、排气阀时动时停，有的运动件与静止件直接接触产生摩擦，因而提高转速受到很多限制；而离心式压缩机转子只做旋转运动，几乎无不平衡质量，转动惯量较小，运动件与静止件保持一定的间隙，因而转速可以提高。一般离心式压缩机的转速为 $5000\sim20000r/min$，由于转速高，适用工业汽轮机直接驱动，既可简化设备，又能利用化工厂的热量，可大大减少外供能源，还便于实现压缩机的变转速调节。

iii. 结构紧凑。机组重量与占地面积比用同一流量的活塞式压缩机小得多。

iv. 运转可靠，维修费用低。活塞式压缩机由于活塞环及进排气阀易磨损等原因，常需停机检修；而离心式压缩机运转平稳，一般可连续1～3年不需要停机检修，亦可不用备机，故运转可靠，维修简单，操作费用低。

② 缺点

i. 单级压力比不高，高压力比所需的级数比活塞式的多。所以目前排气压力在70MPa以上的，只能使用活塞式压缩机。

ii. 由于转速高、流通截面积较大，故不能适用于太小的流量。

iii. 离心式压缩机作为一种高速旋转机器，对材料、制造与装配均有较高的要求，因而造价较高。

由于离心式压缩机的优点显著，特别适用于大流量情况，且多级、多缸串联后最大工作压力可达到70MPa，故现代的大型化肥生产、乙烯生产、炼油、冶金、制氧、制药等装置中大都采用了离心式压缩机。

9.2.5 其他压缩机

(1) 单螺杆压缩机

基本结构：单螺杆压缩机主要由一个旋转的螺杆和一个外壳组成。螺杆通常具有螺旋形状，外壳内有相应的轴线环，确保在压缩过程中的密封性。

工作原理：当螺杆旋转时，气体被吸入螺杆的进气端。随着螺杆的旋转，气体逐渐被挤压并移动到螺杆的出口。在整个过程中，气体的体积不断减小，从而达到了压缩的目的。

性能特点：单螺杆压缩机具有结构简单、运行平稳、噪声低、振动小的特点。由于只有一个螺杆，其维护成本相对较低。然而，在高压力下，其效率可能略低。

应用范围：单螺杆压缩机广泛应用于制冷、空气压缩、工业气体压缩等领域。常见应用包括空调、冰箱、冷藏设备、工厂空气压缩系统等。

(2) 滑片压缩机

基本结构：滑片压缩机由气缸、转子、滑片等组成。

工作原理：利用在转子槽内自由滑动的滑片，将转子与壳体及端盖围成的月牙形封闭空间分隔成若干容积可变的工作单元，以进行气体压缩。

性能特点：滑片压缩机运行平稳，但由于滑片与气缸壁之间的摩擦，会产生一定的热量和振动。因此，通常需要较频繁地维护。

应用范围：滑片压缩机主要用于商用和工业级制冷设备，如冷藏库、制冷车辆、食品加工厂等。同时也用于一些工业气体压缩和输送的场合。

(3) 液环压缩机

基本结构：液环压缩机由旋转液体环、静止外壳、进气口和出气口组成。

工作原理：液环压缩机通过液体环的旋转来压缩气体。气体被吸入液体环内，然后由于液环的旋转运动和离心力的作用而被压缩，并最终从出口排出。

性能特点：液环压缩机具有良好的密封性能和稳定的运行特性。由于液体环的运动，其对于含有悬浮颗粒或腐蚀性气体的处理具有较好的适应性。

应用范围：液环压缩机主要用于处理含有悬浮颗粒或腐蚀性气体的工业领域，如矿业、石油化工等。

9.2.6 几种压缩机适用范围

图 9-12 所示为动力与化工用压缩机和风机不同形式的应用范围，图 9-13 所示为不同形式的制冷压缩机应用范围。在某些范围内几种形式的压缩机都可应用，此时则应根据压力与流量以外的其他要求，如尺寸、重量、成本、可靠性、可维护性、安全性、供货周期等因素来选择压缩机形式。

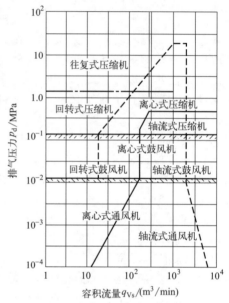

图 9-12 动力和化工用压缩机和风机应用范围

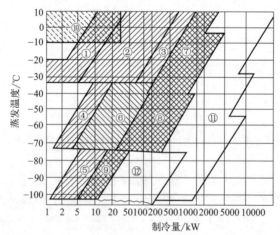

① 全封闭往复式　⑤ 复叠式下部往复式　⑨ 复叠式下部螺杆式
② 半封闭往复式　⑥ 两级压缩系统回转式　⑩ 滚动活塞与涡旋式
③ 开启式往复式　⑦ 单级螺杆式　⑪ 离心式
④ 两级压缩往复式　⑧ 两级压缩系统螺杆式　⑫ 空气透平式

图 9-13 不同形式制冷压缩机应用范围

9.3 泵结构及工作原理

9.3.1 泵分类

泵是把机械能转换成液体的能量，用来增压输送液体的机械。

泵的种类很多，其分类方法也很多，根据泵的工作原理和结构形式，可把泵简单分为如图 9-14 所示的几类。

在特殊情况下，泵的能量转换是在流体之间进行的，如把流体 A 的能量传递给流体 B，使流体 B 的能量增加，两者混合流出，例如喷射泵；还有把一股液流中的能量集中到部分液流之中，使部分液流的能量增加，例如水锤泵。泵输送的介质亦可能是气液、固液两相介质，或气固液多相介质，而真空泵实际上是形成负压环境的抽气机。

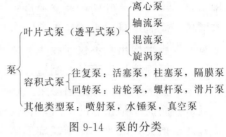

图 9-14 泵的分类

另外，泵也常按其形成的流体压力分为低压、中压和高压泵三类，常将低于 2MPa 的称低压泵，压力在 2～6MPa 范围的称中压泵，高于 6MPa 的称高压泵。

9.3.2 离心泵

(1) 离心泵的典型结构

如图 9-15 所示，离心泵的主要部件有吸入室、叶轮、蜗壳和轴，它们的作用简述如下。

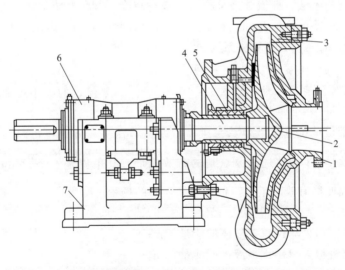

图 9-15 离心泵基本构件
1—吸入室（泵盖）；2—叶轮；3—蜗壳（泵体）；4—轴；5—填料密封；6—轴承箱；7—托架

i. 吸入室。离心泵吸入管法兰至叶轮进口前的空间过流部分称为吸入室。它把液体从吸入管吸入叶轮。要求液流流过吸入室的流动损失较小，液体流入叶轮时速度分布均匀。

ii. 叶轮。旋转叶轮吸入液体，转换能量，使液体获得压力能和动能。要求叶轮在流动损失最小的情况下使液体获得较多的能量。叶轮形式有封闭式、半开式和开式三种。封闭式叶轮有单吸式及双吸式两种。封闭式叶轮由前盖板、后盖板、叶片及轮毂组成。在前后盖板之间装有叶片形成流道，液体由叶轮中心进入、沿叶片间流道向轮缘排出。给水泵、工业水泵等均采用封闭式叶轮。半开式叶轮只有后盖板，而开式叶轮前后盖板均没有。半开式和开式叶轮适用于输送含杂质的液体，如灰渣泵、泥浆泵。双吸式叶轮具有平衡轴向力和改善汽蚀性能的优点。水泵叶片都采用后弯式，叶片数目在6~12片，叶片形式有圆柱形和扭曲形。

iii. 蜗壳。蜗壳亦称压出室，位于叶轮之后，它把从叶轮流出的液体收集起来以便送入排出管。由于流出叶轮的液体速度往往较大，为减少后面的管路损失，要求液体在蜗壳中减速增压，同时尽量减少流动损失。压出室按结构分为螺旋形压出室、环形压出室和导叶式压出室。螺旋形压出室不仅起收集液体的作用，同时在螺旋形的扩散管中将部分液体动能转换成压能。螺旋形压出室具有制造方便、效率高的特点，它适用于单级单吸、单级双吸离心泵以及多级水平式、中开式离心泵。环形压出室在节段式多级泵的出水段上采用。环形压出室的流道断面面积是相等的，所以各处流速不相等，因此，不论在设计工况还是非设计工况时总有冲击损失，故效率低于螺旋形压出室。

iv. 轴。轴是传递转矩的主要部件。轴径按强度、刚度及临界转速确定。中小型泵多采用水平轴，叶轮间距离用轴套定位。近代大型泵则采用阶梯轴，不等孔径的叶轮用热套法装在轴上，并利用渐开线花键代替过去的短键。此种方法，叶轮与轴之间没有间隙，不致使轴间蹿水和冲刷，但拆装困难。

离心泵的主要部件还有轴向推力平衡装置和密封装置等。

(2) 离心泵的性能参数、工作原理及基本方程

① 离心泵的性能参数　泵的主要性能参数有流量、能头（扬程）、功率、效率、转速，还有表示汽蚀性能的参数，即汽蚀余量或吸上真空高度。这些参数反映了泵的整体性能。

i. 流量。流量是泵在单位时间内输送出去的液体量。用 q_V 表示体积流量，m^3/s；用 q_m 表示质量流量，kg/s。其换算关系为

$$q_m = \rho q_V \tag{9-1}$$

式中，ρ 为液体的密度，常温清水 $\rho=1000 kg/m^3$。泵流量的大小可通过安装在排出管上的流量计测得。

ii. 扬程。扬程是单位重量液体从泵进口（泵进口法兰）处到泵出口（泵出口法兰）处能量的增值，也就是1N液体通过泵获得的有效能量。其单位为 $\frac{N \cdot m}{N}=m$，即泵抽送液体的液柱高度。扬程亦称有效能量头。根据定义，泵的扬程可写为

$$H = E_{out} - E_{in} \tag{9-2}$$

式中　E_{out}——泵出口处单位重量液体的能量，m；

E_{in}——泵进口处单位重量液体的能量，m。

E 为单位重量液体的总机械能，它由压力能、动能和位能三部分组成，即

$$E = \frac{p}{g\rho} + \frac{c^2}{2g} + Z \quad (m) \tag{9-3}$$

式中　g——重力加速度，m/s^2；

p——液体的压强，Pa；

c——液体的绝对速度，m/s；

Z——液体所在位置至任选的水平基准面之间的距离，m。

$$H=\frac{p_{out}-p_{in}}{g\rho}+\frac{c_{out}^2-c_{in}^2}{2}+(Z_{out}-Z_{in}) \quad (m) \tag{9-4}$$

式中 p_{in},p_{out}——液体进口、出口的压强，Pa；

c_{in},c_{out}——液体进口、出口的绝对速度，m/s；

Z_{in},Z_{out}——液体进口、出口与水平基准面之间的距离，m。

由式（9-4）可知，由于泵进出口截面上的动能差和高度差均不大，而液体的密度为常数，所以扬程主要体现的是液体压力的提高。

ⅲ. 转速。转速是泵轴单位时间的转数，用 n 表示，单位是 r/min。

ⅳ. 汽蚀余量。汽蚀余量又叫净正吸头 NPSH，单位是 m，是表示汽蚀性能的主要参数。

ⅴ. 功率和效率。泵的功率可分为原动机功率、轴功率和有效功率。泵的功率通常指原动机传到泵轴上的轴功率，用 N 表示，单位是 W 或 kW。泵的有效功率用 N_e 表示，它是单位时间内从泵中输送出去的液体在泵中获得的有效能量。有

$$N_e=\frac{g\rho q_V H}{1000} \tag{9-5}$$

泵在运转时可能发生超负荷，所配电动机的功率应比泵的轴功率大。在机电产品样本中所列出的泵的轴功率，除非特殊说明，均系指输送清水时的数值。

泵的效率为有效功率和轴功率之比，即

$$\eta=\frac{N_e}{N} \tag{9-6}$$

泵的效率反映了泵中能量损失的程度。

泵中的损失一般可分为三种：即容积损失（泵在运转过程中，流量泄漏所造成的能量损失）、水力损失（亦称流动损失，流体流过叶轮、泵壳时，由于流速大小和方向要改变，且发生冲击，而产生的能量损失）、机械损失（泵在运转时，在轴承、轴封装置等机械部件接触处由于机械摩擦而消耗的部分能量）。

泵的实际排出流量与理论排出流量的比值称为容积效率，表示为

$$\eta_V=\frac{\rho g q_{Vt}H_t-\rho g q H_t}{\rho g q_{Vt}H_t}=\frac{q_V}{q_{Vt}} \tag{9-7}$$

式中 q_{Vt},q_V——泵的理论流量和实际流量，m³/s；

q——泄漏量，m³/s；

H_t——泵的理论扬程，m。

泵的实际扬程 H 与泵理论上所能提供的扬程 H_t 的比值称为水力效率，表示为

$$\eta_{hyd}=\frac{\rho g q_V H}{\rho g q_V H_t}=\frac{H}{H_t} \tag{9-8}$$

理论功率与轴功率之比称为机械效率，表示为

$$\eta_m=\frac{N-N_m}{N}=\frac{\rho g q_{Vt}H_t}{N} \tag{9-9}$$

所以泵的总效率为

$$\eta=\frac{N_e}{N}=\frac{\rho g q_V H}{N}=\frac{q_V}{q_{Vt}}\times\frac{H}{H_t}\times\frac{\rho g q_{Vt}H_t}{N}=\eta_V \eta_{hyd} \eta_m \tag{9-10}$$

一般离心泵的各种效率参考值见表 9-4。

表 9-4　不同类型泵的效率参考值

项目	η_V	η_{hyd}	η_m
大流量泵	0.95~0.98	0.90~0.95	0.95~0.98
小流量低压泵	0.90~0.95	0.85~0.90	0.90~0.95
小流量高压泵	0.85~0.90	0.80~0.85	0.85~0.90

② 离心泵的工作原理及基本方程

i. 离心泵的工作原理。图 9-16 为离心泵的一般装置示意图。离心泵在启动之前，应关闭出口阀门，泵内应灌满液体，此过程称为灌泵。工作时启动原动机使叶轮旋转，叶轮中的叶片驱使液体一起旋转从而产生离心力，使液体沿叶片流道甩向叶轮出口，经蜗壳送入打开出口阀门的排出管。液体从叶轮中获得机械能使压力能和动能增加，依靠此能量使液体到达工作地点。

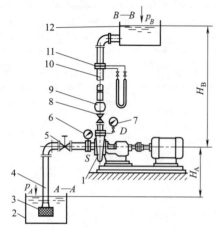

图 9-16　离心泵的一般装置示意图
1—泵；2—吸液罐；3—底阀；4—吸入管路；
5—吸入管调节阀；6—真空表；7—压力表；
8—排出管调节阀；9—单向阀；10—排出管路；
11—流量计；12—排液罐

在液体不断被甩向叶轮出口的同时，叶轮入口处就形成了低压。在吸液罐和叶轮入口中心线处的液体之间就产生了压差，吸液罐中的液体在这个压差作用下，便不断地经吸入管路及泵的吸入室进入叶轮之中，从而使离心泵连续地工作。

ii. 离心泵的基本方程。众所周知，液体可作为不可压缩的流体，在流动过程中不考虑密度的变化。液体流经泵时通常也不考虑温度的变化。讨论液体在泵中的流动一般使用三个基本方程，即连续方程、欧拉方程和伯努利方程。

用欧拉方程表示的旋转叶轮传递给单位重量液体的能量，亦称理论扬程。理论扬程（m）的数学表达式为

$$H_t = \frac{u_2 c_{2u} - u_1 c_{1u}}{g} \tag{9-11}$$

或

$$H_t = \frac{u_2^2 - u_1^2}{2g} + \frac{\omega_1^2 - \omega_2^2}{2g} + \frac{c_2^2 - c_1^2}{2g} \tag{9-12}$$

式中　u_1, u_2——叶轮进口、出口处液体的圆周速度，方向与旋转方向相同，与旋转圆相切，m/s；

ω_1, ω_2——叶轮进口处、出口处液体的相对速度，沿叶片切线方向，m/s；

c_1, c_2——叶轮进口处、出口处液体的绝对速度，是 u、ω 的合成速度，m/s；

c_{1u}, c_{2u}——叶轮进口处、出口处液体的绝对速度沿叶轮圆周方向的速度分量，m/s；

H_t——有限叶片数叶轮的理论扬程，m。

考虑有限叶片数受滑移的影响，较无限叶片数叶轮做功能力减小，在离心泵中常使用如下两个半经验公式计算 H_t。

如同在离心压缩机中一样，应用斯托多拉公式表示为

$$H_t = \frac{\left(1 - \frac{c_{2r}}{u_2}\cot\beta_{2A} - \frac{\pi}{z}\sin\beta_{2A}\right)u_2^2}{g} \tag{9-13}$$

式中，c_{2r} 为叶轮出口处液体的绝对速度沿叶轮半径方向的径向分量，单位 m/s；β_{2A} 为叶片出口处安装角，即叶片出口处叶片切线与圆周速度反方向的夹角。

应用普夫莱德尔公式，该公式表示为

$$H_t = \mu H_{t\infty} = \frac{H_{t\infty}}{1+p} \tag{9-14}$$

式中，μ 为滑移系数；p 为修正系数；$H_{t\infty}$ 为无限叶片数叶轮的理论扬程，m。

(3) 离心泵的汽蚀及预防措施

① 汽蚀发生的机理　离心泵运转时，液体在泵内的压力变化如图 9-17 所示。流体的压力随着从泵吸入口到叶轮入口而下降，在叶片入口附近的 K 点上，液体压力 p_K 最低。此后，由于叶轮对液体做功，压力很快上升。当叶轮入口附近的压力 $p_K \leqslant p_V$（液体输送温度下的饱和蒸气压力）时，液体就汽化。同时，还可能有溶解在液体内的气体逸出，它们形成许多气泡。如图 9-18 所示，当气泡随液体流到叶道内压力较高处时，外面的液体压力高于气泡内的汽化压力，则气泡会凝结溃灭形成空穴。瞬间内周围的液体以极高的速度向空穴冲来，造成液体互相撞击，使局部的压力骤然剧增（有的可达数十兆帕）。这不仅阻碍流体的正常流动，尤为严重的是，如果这些气泡在叶轮壁面附近溃灭，则液体就像无数小弹头一样，连续地打击金属表面，其撞击频率很高（有的可达 2000~3000Hz），金属表面会因冲击疲劳而剥裂。若气泡内夹杂某些活性气体（如氧气等），它们借助气泡凝结时放出的热量（局部温度可达 200~300℃），还会形成热电偶并产生电解，对金属起电化学腐蚀作用，更加速了金属剥蚀的破坏速度。上述这种液体汽化、凝结、冲击，形成高压、高温、高频冲击载荷，造成金属材料的机械剥裂与电化学腐蚀破坏的综合现象称为汽蚀。

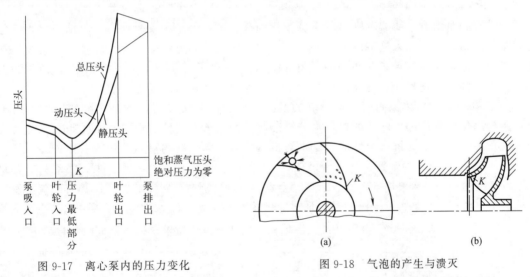

图 9-17　离心泵内的压力变化　　图 9-18　气泡的产生与溃灭

汽蚀涉及许多复杂的物理、化学现象，是一个尚需深入研究的问题。当前多数人认为汽蚀对流道表面材料的破坏，主要是机械剥蚀造成的，而电化学腐蚀则进一步加剧了材料的破坏。

② 汽蚀的严重后果

ⅰ. 汽蚀使过流部件被剥蚀破坏。通常离心泵受汽蚀破坏的部位先出现在叶片入口附近，继而延至叶轮出口。起初是金属表面出现麻点，继而表面呈现沟槽状、蜂窝状、鱼鳞状的裂纹，严重时造成叶片或叶轮前后盖板穿孔，甚至叶轮破裂，造成严重事故，因而汽蚀严重影响到泵的安全运行和使用寿命。

ⅱ. 汽蚀使泵的性能下降。汽蚀破坏了泵内液流的连续性，使泵的扬程、功率和效率显著下降，出现断裂工况。汽蚀使叶轮和流体之间的能量转换遭到严重的干扰，使泵的性能下降，如图 9-19 中的虚线所示，严重时会使液流中断无法工作。应当指出，泵在汽蚀初始阶段，性能曲线尚无明显的变化，当性能曲线明显下降时，汽蚀已发展到一定程度了。该图还表示了混流泵、轴流泵汽蚀后的性能曲线。离心泵叶道窄而长，一旦发生汽蚀，气泡易充满整个流道，因而性能曲线呈突然下降的形式。轴流泵的叶道宽而短，气泡从初生发展到充满整个叶道需要一个过渡过程，因而性能曲线是缓慢下降的。由于混流泵结构介于离心泵和轴流泵两者之间，因而汽蚀对泵性能的影响也介于两者之间。

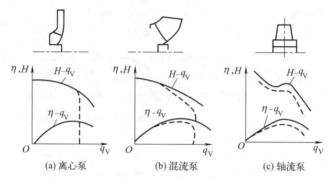

图 9-19　因汽蚀泵性能曲线下降

ⅲ. 汽蚀使泵产生噪声和振动。在汽蚀发生的过程中，气泡溃灭的液体微团互相冲击，会产生各种频率范围的噪声，一般频率为 600~25000Hz，也有更高频率的超声波。汽蚀严重时，可听到泵内有"噼噼啪啪"的声音。汽蚀过程本身是一种反复冲击、凝结的过程，伴随着很大的脉动力。如果这些脉动力的某一频率与机组的固有频率相等，就会引起机组的振动，机组的振动又将促使更多的气泡发生和溃灭，两者互相激励，最后导致机组的强烈振动，称为汽蚀共振现象，机组在这种情况下应该停止工作，否则会遭到破坏。

ⅳ. 汽蚀也是水力机械向高流速发展的巨大障碍。因为液体流速愈高，会使压力变得愈低，更易汽化发生汽蚀。汽蚀的机理十分复杂，人们尚未完全认识清楚，因此研究汽蚀过程的客观规律、提高泵的抗汽蚀性能，是水力机械的研究和发展的重要课题。

③ 汽蚀余量及汽蚀判别式　一台泵在运行中发生汽蚀，但在相同条件下，换上另一台泵就不发生汽蚀；同一台泵用某一吸入装置时会发生汽蚀，但改变吸入装置及位置后泵就不发生汽蚀。由此可见，泵是否发生汽蚀是由泵本身和吸入装置两方面决定的。应从研究泵的汽蚀条件、防止泵发生汽蚀这两方面同时加以考虑。

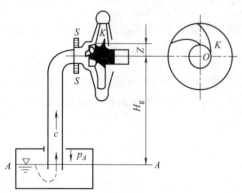

图 9-20　泵吸入装置简图

泵和吸入装置以泵吸入口法兰截面 $S-S$ 为分界，如图 9-20 所示。如前所述，泵内最低压力点通常位于叶轮叶片进口稍后的 K 点附近。当 $p_K \leqslant p_V$ 时，则泵发生汽蚀，故 $p_K = p_V$ 是泵发生汽蚀的界限。

ⅰ. 有效汽蚀余量。有效汽蚀余量是吸入液面上的压力水头在克服吸水管路装置中的流动损失并把水提高到 H_g 的高度后，所剩余的超过汽化压头 p_V 的能量。用 $NPSH_a$ 表示，即

$$\text{NPSH}_a = \frac{p_S}{\rho g} + \frac{c_S^2}{2g} - \frac{p_V}{\rho g} \quad (\text{m}) \tag{9-15}$$

式中 p_S——液体在泵吸入口处的压力，MPa；

c_S——液体在泵吸入口处的绝对速度，m/s。

显然，这个富余量 NPSH_a 越大，泵越不会发生汽蚀。

由伯努利方程可知：

$$\frac{p_S}{\rho g} + \frac{c_S^2}{2g} = \frac{p_A}{\rho g} + \frac{c_A^2}{2g} - (Z_S - Z_A) - \Delta H_{A-S} = \frac{p_A}{\rho g} - H_g - \Delta H_{A-S} \tag{9-16}$$

式中，p_A、c_A 为液体在 A—A 截面的压力与流速；Z_S、Z_A 为图 9-20 中 S、A 点截面处的高度。可认为式中 $c_A \approx 0$，$H_g = Z_S - Z_A$ 即为泵的安装高度（m），ΔH_{A-S} 为吸入管内的流动损失（m）。将式（9-16）代入式（9-15），则有

$$\text{NPSH}_a = \frac{p_A}{\rho g} - \frac{p_V}{\rho g} - H_g - \Delta H_{A-S} \tag{9-17}$$

由上式可知，有效汽蚀余量数值的大小与泵吸入装置的条件，如吸液罐表面的压力、吸入管路的几何安装高度、阻力损失、液体的性质和温度等有关，而与泵本身的结构尺寸等无关，故又称其为泵吸入装置的有效汽蚀余量。

ii. 泵必需的汽蚀余量。泵的吸入口并不是泵内压强最低的部位。液流进入泵后的能量变化，如图 9-20 所示。由图可以看出，泵内压强最低点位于叶轮流道内紧靠叶片进口边缘的 K 处。这主要是因为：从泵吸入口到叶轮进口流道的过流面积一般是收缩的，所以在流量一定的情况下，液流的流速要升高，因而压强相应地降低；当液流流入叶轮流道，在绕流叶片头部时，液流急骤转弯，流速加大，这在叶片背面 K 点处更为显著，造成液体在 K 点的压强 p_K 急骤降低；以上的流速大小、方向变化均会带来流动损失和速度分布不均匀，消耗掉部分压能，使液体压强降低。因此，只有 K 处的压强 p_K 大于汽化压强 p_V 时，才能防止泵内汽蚀的发生。所以把自泵吸入口截面 S—S 到泵内压强最低点的总压降称为必需汽蚀余量。用 NPSH_r 表示

$$\text{NPSH}_r = \lambda_1 \frac{c_O^2}{2g} + \lambda_2 \frac{\omega_O^2}{2g} \quad (\text{m}) \tag{9-18}$$

式中，c_O 和 ω_O 为叶片进口稍前的 O 截面上的（图 9-20）液体绝对流速和相对流速，λ_1 为绝对流速及流动损失引起的压降能头系数，一般 $\lambda_1 = 1.05 \sim 1.3$，其中流体由叶轮入口至叶道进口转弯较缓和流速变化较小者取较小值，反之则取较大值。λ_2 为液体绕流叶片的压降能头系数，一般在无冲击流入叶片的情况下 $\lambda_2 = 0.2 \sim 0.4$，其中叶片较薄且头部修圆光滑者取较小值，而叶片较厚且头部钝、粗糙者取较大值。显然，p_K 比 p_S 值降低愈少，则 NPSH_r 值愈小，泵愈不易发生汽蚀。因此，决定 NPSH_r 值的主要因素是泵吸入室和叶轮入口处的几何形状及流速大小，NPSH_r 值与吸入管路无关，而只与泵的结构有关，故又称为泵汽蚀余量。若某泵 NPSH_r 越小，表明该泵抗汽蚀的性能越好。NPSH_r 通常由泵制造厂通过试验测出。

iii. 临界汽蚀余量 NPSH_c 和允许汽蚀余量 [NPSH]。由上述分析可知，当 NPSH_a 的值降低到使泵内压强最低点的液体压强等于该温度下的汽化压强时，即 $p_K = p_V$，液体开始汽化。因此，这时的 NPSH_a 就是使泵不发生汽蚀的临界值，称为临界汽蚀余量，用 NPSH_c 表示，即

$$\text{NPSH}_a = \text{NPSH}_c = \text{NPSH}_r \tag{9-19}$$

通过汽蚀试验确定的就是这个汽蚀余量的临界值。它说明：当 $NPSH_a \leqslant NPSH_r$ 时，$p_K \leqslant p_V$，泵内将发生汽蚀；而当 $NPSH_a > NPSH_r$ 时，$p_K > p_V$，泵内不发生汽蚀。为了避免泵内汽蚀的发生，常常在 $NPSH_c$ 的基础上加上一个安全裕量作为允许汽蚀余量而载入泵的产品样本中，并以 [NPSH] 表示，即

$$[NPSH] = NPSH_c + 0.3 \tag{9-20}$$

也有采用：$[NPSH]=(1.1\sim1.3)NPSH_c$。

④ 提高离心泵抗汽蚀性能的措施

提高离心泵本身抗汽蚀的性能：

a. 改进泵的吸入口至叶轮叶片入口附近的结构设计，使 c_O、ω_O、λ_1 和 λ_2 尽量减小。如图 9-21 所示，适当加大叶轮吸入口处的直径 D_0、减小轮毂直径 d_h 和加大叶片入口边的宽度 b_1，以增大叶轮进口和叶片进口的过流面积，可使 c_O 和 ω_O 减小。适当加大叶轮前盖板进口段的曲率半径 R_u，让液流缓慢转弯，可以减小液流急剧加速而引起的压降。适当减小叶片进口的厚度，并将叶片进口修圆使其接近流线型，也可以减小绕流叶片头部的加速与降压。减小叶轮和叶片进口部分的表面粗糙度以减小阻力损失。这些措施均可使 λ_1 和 λ_2 有所减小。另外，将叶片进口边位置由 0°向叶轮内延伸至 90°位置，如图 9-21 所示，使液流提前接受叶片做功以提高压力，也是有效的措施。

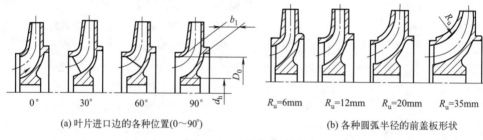

图 9-21 叶轮结构改进

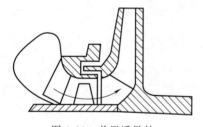

图 9-22 前置诱导轮

b. 采用前置诱导轮，如图 9-22 所示，离心叶轮之前加装诱导轮，一方面，诱导轮可对其后的离心叶轮起加压作用，并在离心叶轮进口处造成一个强制预旋，使离心叶轮进口处的相对速度比未装诱导轮时小，从而降低了离心叶轮的必需汽蚀余量。另一方面，由于诱导轮的流道宽而长，而且是轴向的，因此，在诱导轮外缘处因相对速度较大而形成气泡时，气泡只能沿轴向在外缘运动。此时，运动的气泡在诱导轮流道内因液体压强的升高而溃灭，这样就限制了气泡的发展，不易造成整个流道的阻塞。

c. 采用双吸式叶轮，让液流从叶轮两侧同时进入叶轮，则进口截面增加一倍，进口流速可减小一半，从而使泵的必需汽蚀余量变为单吸叶轮的必需汽蚀余量的 0.63 倍。

d. 设计工况采用稍大的正冲角（$i=\beta_{1A}-\beta_1$）。β_1 为叶片进口处的出口角，即叶片进口处相对速度和圆周速度反方向的夹角。增大叶片进口处安装角 β_{1A}，减小叶片进口处的弯曲，以减小叶片阻塞，从而增大叶片进口面积；另外，还能改善在大流量下的工作条件，以减小流动损失。但正冲角不宜过大，否则影响效率。

e. 采用抗汽蚀的材料。如受使用条件所限不可能完全避免汽蚀时，应选用抗汽蚀性能强的材料制造叶轮，以延长使用寿命。常用的材料有铝铁青铜 9-4（QAl9-4）、不锈钢 2Cr13、

稀土合金铸铁和高镍铬合金等。实践证明，材料的强度、硬度、韧性越高，化学稳定性越好，抗汽蚀的性能越强。

提高进液装置汽蚀余量的措施：

a. 增加泵前储液罐中液面上的压力 p_A 来提高 $NPSH_a$，如图 9-23(a) 所示。如为储液池，则液面上的压力为大气压 p_a，即 $p_A=p_a$，如图 9-23(b) 所示，这样 p_A 就无法加以调整了。

b. 减小泵前吸上装置的安装高度 H_g 可显著提高 $NPSH_a$。如储液池液面上的压力为 p_a，则

$$H_S = \frac{p_a}{\rho g} - \frac{p_S}{\rho g} \tag{9-21}$$

式中，H_S 为吸上真空度，m。H_S 可用安装在泵吸入口法兰处的真空压力表测量监控。在泵发生汽蚀的条件下可求得最大吸上真空度（m）为

$$H_{S\max} = \frac{p_a}{\rho g} - \frac{p_V}{\rho g} + \frac{c_S^2}{2g} - NPSH_a \tag{9-22}$$

为使泵不发生汽蚀，要求吸上真空度 $H_S < H_{S\max}$，即留有安全裕量。也可使用吸上真空度，并规定留有 0.5m 液柱高的裕量来防止发生汽蚀。将 $p_A = p_a$，并将式（9-21）代入式（9-16），可得

$$H_S = \frac{c_S^2}{2g} + H_g + \Delta H_{A-S} \tag{9-23}$$

由该式可以看出，减少泵前吸上装置的安装高度 H_g 等可减少吸上真空度，故减少 H_g 是防止泵发生汽蚀的重要措施。

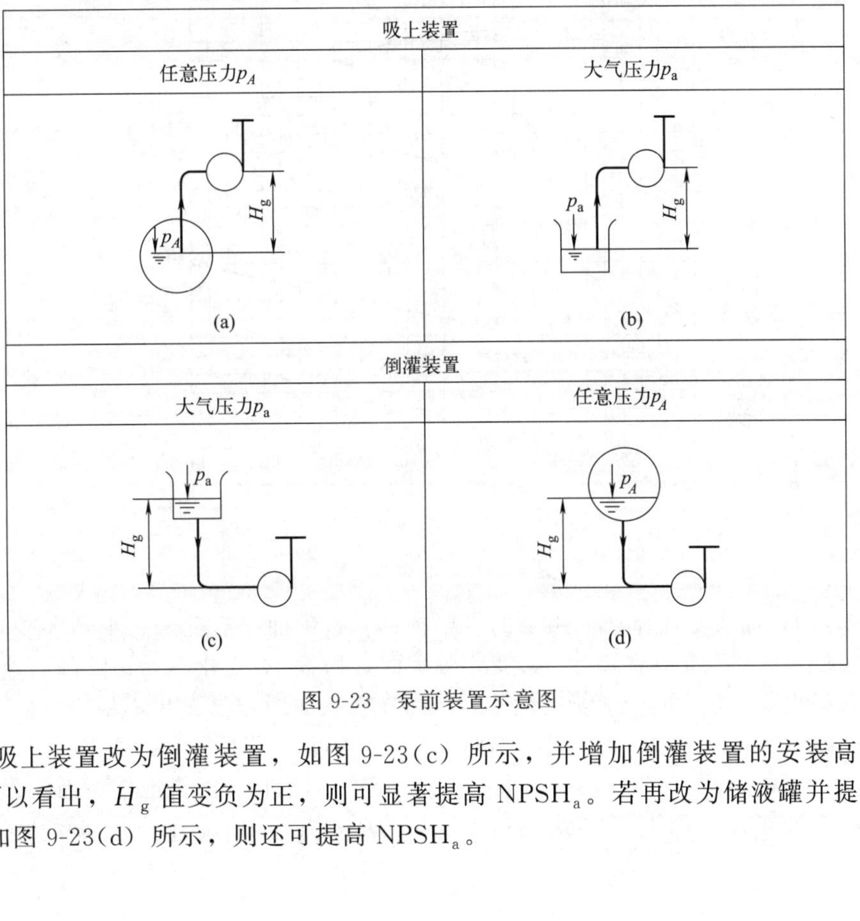

吸上装置	
任意压力 p_A	大气压力 p_a
(a)	(b)
倒灌装置	
大气压力 p_a	任意压力 p_A
(c)	(d)

图 9-23 泵前装置示意图

c. 将吸上装置改为倒灌装置，如图 9-23(c) 所示，并增加倒灌装置的安装高度。从式（9-17）可以看出，H_g 值变负为正，则可显著提高 $NPSH_a$。若再改为储液罐并提高液面压力 p_A，如图 9-23(d) 所示，则还可提高 $NPSH_a$。

d. 减小泵前管路上的流动损失 ΔH_{A-S}，亦可提高 $NPSH_a$。例如缩短管路、减小管路中的流速、尽量减少弯管或阀门，或尽量加大阀门开度等，可减小管路中的沿程阻力损失和局部阻力损失。这些均可减小 ΔH_{A-S}，从而提高 $NPSH_a$。

运行中防止汽蚀的措施：

a. 泵应在规定转速下运行。如果泵在超过规定的转速下运行，根据泵的汽蚀相似定律可知，当转速增加时，泵的必需汽蚀余量成平方增加，则泵的抗汽蚀性能将显著降低。

b. 不允许用泵的吸入系统上的阀门调节流量。泵在运行时，如果采用吸入系统上的阀门调节流量，将导致吸入管路的水头损失增大，从而降低装置的有效汽蚀余量。

c. 泵在运行时，如果发生汽蚀，可以设法把流量调节到较小流量处；若有可能，也可降低转速。

以上这些措施应结合泵的选型、选材和泵的现场使用等条件，综合分析，适当加以选用。

（4）离心泵的性能及调节

① 离心泵的运行特性

泵的特性曲线 如同压缩机一样，泵也有运行变工况的特性曲线，有的泵特性曲线图还绘出必需的汽蚀余量特性曲线，如图 9-24 所示。泵在恒定转速下工作时，对应于泵的每一个流量 q_V，相应地有一个确定的扬程 H、效率 η、功率 N 和必需的汽蚀余量 $NPSH_r$。泵的每条特性曲线都有它各自的用途，这里分别说明如下。

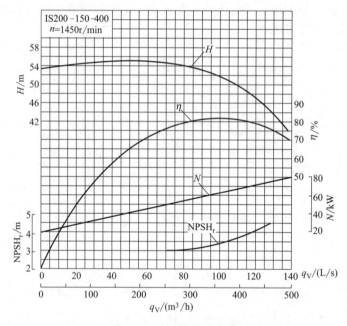

图 9-24 离心泵性能曲线

a. H-q_V 特性曲线是选择和使用泵的主要依据。这种曲线有陡降、平坦和驼峰状之分。平坦状曲线反映的特点是，在流量 q_V 变化较大时，扬程 H 变化不大；陡降状曲线反映的特点是，在扬程变化较大时，流量变化不大；而驼峰状曲线容易发生不稳定现象。在陡降、平坦以及驼峰状的右分支曲线上，随着流量的增加，扬程均降低，反之亦然。

b. N-q_V 曲线是合理选择原动机功率和操作启动泵的依据。通常应按所需流量变化范围中的最大功率再加上一定的安全余量选择原动机的功率大小。泵启动应选在耗功最小的工况下进行，以减小启动电流，保护电机。一般离心泵在流量 $q_V=0$ 工况下功率最小，故启动时应关闭排出管路上的调节阀。

c. η-q_V 曲线是检查泵工作经济性的依据。泵应尽可能在高效率区工作。通常效率最高点为额定点，一般该点也是设计工况点。目前取最高效率以下 5%～8% 范围内所对应的工况为高效工作区。泵在铭牌上所标明的都是最高效率点下的流量、压头和功率。离心泵产品目录和说明书上还常常注明最高效率区的流量、压头和功率的范围等。

d. $NPSH_r$-q_V 是检查泵工作是否发生汽蚀的依据。通常是按最大流量下的 $NPSH_r$，考虑安全裕量及吸入装置的有关参数来确定泵的安装高度。在运行中应注意监控泵吸入口处的真空压力计读数，使其不要超过允许的吸上真空度 H_S，以尽量防止发生汽蚀。

泵在不稳定工况下工作 有些低比转速的泵特性曲线可能是驼峰型的，如图 9-25 所示。这种泵特性曲线有可能和装置（即管网）特性曲线相交于两点 K 和 N。其中 N 点为稳定工况，而 K 点为不稳定工况。当泵在 K 点工作时，会因某种扰动因素而离开 K 点。当向大流量方向偏离时，则泵扬程大于装置扬程，管路中流速加大，流量增加，工况点沿泵特性曲线继续向大流量方向移动直至 N 点为止。当工况点向小流量方向偏离时，则泵扬程小于装置扬程，管路中流速减小，流量减小，工况点继续向小流量方向移动直至流量等于零为止。若管路上无底阀或逆止阀，液体将倒流，并可能出现喘振现象。由此可见，工况点在 K 点是暂时的，不能保持平衡，一旦离开 K 点便不能再回到 K 点，故称 K 点为不稳定工况点。工况点的稳定与不稳定可用下式判别：

$$\begin{cases} \dfrac{dH_{pipe}}{dQ} > \dfrac{dH}{dQ} （稳定）\\ \dfrac{dH_{pipe}}{dQ} > \dfrac{dH}{dQ} （不稳定）\end{cases} \tag{9-24}$$

式中，H_{pipe} 为装置（即管网）所需扬程，m。

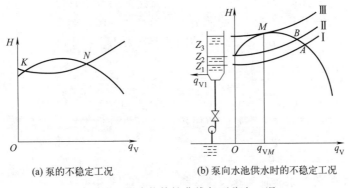

(a) 泵的不稳定工况　　(b) 泵向水池供水时的不稳定工况

图 9-25　驼峰状特性曲线与不稳定工况

这里以图 9-25(b) 为例，说明具有驼峰状特性曲线的泵在不稳定区工作的变化情况。泵向排水池送水，而排水池又向用户供水。如泵的流量 q_V 大于用户用水量 q_{V1}，则水池中水面升高。水泵开始运转时水池中的水面高度为 Z_1，装置特性曲线为 Ⅰ，假如水泵流量 Q_A 大于 q_{V1}，则水池中水面将升高。在水面升高的同时，装置特性曲线也向上移动。当水面上升到 Z_3 时，装置特性曲线为 Ⅲ，此时装置特性曲线与水泵特性曲线相切于 M 点。如果水泵流量 q_{VM} 仍比 q_{V1} 大，则水池中水面继续上升，装置特性曲线和水泵特性曲线相脱离，止回阀自动关闭，水泵流量立即自 q_{VM} 急变到零。这时水池中的水面就开始下降，装置特性曲线重新与泵特性曲线相交于两点。但因泵的流量等于零，泵的扬程低于装置的扬程，故泵仍不能将水送入排水池，直到水池中水面降到 Z_2 时，泵才重新开始送水。此时装置特性曲线为Ⅱ，流量为 q_{VB}，以后水池中水面上升，又重复上述过程。这就是泵的不稳定现象。

由上述可见，造成泵不稳定工作需要两个条件，其一是具有驼峰状的性能曲线，其二是管路中有能自由升降的液面或其他能储存和释放能量的部分。泵不稳定运行会使泵和管路系统受到水击、噪声和振动，故一般不希望泵在不稳定工况下运行。为此，应尽可能选用性能曲线无驼峰状的泵。但是，只要不产生严重的水击、振动和倒流现象，是可以允许在不稳定工况下工作的。这与压缩机只允许在稳定工况区工作，否则将出现喘振使其可能遭到破坏是有所不同的。

② 离心泵运行工况的调节　改变泵的运行工况点称为泵的调节。在泵运行中，为使泵改变流量、扬程、运行在高效区或运行在稳定工作区等，需要对泵进行调节。泵的运行工况点是泵特性曲线和装置特性曲线的交点，所以改变工况点有三种途径：一是改变泵的特性曲线；二是改变装置的特性曲线；三是同时改变泵和装置的特性曲线。

改变泵特性曲线的调节：

a. 转速调节。使用可变转速的原动机，当转速增加时，泵的特性曲线向右上方移动；当转速减小时，则向左下方移动。变速调节的主要优点是大大减少附加的节流损失，在很大变工况范围内保持较高的效率。但需增加调速机构或选用调速电机，改变转速的方法最适用于汽轮机、内燃机和直流电机驱动的泵，也可用变频调节来改变电动机转速。变速调节范围不宜太大，通常最低转速不宜小于额定转速的50%，一般为100%~70%。当转速低于额定转速的50%时，泵本身效率下降明显，是不经济的。

b. 切割叶轮外径调节。只能使泵的特性曲线向左下方移动，功率损失小，但叶轮切后不能恢复且叶轮的切割量有限。适用于需长期在较小流量下工作且流量改变不大的场合。

c. 改变前置导叶叶片角度的调节。在叶轮前安装可调节叶片角度的前置导叶，即可改变叶轮进口前的液体绝对速度，使液流正预旋或负预旋流入叶道，以此改变扬程和流量。

d. 改变半开式叶轮叶片端部间隙的调节。间隙增大，则泵的流量减小，且由于叶片压力面和吸力面压差减小，泵的扬程降低。泵的轴功率和效率也相应降低。值得说明的是，间隙调节比闸阀调节省功。

e. 泵的串联或并联调节。泵串联是为了增加扬程，泵并联是为了增加流量。

改变装置特性曲线的调节：

a. 闸阀调节。这种调节方法简便，使用最广，但能量损失很大，且泵的扬程曲线愈陡，损失愈严重。

b. 液位调节。如图9-26所示，液位升高时，扬程增大，流量减小，液位也下降。而液位降低后，流量又逐渐增加，故可使液位保持在一定范围内进行调节。

c. 旁路分流调节。如图9-27所示，在泵排出口设有分路，与吸水池相连通。此管路上装一节流阀，其中 R_1 是主管的阻力曲线，R_2 是旁管的阻力曲线，R 是主管路和旁路并联合成曲线。旁路关闭时，泵的工况点为 B；打开旁路阀门时，泵的工况点为 A。按装置扬程相等分配流量的原则，过 A 点作一水平线交 R_1 线于 A_1，交 R_2 线于 A_2，则通过旁路的流量为 q_{VA2}，通过主管路的流量为 q_{VA1}。它适用于流量减小而扬程也要减小的场合。

(5) 离心泵的启动与运行

① 启动前的准备工作

a. 启动前检查。泵启动前要进行全面认真的检查，检查的内容有以下方面：

ⅰ. 润滑油的名称、型号、主要性能和加注数量是否符合技术文件规定的要求。

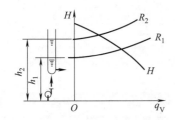

图 9-26　液位调节

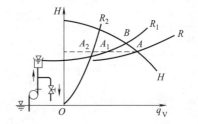

图 9-27　旁路分流调节

ⅱ. 轴承润滑系统、密封系统和冷却系统是否完好，轴承的油路、水路是否畅通。

ⅲ. 盘动泵的转子 1～2r，检查转子是否有摩擦或卡住现象。

ⅳ. 在联轴器附近或带防护装置等处，是否有妨碍转动的杂物。

ⅴ. 泵、轴承座、电动机的基础地脚螺栓是否松动。

ⅵ. 泵工作系统的阀门或附属装置均应处于泵运转时负荷最小的位置，应关闭出口调节阀。

ⅶ. 电动泵，看其叶轮转向是否与设计转向一致。若不一致，必须使叶轮完全停止转动，调整电动机接线后，方可再启动。

b. 充水。水泵在启动以前，泵壳和吸水管内必须先充满水，这是因为有空气存在的情况下，泵吸入口真空无法形成和保持。

c. 暖泵。输送高温液体的泵，如电厂的锅炉给水泵，在启动前必须先暖泵。这是因为给水泵在启动时，高温给水流过泵内，使泵体温度从常温很快升高到 100～200℃，这会引起泵内外和各部件之间的温差，若没有足够长的传热时间和适当控制温升的措施，会使泵各处膨胀不均，造成泵体各部分变形、磨损、振动和轴承抱轴事故。

② 启动程序

ⅰ. 离心泵泵腔和吸水管内全部充满水并无空气，出口阀关闭。给水泵暖泵完毕。

ⅱ. 对于强制润滑的泵，启动油泵向各轴承供油。

ⅲ. 启动冷却水泵或打开冷却水阀。

ⅳ. 合闸启动，启动后泵空转时间不允许超过 2～4min，使转速达到额定值后，逐渐打开离心泵的出口阀，增加流量，并达到要求的负荷。

③ 运行中的注意事项　泵制造厂对轴承的温度有规定：滚动轴承的温升一般不超过 40℃，表面温度不超过 70℃，否则就说明滚动轴承内部出现毛病，应停机检查。如果继续运行，可能引起事故。对于滑动轴承的温度规定，应参阅有关泵的技术文件，处理方法与滚动轴承一样。

泵转子的不平衡、结构刚度或旋转轴的同心度误差，都会引起泵产生振动。因此在泵运转时，用测振器在轴承上检查振幅是否符合规定。

为了保证泵的正常运转，叶轮的径向跳动和端面跳动不能超过规定的数值，否则会造成转子不平衡，产生振动。

(6) 相似理论在泵中的应用

① 泵的流动相似条件　通常对叶片式泵内的流动而言，两泵流动相似应具备几何相似和运动相似，而运动相似仅要求叶轮进口速度三角形相似。

② 相似定律

ⅰ. 流量关系：

$$\frac{q'_V}{q_V} = \lambda_1^3 \frac{n'}{n} \times \frac{\eta'_V}{\eta_V} \tag{9-25}$$

ii. 扬程关系：

$$\frac{H'}{H} = \lambda_1^2 \left(\frac{n'}{n}\right)^2 \times \frac{\eta'_{hyd}}{\eta_{hyd}} \tag{9-26}$$

iii. 功率关系：

$$\frac{N'}{N} = \lambda_1^5 \left(\frac{n'}{n}\right)^3 \times \frac{\rho'\eta'_m}{\rho\eta_m} \tag{9-27}$$

式中，λ_1 为尺寸比例系数。在实际应用中，如果液体密度相同、两泵的尺寸和转速相差不大，可认为在相似工况下运行时，各种效率分别相等，即

$$\eta'_V = \eta_V, \quad \eta'_{hyd} = \eta_{hyd}, \quad \eta'_m = \eta_m$$

这样则得到简化的相似定律表达式：

$$\frac{q'_V}{q_V} = \lambda_1^3 \frac{n'}{n} \tag{9-28}$$

$$\frac{H'}{H} = \lambda_1^2 \left(\frac{n'}{n}\right)^2 \tag{9-29}$$

$$\frac{N'}{N} = \lambda_1^5 \left(\frac{n'}{n}\right)^3 \tag{9-30}$$

③ 泵性能曲线的影响因素

液体的性质 离心泵生产厂家所提供的特性曲线一般是用常温清水测定的。实际使用时，若液体性质与清水的性质相差较大，就应考虑液体性质对离心泵特性曲线的影响，并对原特性曲线进行修正。

a. 液体密度的影响。离心泵的压头、流量均与液体的密度无关，故泵的效率也不随流体的密度而改变。所以离心泵特性曲线中的 H-q_V、η-q_V 曲线保持不变。但泵的轴功率随液体的密度而改变，故 N-q_V 曲线不再适用，此时离心泵的轴功率可按式 $N_e = q_V \rho g H$ 重新计算。

b. 液体黏度的影响。若所输送液体的黏度大于常温下清水的黏度，泵体内部液体的能量损失增大，故泵的压头、流量都要减小，效率下降，而轴功率增大，泵的特性曲线也随之发生改变。当液体的运动黏度小于 $2 \times 10^{-5} \text{m}^2/\text{s}$ 时，可不进行校正。当液体运动黏度大于 $2 \times 10^{-5} \text{m}^2/\text{s}$ 时，可参考有关离心泵专著进行修正。

转速的影响 离心泵的特性曲线是在一定转速下测得的，同一台泵，若输送液体不变，当转速由 n_1 改变为 n_2 时，根据相似定律，$\lambda_1 = 1$，则在不同转速下相似工况的对应参数与转速之间的关系式为

$$\frac{q'_V}{q_V} = \frac{n'}{n} \tag{9-31}$$

$$\frac{H'}{H} = \left(\frac{n'}{n}\right)^2 \tag{9-32}$$

$$\frac{N'}{N} = \left(\frac{n'}{n}\right)^3 \tag{9-33}$$

式 (9-31)～式 (9-33) 称为比例定律。比例定律是相似定律的一种特例。它也适用于几何尺寸相同、输送液体相同的两台泵转速不同的性能换算。转速变化小于 20% 时，可认为效率不变，用上式进行计算误差不大。

叶轮直径对特性曲线的影响　转速固定的泵，仅有一条扬程-流量曲线。为了扩大其工作范围，可采用切割叶轮外径的方法，使工作范围由一条线变成一个面。若新设计的泵通过试验性能偏高，或用户使用的性能低于已有泵的性能，即可用这种切割叶轮外径的办法来解决问题。叶轮切割前后的性能参数变化关系，可近似地由以下切割定律表达式来反映：

$$\frac{q'_V}{q_V} = \frac{D'_2}{D_2} \tag{9-34}$$

$$\frac{H'}{H} = \left(\frac{D'_2}{D_2}\right)^2 \tag{9-35}$$

$$\frac{N'}{N} = \left(\frac{D'_2}{D_2}\right)^3 \tag{9-36}$$

式中，右上角打撇的参数为切割后的参数；D_2 为叶轮外径，m。

使用切割定律的切割量不能太大，经验表明，允许的最大相对切割量与比转速 n_s 有关，表 9-5 为叶轮外径允许的最大相对切割量。

表 9-5　叶轮外径允许的最大相对切割量

比转速 n_s	≤60	>60~120	>120~200	>200~300	>300~350	>350
允许切割量 $\frac{D_2-D'_2}{D_2}/\%$	20	15	11	9	7	0
效率下降/%	每车小 10，下降 1		每车小 4，下降 1		—	

注：1. 旋涡泵和轴流泵叶轮不允许切割。
2. 叶轮外径的切割一般不允许超过本表规定的数值，以免泵的效率下降过多。

④ **比转速**　相似定律表达了在相似条件下相似工况点性能参数之间的相似关系。如果在几何相似泵中能用性能参数之间的某一综合参数来判断是否为相似工况，则不必证明运动相似，即可方便地应用相似定律，为此建立了比转速的概念。

将式（9-28）的平方除以式（9-29）的三次方、然后再开四次方得

$$n'_s = n'\frac{q'_V{}^{\frac{1}{2}}}{H'^{\frac{3}{4}}} = n\frac{q_V^{\frac{1}{2}}}{H^{\frac{3}{4}}} = n_s \tag{9-37}$$

式中，n_s 定义为比转速。该式表明，相似工况的比转速相等；或者说，如果泵几何相似，则比转速相等的工况为相似工况，因为由比转速相等可推出该工况运动相似。这样比转速相等就成为几何相似泵工况相似的判据了。

由于不同工况点的比转速不同，为了便于比较，统一规定只取最佳工况点（即最高效率工况点）的比转速代表泵的比转速。在国内为使水泵的比转速与水轮机的比转速一致，并沿用过去的表达式，规定其计算式为

$$n_s = 3.65n \frac{q_V^{\frac{1}{2}}}{H^{\frac{3}{4}}} \tag{9-38}$$

式中　q_V——流量，m³/s；
　　　H——扬程，m；
　　　n——转速，r/min。

双吸泵的叶轮流量除以 2，多级泵扬程除以级数。

比转速在泵的分类、模化设计、编制系列型谱和选择使用泵等方面均有重要的作用，例

如，可以按照比转速的大小来大致划分泵的类型。由比转速的定义式（9-37）可知，比转速大，反映泵的流量大、扬程低；反之亦然。通常 $n_s<30$ 为活塞式泵。在叶轮式泵中，按比转速大小划分泵的类型如表 9-6 所示，可以看出，适应于不同比转速的叶轮形状、尺寸比例、叶片形状及其性能曲线各有所不同。

表 9-6 比转速与叶轮形状和性能曲线形状的关系

泵的类型	离心泵			混流泵	轴流泵
	低比转速	中比转速	高比转速		
比转速 n_s	$30 \leqslant n_s<80$	$80 \leqslant n_s<150$	$150 \leqslant n_s<300$	$300 \leqslant n_s<500$	$500 \leqslant n_s<1000$
叶轮形状					
尺寸比 $\dfrac{D_2}{D_0}$	≈ 3	≈ 2.3	$\approx 1.8 \sim 1.4$	$\approx 1.2 \sim 1.1$	≈ 1
叶片形状	柱形叶片	入口处扭曲，出口处柱形	扭曲叶片	扭曲叶片	轴流泵翼型
性能曲线形状					
流量-扬程曲线特点	关死扬程为设计工况的 1.1～1.3 倍，扬程随流量减少而增加，变化比较缓慢			关死扬程为设计工况的 1.5～1.8 倍，扬程随流量减少而增加，变化较快	关死扬程为设计工况的 2 倍左右，扬程随流量减少而急速上升，又急速下降
流量-功率曲线特点	关死功率较小，轴功率随流量增加而上升			流量变动时轴功率变化较小	关死点功率最大，设计工况附近变化比较小，以后轴功率随流量增大而下降
流量-效率曲线特点	比较平坦			比轴流泵平坦	急速上升后又急速下降

汽蚀比转速 c 是泵在最佳工况下的汽蚀特性参数，它表示为

$$c=\frac{5.62n\sqrt{q_V}}{\text{NPSH}_r^{3/4}} \qquad (9-39)$$

c 值作为相似准则数，相似泵的 c 值相等，相同流量下 c 值越大，NPSH_r 越小，泵的抗汽蚀性能越好。对于轴流泵，在非设计工况时的必需汽蚀余量 NPSH_r 要增大，为安全起见，$\text{NPSH}_r=\text{NPSH}_a-1$。$c$ 值一般为 800～950。

⑤ 泵的高效工作范围　考虑到泵运行的经济性，要求泵应在较高效率范围内工作。通常规定以最高效率下降 $\Delta\eta$ 为界，中国规定 $\Delta\eta=5\%\sim8\%$，一般取 $\Delta\eta=7\%$。图 9-28 中由 $ABCD$ 包围的阴影区即为泵的高效工作范围。其中，N 为最高效率点，AD 虚线 4 和 BC 虚

线 5 近似为等效率抛物线，AB 实线 1 为未切割叶轮外径 D_2 时的扬程性能曲线，CD 实线 2 为达到允许最大相对切割量 $D_{2\min}$ 时的扬程性能曲线。另外，AB 实线 1 亦可表示为转速 n_1 的扬程性能曲线，CD 实线 2 亦可表示为叶轮外径不变而转速降低为 n_2 的扬程性能曲线，故 ABCD 阴影区、亦为转速改变时的高效工作区。

⑥ 泵的系列型谱　为促进泵的生产、优选品种、扩大批量、降低成本，同时较好地满足广大用户的各种要求，有必要实现泵的系列化、通用化、标准化（三化）。而编制泵的系列型谱，是实现三化的一项重要工作。首先，按照泵的结构划分系列（例如单级离心泵系列、双吸泵系列、节段式多级泵系列等）或按照泵的用途划分系列（例如化

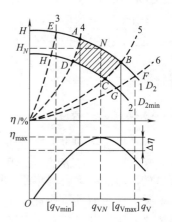

图 9-28　离心泵的高效工作范围

工流程泵系列、锅炉给水泵系列等），然后每种系列根据泵的相似原理编制型谱。其大体做法是，选择经过实验表明性能良好的几种比转速模型泵作基型，按照一定流量间隔和一定扬程间隔确定若干种与模型泵几何相似、比转速相等的泵作为泵的产品。包括这些泵变转速或切割叶轮外径的高效工作区，使其布满广阔的扬程流量图，这种图即为泵的系列型谱图。以图 9-29 作为示例，它表示了一种按照国际标准 ISO 2858 编制的清水单级离心泵系列的型谱图。图中为使高扬程大流量的间隔不至于太大，通常采用对数坐标表示。其中，斜直线为等比转速线。虽然比转速仅有几个，但与模型泵几何相似、比转速相等的泵可有几种。图 9-29 中每种产品以点标出其设计工况，以泵的进口、出口和叶轮外径尺寸标明其规格，还标出了

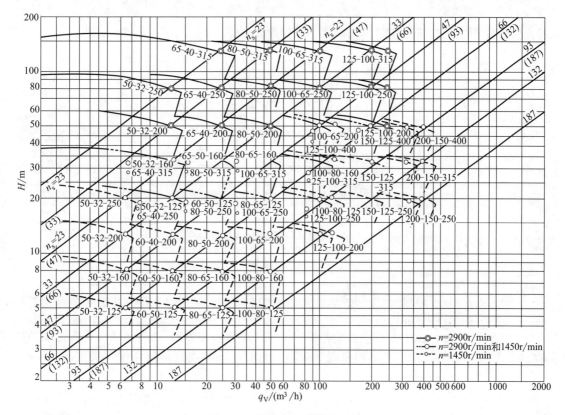

图 9-29　单级离心泵系列型谱

高效工作区。从图中可以看出，虽然泵的品种规格不多，但却能布满如此大的流量扬程范围，显然，按照这种系列型谱图组织泵的生产，供用户选型使用，是具有很多优越性的。目前国内离心泵的系列已经比较齐全，用户可以根据自己的实际条件从各类泵的系列型谱中进行合理的选择。

9.3.3 往复活塞泵

(1) 典型结构与工作原理

往复活塞泵（活塞泵）由液力端和动力端组成。液力端直接输送液体，把机械能转换成液体的压力能；动力端将原动机的能量传给液力端。

动力端由曲轴、连杆、十字头、轴承和机架等组成。液力端由液缸、活塞（或柱塞）、吸入阀和排出阀、填料函和缸盖等组成。

如图 9-30 所示，当曲柄以角速度逆时针旋转时，活塞向右移动，液缸的容积增大，压力降低，被输送的液体在压力差的作用下克服吸入管路和吸入阀等的阻力损失进入到液缸。当曲柄转过 180°以后活塞向左移动，液体被挤压，液缸内液体压力急剧增加。在这一压力作用下，吸入阀关闭而排出阀被打开，液缸内液体在压力差的作用下被排送到排出管路中去。当往复泵的曲柄以角速度 ω 不停地旋转时，往复泵就不断地吸入和排出液体。

活塞在泵缸内往复一次只有一次排液的泵，叫单缸单作用泵（图 9-30）。当活塞两面都起作用，即一面吸入、另一面排出，这时一个往复行程内完成两次吸排过程，其流量约为单作用泵的两倍，称为单缸双作用泵。还有一种是三缸单作用泵，由三个单作用泵并联在一起，都用公共的吸入管和排出管，这三台泵由同一根曲轴带动，曲柄之间夹角为 120°，曲轴旋转一周，三台泵各工作一个往复行程，所以流量约为单作用泵的三倍。当两台双作用泵（或四台单作用泵）并联工作时，就构成了四作用泵。

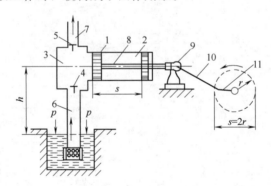

图 9-30 单缸单作用往复活塞泵工作原理示意图
1—活塞；2—活塞缸；3—工作室；4—吸入阀；5—排出阀；6—吸入管；7—排出管；
8—活塞杆；9—十字接头；10—曲柄连轩机构；11—带轮

(2) 往复活塞泵的特点及应用场合

往复活塞泵有以下特点。

① 流量只取决于泵缸几何尺寸（活塞直径 D、活塞行程 S）、曲轴转速 n，而与泵的扬程无关。所以活塞泵不能用排出阀来调节流量，它的性能曲线是一条直线。只是在高压时，由于泄漏损失，流量稍有减小。

② 只要原动机有足够的功率，填料密封有相应的密封性能，零部件有足够的强度，活塞泵就可以随着排出阀开启压力的改变产生任意高的扬程。所以同一台往复泵（活塞泵）在

不同的装置中可以产生不同的扬程。

③ 往复活塞泵在启动运行时不能像离心泵那样关闭出水阀启动,而是要开阀启动。

④ 由于排出流量脉动造成流量不均匀,有的需设法减少与控制排出流量和压力的脉动。

往复活塞泵适用于输送压力高、流量小的各种介质。当流量小于 $100\text{m}^3/\text{h}$、排出压力大于 10MPa 时,有较高的效率和良好的运行性能,亦适合输送黏性液体。

另外,计量泵也属于往复式容积泵,计量泵在结构上有柱塞式、隔膜式和波纹管式,其中柱塞式计量泵与往复活塞泵的结构基本一样,但计量泵中的曲柄回转半径往往还可调节,借以控制流量,而隔膜挠曲变形引起容积的变化,波纹管被拉伸和压缩从而改变容积,均达到输送与计量的目的。计量泵也称定量泵或比例泵。目前国内外生产的计量泵计量流量的精度一般为柱塞式 0.5%、隔膜式 ±1%,计量泵可用于计量输送易燃、易爆、腐蚀性液体、磨蚀性液体及浆料等,在化工装置中经常使用。

9.3.4 螺杆泵

(1) 典型结构

螺杆泵有单螺杆泵(如图 9-31 所示)、双螺杆泵(如图 9-32 所示)和三螺杆泵(如图 9-33 所示)。

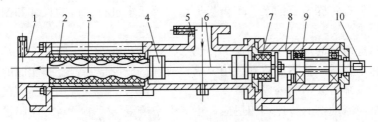

图 9-31 单螺杆泵

1—压出管;2—衬套;3—螺杆;4—万向联轴器;5—吸入管;
6—传动轴;7—轴封;8—托架;9—轴承;10—泵轴

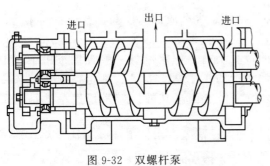

图 9-32 双螺杆泵

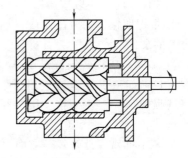

图 9-33 三螺杆泵

(2) 工作原理

单螺杆泵工作时,液体被吸入后就进入螺纹与泵壳所围的密封空间。当螺杆旋转时,密封容积在螺牙的挤压下提高其压力,并沿轴向移动。由于螺杆按等速旋转,所以液体出口流量是均匀的。

双螺杆泵是通过转向相反的两根单头螺纹的螺杆来挤压输送介质的。一根是主动的,另一根是从动的,它通过齿轮联轴器驱动。螺杆用泵壳密封,相互啮合时仅有微小的齿面间隙。由于转速不变,螺杆输送腔内的液体限定在螺纹槽内均匀地沿轴向向前移动,因而泵提供的是一种均匀的体积流量。每一根螺杆都配有左螺旋纹和右螺旋纹，从而使通过螺杆两侧吸入口的沿轴向流入的液体在旋转过程中被挤向螺杆正中，并从那里挤入排出口。由于从两侧进液，因此在泵内取得了压力平衡。

（3）特点及应用场合

螺杆泵有如下特点。

① 损失小，经济性能好。

② 压力高而均匀，流量均匀，转速高。

③ 机组结构紧凑，传动平稳，经久耐用，工作安全可靠，效率高。

螺杆泵几乎可用于任何黏度的液体，特别适用于高黏度和非牛顿流体，如原油、润滑油、柏油、泥浆、黏土、淀粉糊、果肉等。螺杆泵亦用于精密和可靠性要求高的液压传动和调节系统中，也可作为计量泵。但是它加工工艺复杂，成本高。

9.3.5 泵选型

泵的选用是根据用户的使用要求，从现有的泵系列产品中选择出一种能够满足使用要求、运行安全可靠、经济性好，又便于操作和维修保养的泵，而尽量不再进行重新设计和制造。因此，在选择泵时，应综合考虑、精心筹划、准确判断，以使所选泵的形式、规格与使用目的相一致。但有特殊要求的泵，则需根据用户的要求进行专门的设计和制造。

（1）选用原则

选用泵包括选用泵的形式及其相配的传动部件、原动机等。正确选择泵是使用这类泵的关键。如果选择不合适，就不能达到使用要求，或者造成设备、资金和能源的浪费，或者给泵的运行及所属系统带来不利的影响。

如果所选泵与原动机的转速不相适应，也会带来严重的后果。当转速超过泵的额定转速时，便可能使泵的叶轮破坏。当然，泵的选择与正常使用，还与管路系统的布置有关。因此，在选择泵时，一定要全面考虑，以便使所选的泵能满足所需要的流量和扬程，并在管路系统中处于最佳工况。

在选择泵时，一般应遵循下列原则。

① 根据所输送的流体性质（如清水、黏性液体、含杂质的流体等）选择不同用途、不同类型的泵。

② 流量、扬程必须满足工作中所需要的最大负荷。额定流量一般直接采用工作中的最大流量，如缺少最大流量值时，常取正常流量的 1.1~1.15 倍。额定扬程一般取装置所需扬程的 1.05~1.1 倍。因为裕量过大会使工作点偏离高效区，裕量过小满足不了工作要求。

③ 从节能观点选泵，一方面要尽可能选用效率高的泵，另一方面必须使泵的运行工作点长期位于高效区之内。如泵选用不当，虽然流量、扬程能满足用户的要求，但其工作点偏离高效工作区，则会造成不应有的过多的能耗，使生产成本增加。

④ 为防止发生汽蚀，要求泵的必需汽蚀余量 $NPSH_r$ 小于装置汽蚀余量 $NPSH_a$。如不合乎此要求，需设法增大 $NPSH_a$，如降低泵的安装高度等，或要求制造泵的厂家降低泵的 $NPSH_r$ 值，或双方同时采取措施以达到要求。

⑤ 按输送介质的特殊要求选泵，如介质易燃、易爆、有毒、腐蚀性强，含有气体、低温液化气、高温热油、药液等，它们有的对防泄漏的密封性有特殊要求，有的要采用冷却、消毒措施等，因此，选用的泵型各有特殊要求。

⑥ 所选择的泵应具有结构简单、易于操作与维修、体积小、重量轻、设备投资少等特点。

⑦ 当符合用户要求的泵有两种以上的规格时，应再比较效率、可靠性、价格等参数，以综合指标高者为最终选定的泵型号。

(2) 各种泵的适用范围

根据图9-34所示的各种泵的适用范围，可以明显看出，离心泵适用的压力和流量范围最广泛，因此其应用范围也是最广泛的。

(3) 选用分类

① 按性能要求选择　对于扬程变化较大的情况，适合选择扬程曲线倾斜大的混流泵或轴流泵；对于流量变化较大

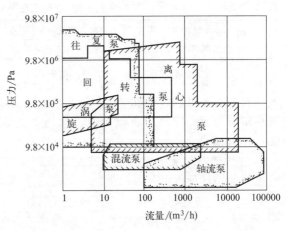

图9-34　各种泵的适用范围

的情况，宜选择扬程曲线平缓、压力变化小的离心泵；如果需要考虑吸水性能，则在相同流量和转速条件下，双吸泵较为优越。此外，选择立式泵，并将叶轮部位置于水下有助于防止汽蚀的发生。

② 按工作介质选择　根据输送的流体性质和化学性质，如黏性液体、易燃易爆流体、强腐蚀性流体、含杂质流体、高温流体以及清洁流体，选择不同类型的泵。例如对于腐蚀性较强的介质，应选择耐腐蚀泵；对于输送石油产品，应选择适用的油泵。

i. 黏性介质的输送。对于叶片式泵，随着液体黏度增大，流量和扬程会下降，但功耗会增加；对于容积式泵，随着液体黏度增大，泵的泄漏量会下降，容积效率会增加，泵的流量会增加，但总效率会下降，功耗也会增加。表9-7展示了不同类型泵的适用黏度范围。

表9-7　不同类型泵的适用黏度范围

类型		适用黏度范围/(mm²/s)	类型		适用黏度范围/(mm²/s)
叶片式泵	离心泵	<150①	容积式泵	单螺杆泵	10～560000
	旋涡泵	<37.5②		双螺杆泵	0.6～100000
容积式泵	往复泵	<850③		三螺杆泵	21～600
	计量泵	<800		齿轮泵	<2200
	旋转活塞泵	200～100000			

① 对$NPSH_r$远小于$NPSH_a$的离心泵，可用于黏度<500～650mm²/s，当黏度>650mm²/s时，离心泵的性能下降很大，一般不宜再用离心泵，但由于离心泵输液无脉动、无需安全阀且流量调节简单，因此在化工生产中也常见到离心泵用于黏度达1000mm²/s的场合。

② 旋涡泵最大黏度一般不超过115mm²/s。

③ 当黏度大于此值时，可选用特殊设计的高黏度泵，如GN型计量泵、螺杆泵。

ii. 含气液体的输送。在输送含气液体时，泵的流量、扬程和效率通常会降低，而且随着气体含量的增加，这种下降趋势会加快。随着气体含量的增加，泵容易产生噪声和振动，严重时可能导致腐蚀加剧或出现断流、断轴等故障现象。不同类型的泵对介质中允许的气体含量有所限制，具体限制请参考表9-8。

iii. 低温液化气的输送。低温液化气包括液态氮、液态氧、液态烃以及液化天然气等多种液化气体。这些介质的温度通常介于−196℃至−30℃之间。用于输送这些介质的泵被称为低温泵或深冷泵。绝大多数液化气体具有腐蚀性和危险性，因此不允许泄漏到环境中。

表 9-8 各类泵含气量的允许极限

泵类型	离心泵	旋涡泵	容积式泵
允许含气量极限（体积）/％	<5	5～20	5～20

一旦液化气体泄漏，由于其气化过程吸热性极强，会导致密封部位结冰。因此，用于输送液化气体的低温泵对轴封要求严格。目前，通常采用机械密封，其形式包括单端面机械密封、双端面机械密封和串联式机械密封。常用的低温泵材料为奥氏体不锈钢，如 06Cr19Ni10、06Cr17Ni12Mo2 等。

ⅳ. 含固体颗粒液体的输送。输送含有固体颗粒液体的泵通常被称为杂质泵。杂质泵叶轮和泵体的损坏原因可分为两类：一类是由于固体颗粒的磨蚀引起，如用于矿山、水泥厂、电厂等场所的泵；另一类是由于磨蚀性和腐蚀性共同作用引起，如用于磷复肥工业的磷酸料浆泵等。离心式杂质泵的类型繁多，应根据含固体颗粒液体的性质不同选择不同类型的泵。例如，对于瓦尔曼泵，质量浓度在 30％ 以下的低腐蚀渣浆可选用 L 型泵，而高浓度强腐蚀渣浆可选用 AH 型泵。对于高扬程的低腐蚀渣浆，可选用 HH 型或 H 型泵。当液面高度变化较大且需要在液面以下工作时，应选用 SP（SPR）型泵。

ⅴ. 不允许泄漏液体的输送。在化工、医药等行业，当输送易燃、易爆、易挥发、有毒、有腐蚀性或贵重的流体时，要求泵只能微量泄漏或不泄漏。离心泵根据是否有轴封可分为有轴封泵和无轴封泵。有轴封泵的密封形式包括填料密封和机械密封。填料密封的泄漏量通常为 3～80mL/h，而良好制造的机械密封泄漏量仅为 0.01～3mL/h。磁力驱动泵和屏蔽泵属于无轴封结构的泵，其结构上只有静密封而没有动密封，在输送液体时可以保证完全不泄漏。

ⅵ. 腐蚀性介质的输送。输送介质的腐蚀性各不相同，同一介质对不同材料的腐蚀性也不尽相同。因此，根据介质的性质和使用温度，应选择合适的金属或非金属材料，以确保泵具有良好的耐腐蚀特性和长期使用寿命。用于输送腐蚀性介质的泵可分为金属泵和非金属泵两种类型，其中非金属泵又可分为全非金属类型和金属加非金属衬里层的类型。在选择材料时，应参考经验，确保材料的力学性能和加工性能良好，制造厂家应具有加工该种材料的经验。当有多种材料可以满足耐腐蚀要求时，应选择价格相对便宜、加工性能好的材料。具体的材料选择可参考文献中关于金属泵和非金属泵常用材料性能的表格。

(4) 泵的实际选择方法

① 利用泵型谱选择　将所需要的流量 q_V 和扬程 H 画到该形式的系列型谱图上，看其交点 M 落在哪个切割工作区四边形中，即可读出该四边形内所标注的离心泵型号。如果交点 M 不是恰好落在四边形的上边线上，则选用该泵后，可应用切割叶轮直径或降低工作转速的方法改变泵的性能曲线，使其通过 M 点。这样即可从泵样本或系列性能表中查出该泵的泵性能曲线，以便换算。如果交点 M 并不落在任一个工作区的四边形中，这说明没有一台泵能满足工作要求。在这种情况下，可适当改变泵的台数或改变泵所需要的流量和扬程（如用排出阀调节）等来满足要求。

② 利用泵性能表选择　根据初步确定的泵的类型，在该类型的泵性能表中查找与所需要的流量和扬程相一致或接近的一种或几种型号泵。若有两种或两种以上都能满足基本要求，再对其进行比较，权衡利弊，最后选定一种。如果在该类型泵性能表中找不到合适的型号，则可换一种类型或暂选一种比较接近要求的型号，通过改变叶轮直径或改变转速等措施，使其满足使用要求。

(5) 泵的选用步骤

① 搜集原始数据　针对选型要求，搜集生产过程中所输送介质、流量和所需的扬程参数以及泵前、泵后设备的有关参数的原始数据。

② 泵参数的选择及计算　根据原始数据和实际需要，留出合理的裕量，合理确定运行参数，作为选择泵的计算依据。

③ 选型　按照工作要求和运行参数，采用合理的选择方法，选出均能满足使用要求的几种形式，然后进行全面的比较，最后确定一种形式。

④ 校核　形式选定后，进行有关校核计算，验证所选的泵是否满足使用要求。如所要求的工况点是否落在高效工作区，$NPSH_a$ 是否大于 $NPSH_r$ 等。

【例题 9-1】 温度为 20℃ 的清水由地面送至水塔中，如图 9-35 所示，要求流量：$q_V=88\text{m}^3/\text{h}$。已知水泵安装时地形吸水高度 $H_g=3\text{m}$，压送高度 $H_p=40\text{m}$，管路沿程损失系数 $\lambda=0.018$，吸水管长 14m，其上装有吸水底阀（带滤网）1 个，90°弯头 1 个，锥形渐缩过渡接管 1 个。另外，出水管长 78m，其上装有闸板阀 1 个、止回阀 1 个、90°弯头 6 个、锥形渐扩过渡接管 1 个。要求选用合适的水泵。

解

(1) 选定管道直径

由 $v=\dfrac{q_V}{A}=\dfrac{q_V}{\dfrac{\pi}{4}d^2}$ 得 $d=\sqrt{\dfrac{4}{\pi}\times\dfrac{q_V}{v}}$，已知 $q_V=\dfrac{88}{3600}=0.0244(\text{m}^3/\text{s})$。

一般取吸水管中流速 $v_1=1.0\text{m/s}$，则吸水管径为

$$d_1=\sqrt{\dfrac{4}{\pi}\times\dfrac{q_V}{v_1}}=\sqrt{\dfrac{4}{\pi}\times\dfrac{0.0244}{1}}=0.176(\text{m})$$

由出水管中流速 $v_2=1.8\text{m/s}$，得出水管径为

$$d_2=\sqrt{\dfrac{4}{\pi}\times\dfrac{q_V}{v_2}}=\sqrt{\dfrac{4}{\pi}\times\dfrac{0.0244}{1.8}}=0.131(\text{m})$$

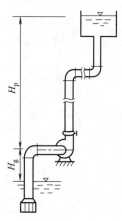

图 9-35　例题 9-1 附图

根据市场上工业用管实际情况，选定 $d_1=200\text{mm}(8\text{in})$，$d_2=150\text{mm}(6\text{in})$，从而有

$$v_1=\dfrac{4q_V}{\pi d_1^2}=\dfrac{4\times0.0244}{\pi\times0.2^2}=0.777(\text{m/s})$$

$$v_2=\dfrac{4q_V}{\pi d_2^2}=\dfrac{4\times0.0244}{\pi\times0.15^2}=1.381(\text{m/s})$$

(2) 确定水泵所需扬程

i. 吸水管水头损失。可分为沿程损失和局部损失两部分。查得局部损失系数如下。吸水底阀 $\zeta=7.5$，90°弯头 $\zeta=0.9$，锥形渐缩管 $\zeta=0.04$。吸水管水头损失为

$$\sum h_1=h_{f1}+\sum h_{\zeta1}=\lambda\dfrac{l_1}{d_1}\times\dfrac{v_1^2}{2g}+\sum\zeta\dfrac{v_1^2}{2g}$$

$$=\left[0.018\times\dfrac{14}{0.2}+(7.5+0.9+0.04)\right]\times\dfrac{0.777^2}{2\times9.81}=0.31(\text{m})$$

ii. 出水管水头损失。也分为沿程损失和局部损失两部分。查得局部损失系数如下。闸板阀 $\zeta=0.10$，止回阀 $\zeta=2.5$，锥形渐扩管 $\zeta=0.05$。出水管水头损失为

$$\sum h_2=h_{f2}+\sum h_{\zeta2}=\lambda\dfrac{l_2}{d_2}\times\dfrac{v_2^2}{2g}+\sum\zeta\dfrac{v_2^2}{2g}$$

$$=\left[0.018\times\dfrac{78}{0.15}+(0.10+2.5+0.9\times6+0.05)\right]\times\dfrac{1.381^2}{2\times9.81}=1.69(\text{m})$$

iii. 水泵所需扬程。有

$$H = (H_g + H_p) + \sum h_1 + \sum h_2$$
$$= (3+40) + 0.31 + 1.69$$
$$= 45 (m)$$

(3) 水泵选型

考虑一定的裕量，所需水泵扬程为 $1.08H = 1.08 \times 45 = 48.6(m)$，流量为 $1.13q_V = 1.13 \times 88 = 99.44 (m^3/h)$。

在单级离心泵系列型谱图上查得100-65-200，如用IS100-65-200型水泵，则最佳工况点处 $H = 50m$，$q_V = 100m^3/h$，$n = 2900r/min$，$\eta = 76\%$，$N = 17.9kW$，$N_T = 22kW$，$H_S = 6.4m$。

如用IB100-65-200型水泵，则

$H = 50m$，$q_V = 100m^3/h$，$n = 2900r/min$，$\eta = 78\%$，$N = 17.5kW$，$N_T = 22kW$，$H_{Smax} = 6.8m$，$NPSH_r = 3.6m$。

相比之下，IB泵稍佳，因为效率高2%，价格便宜。

(4) 吸程校核

用 $q_V = 100m^3/h$ 校核吸程：

$$v_1 = \frac{4q_V}{\pi d_1^2} = \frac{4 \times 100}{\pi \times 0.2^2 \times 3600} = 0.884 (m/s)$$

$$\sum h_1 = h_{f1} + \sum h_{\xi 1} = \lambda \frac{l_1}{d_1} \times \frac{v_1^2}{2g} + \sum \zeta \frac{v_1^2}{2g}$$
$$= \left[0.018 \times \frac{14}{0.2} + (7.5+0.9+0.04)\right] \times \frac{0.884^2}{2 \times 9.81} = 0.39(m)$$

$$H_S = H_g + \frac{v_1^2}{2g} + \sum h_1 = 3 + \frac{0.884^2}{2 \times 9.81} + 0.39 = 3.43(m) < H_{Smax} = 6.8m$$

故能保证水泵正常工作。

【例题9-2】 已知某化工厂所选的离心泵的性能见表9-9。

表9-9 例题9-2附表

$q_V/(m^3/h)$	H/m	$NPSH_r$
120	87	3.8
200	80	4.2
240	72	5.0

为它设计的吸入装置是储水池至泵的高度4m，吸入管径250mm，管长12m，其中有带滤网底阀1个、闸板阀1个、90°弯管3个、锥形渐缩过渡接管1个。该泵的使用流量范围在 $200 \sim 220 m^3/h$，试问该泵在使用时是否会发生汽蚀？如果发生汽蚀，建议用户对吸入装置的设计应做什么改进方可使其避免发生汽蚀？ [当地的大气压头为 $9.33mH_2O$（约91.5kPa），15℃清水的饱和蒸气压为1.7kPa。]

解

选择最大流量 $220m^3/h$ 工况进行计算，最大流量工况下的 $NPSH_a$ 最小，而 $NPSH_r$ 最大。如果该工况下不发生汽蚀，则在比它小的流量工况下工作更不会发生汽蚀。

$$v = \frac{4q_V}{\pi d^2} = \frac{4 \times 220}{3600 \times \pi \times 0.25^2} = 1.245 (\text{m/s})$$

由例题 9-1 知管路沿程阻力系数 $\lambda = 0.018$，局部阻力系数如下：带滤网底阀 $\zeta = 7.5$，闸板阀 $\zeta = 0.1$，90°弯头 $\zeta = 0.9$，锥形渐缩过渡接管 $\zeta = 0.04$。

$$\Delta H_{A-S} = \left(\lambda \frac{l}{d} + \sum \zeta\right) \frac{v^2}{2g} = \left[0.018 \times \frac{12}{0.25} + (7.5 + 0.1 + 0.9 \times 3 + 0.04)\right] \frac{1.245^2}{2 \times 9.81}$$
$$= 0.885(\text{m})$$

$$\text{NPSH}_a = \frac{p_A}{\rho g} - \frac{p_V}{\rho g} - H_g - \Delta H_{A-S} = 9.33 - \frac{1700}{9810} - 4 - 0.885 = 4.27(\text{m})$$

由已知条件线性插值知，在 $q_V = 220 \text{m}^3/\text{h}$ 工况下的 $\text{NPSH}_r = 4.6\text{m}$，则 $\text{NPSH}_a < \text{NPSH}_r$，泵在 $q_V = 220 \text{m}^3/\text{h}$ 时发生汽蚀。

建议将由储水池至泵的高度由 4m 改为 3m。则 $\text{NPSH}_a = 5.27\text{m} > \text{NPSH}_r = 4.6\text{m}$，这样泵在运行时就不会发生汽蚀了。

9.4 过程动设备管理

为了保证设备的健康，加强维护与计划性检修，依靠技术进步，进行设备的更新与改造，动设备管理要坚持专业管理与群众管理、技术管理与经济管理相结合的原则。下面就动设备管理环节中关键的润滑管理、密封管理和冷却管理重点进行介绍。

9.4.1 润滑管理

设备润滑管理是一项系统工程，贯穿于设备的整个寿命周期，与设备的安全运行和维修成本密切相关。润滑工作的实施效果会直接影响设备的维护成本。国内外许多企业设备润滑管理成功的经验证明：科学有效地开展设备润滑管理工作，能极大地降低设备的维修费用，提高设备的利用率和生产效率，为企业创造更多的效益。

润滑油是机器设备的重要组成部分。在结构复杂的设备运行过程中，润滑油的失效往往会引发很多运动零件失效，这些失效所导致的设备故障是隐性、渐进、复杂的，在这种情况下，润滑隐患往往是设备故障的主要根源之一，所以要把润滑油和设备的重要零部件同等对待。

润滑油的使用应按照"六定""二洁"和"三级过滤"管理法，并采用新技术开展工作。

(1) 润滑"六定"和"二洁"管理

① "六定" 设备润滑"六定"即定人、定点、定质、定量、定法、定时。

i. 定人。每台设备的润滑点都有固定的加、换油负责人和操作工，明确各级人员责任、建立工作流程和规范，做好检查和评价工作。

ii. 定点。设备上所有转动、滑动、移动的部位都需定点润滑、按规定注油。合理地绘制设备润滑点的分布图，让人一目了然、便于操作。

iii. 定质。定质就是要明确每一个润滑点的润滑油品，按规定的油（脂）品种、牌号注油。

iv. 定量。按规定的注油量或液位注油，太多和太少都不能实现有效润滑。

v. 定法。即对每个润滑点使用最佳的加注方法，以取得最佳的润滑效果。

vi. 定时（定期）。按规定时间加注、补油、清洗换油，对重要设备、储油量大的设备按规定时间取样化验，根据油质状况采取对策（清洗换油、循环过滤等）。

润滑"六定"管理法，要经过充分调研和讨论，形成企业的技术规范，通过试行、实践验证并逐步完善。要积极采用油液检测新技术，获得更多的润滑油的状态信息，更准确地判定合适的换油时间，可将定时换油发展为定质换油，节约效果更明显。

② "二洁" 润滑人员保持润滑现场的清洁是不能忽视的工作，其核心是：保持设备润滑部位清洁和润滑工具的清洁。主要目的就是防止润滑油被污染和变质，也叫"二洁"管理。同时，要做好废油收集工作，严禁将废油倒入或排入雨水沟系统内。

设备润滑岗位人员在润滑作业后应在交接班记录本上交接作业内容，并在润滑油添加更换记录本上认真做好设备加、换油记录，记录务必清楚准确。

(2) 润滑的"三级过滤"管理

油品在使用前必须经过"三级过滤"，所有滤网应符合有关规定。严禁润滑油不经"三级过滤"直接加入设备润滑部位。

设备润滑的"三级过滤"即转桶过滤、领用过滤、加油过滤。一般企业都设有专用润滑油库（润滑中心），润滑油进入油库应有过滤程序，从油库领用时应有过滤程序，润滑工加油时也应有过滤程序，如图9-36所示。

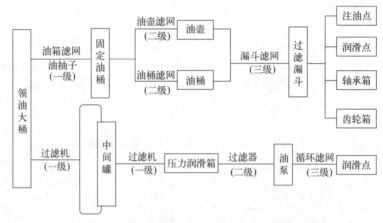

图9-36 设备润滑"三级过滤"示意图

润滑"三级过滤"滤网应符合下列规定及条件：

① 中、低黏度油品 如透平油、冷冻机油、机械油、压缩机油、车用机油以及黏度相近的其他常用油品，滤网选用范围为60～100目❶。一般情况下，一级为60目，二级为80目，三级为100目。

② 高黏度油品 如气缸油、齿轮油以及黏度相近的其他油品，滤网选用范围为40～80目。一般情况下，一级为40目，二级为60目，三级为80目。

③ 滤网使用 "三级过滤"使用的滤网不得混用，不允许将一、二、三级滤网倒装使用。

④ 滤网更新替换 当发现"三级过滤"滤网有问题需要更新时，需重新将油脂（可能影响品质的）进行三级过滤；滤网级数不全时，要用比规定级数高一级的滤网，油站内应备齐三级过滤器具。

(3) 加油（脂）标准

设备润滑应参照下列标准加油（脂）。

---

❶ 目：指每英寸（1in=2.54cm）长度滤网上的孔眼数目，100目指100个孔眼，它同时用于表示能够通过滤网的粒子粒径。

① 循环润滑　油箱油位应保持在 2/3 以上，油冷器出口油温不应超过 49℃。

② 油环带油润滑　当油环内径 $D=25\sim40$mm 时，油位高度应保持在 $D/4$；当油环内径 $D=45\sim60$mm 时，油位高度应保持在 $D/5$；当油环内径 $D=70\sim130$mm 时，油位高度应保持在 $D/6$。

③ 浸油润滑　当转速 $n\geqslant3000$r/min 时，油位在轴承下部滚珠中心以下，但不得低于滚珠下缘。当 3000r/min$>n\geqslant1500$r/min 时，油位在轴承下部滚珠中心以上，但不得浸没滚珠上缘。当 $n<1500$r/min，油位在轴承下部滚珠的上缘或浸没滚珠。

④ 减速机的润滑　当为正斜齿轮减速机时，油面应浸没大齿轮齿高的 2~3 倍。当为伞形齿轮减速机时，油面应浸没其中一个齿轮的全齿宽。当为蜗轮蜗杆减速机时，若蜗杆在蜗轮上方时，则油面应浸没蜗轮齿高的 2~3 倍；若蜗杆在轮下方或侧面时，则油位应浸没蜗杆螺纹高度。

⑤ 强制润滑　应按设备出厂说明书或实际标定后确定油位标准。

⑥ 脂润滑　当转速 $n\geqslant3000$r/min 时，加脂量为轴承箱容积 1/3；当 1500r/min$\leqslant n<3000$r/min，加脂量为轴承箱容积的 1/2。

(4) 润滑油（脂）的选择

① 润滑油黏度的选择　首先根据设备技术要求选择合理黏度及标准的润滑油。大部分设备在出厂时，指定了润滑油黏度，但一般润滑油选择遵循以下几条：

ⅰ. 负荷大小。负荷大，则选黏度大、极压性良好的油；负荷小，则选黏度小的油。

ⅱ. 运转速度。速度高，选黏度小的油；速度低，选黏度大的油。

ⅲ. 磨损程度。新设备较为精密的，选择黏度适中的油；老旧设备，需要选择黏度偏大的油。

ⅳ. 环境温度。环境温度低，选黏度和凝点（或倾点）较低的润滑油，反之可以高一些。

ⅴ. 机械温度。机械工作温度高，则选黏度较大、闪点较高、氧化安定性好的润滑油。

ⅵ. 工况条件。潮湿环境及与水接触较多的工况条件，应选抗乳化性较强、防锈性能较好的润滑油，化工企业还要根据是否带氨等情况进行选择。

② 润滑油质量选择依据　虽然正确选择了润滑油的黏度及特性，但润滑油的质量指标千差万别，控制质量也是选取润滑油的一项重要任务。除常规的黏度、倾点、闪点、酸值外，其他关键指标还有：

ⅰ. 氧化安定性。数值越大，在氧化安定性方面优势越明显，抗氧化时间越长，使用寿命越长。

ⅱ. 黏度指数。黏度指数越高，同样温度变化下，黏度变化越小，润滑保护越稳定。

ⅲ. 破乳化值。值越小，油水分离能力越强。

ⅳ. 空气释放性。空气释放性越强，油品与空气的接触比率越低，油品寿命越高，抗磨损的能力越强。

ⅴ. 泡沫性能。数值越低，越能避免油品起泡对于设备的影响以及油品的过早氧化。

(5) 常见故障判断及防范

① 几种比较常见的润滑故障

ⅰ. 润滑油变质。运转过程中，由于润滑油清洁控制不当或受到杂物、碎屑污染，导致润滑油变质，出现黏稠现象。润滑油长时间运行、温度过高也可能导致润滑油变质。

ⅱ. 油压低于低限。润滑油黏度降低，可能是由于运行条件恶劣导致的。油泵转子间隙过大、轴承与轴之间间隙过大或油系统出现泄漏等情况也可能导致油压降低。

ⅲ. 轴承温度或润滑油温度过高。传动系统中，轴承温度或润滑油温度过高可能由多种因素引起。摩擦部位的润滑不良、机械精度降低、润滑油冷却效果不佳、设备负荷过大或转速较高等因素都可能导致轴承温度或润滑油温度升高。

② 检查设备出现润滑故障的方法

ⅰ. 观察及化验。首先观察或化验分析润滑油的油质和液位是否满足机械运转的规定标准，其次观察冷却系统是否处于畅通的状态，然后查看油孔有没有出现堵塞的情况。还要观察油颜色变化，如对高压装置的氧气压缩机，发现液压油颜色变黑，说明有金属磨损，据此可判断液压缸发生磨损。若油液位低于标准，可检查是否有泄漏或损耗增大的情况。同时，要观察油温度变化，判断冷却系统是否完好或者有无摩擦增大。最后判断油压是否符合标准，过高或过低则说明润滑系统堵塞或间隙过大。

ⅱ. 听机械运转时的声音。通常情况下，机械在运转过程中，会保持一个固定的振幅。如果在运转过程中，润滑出现问题造成机械损坏，就会出现和正常振幅不同的噪声。一般情况下，经验丰富的工作人员，可以通过听取机械运转时发出的声音，来判断润滑是否出现故障。

ⅲ. 测量摩擦部位温度。通常情况下，轴承箱的安全温度应该控制在说明书规定的最高温度以下，如果超过或者达到报警值应立即停机检查。

③ 故障的防范措施

润滑剂的作用　降低摩擦力是润滑剂的主要作用，另外，润滑剂还有以下重要作用。

a. 冷却作用。在运转过程中，机件与机件的相互摩擦会产生热量，润滑油的作用就是带走摩擦产生的热量。

b. 防腐蚀功能。润滑剂能提供使接触部件完全分离的油膜，会减少机件接触及磨损的机会，避免转动部件受到腐蚀。

c. 降低磨损。润滑油中加入油性剂、耐压抗磨剂，可以有效地降低黏着磨损和表面疲劳磨损。

d. 减振作用。转动部件间产生油膜，以降低摩擦阻力，在摩擦副受到冲击载荷时具有吸收冲击能的作用。

e. 密封性作用。润滑剂对某些外露部件形成密封，防止水分或杂质的侵入。

f. 清洗作用。通过润滑油的循环可以带走油路中的杂质，再经过滤器过滤掉。

正确选取和使用润滑剂

a. 使用的润滑剂质量的好坏，对机械设备的运行有着直接的影响，所以选择润滑剂是非常重要的。如果使用的润滑剂质量比较差，机械的运行情况就达不到设计标准，同时润滑剂也起不到应有的降低摩擦和温度的效果，很容易导致设备出现运行故障，影响生产作业的工作进度。在进行润滑油的选取时，要根据不同机械工作条件的具体情况，在不影响设备安全正常运转的情况下，来选择成本最低、能耗最小的润滑油。要严格执行设备润滑的"六定"和"三级过滤"。"三级过滤"所用滤网要符合规定。

b. 合理精确加油。润滑油和润滑脂的加入量既不能多也不能少，在一些场合，量多比量少危害更大。用有机玻璃制作透明的加油枪，可以准确控制加油量，是一个节约润滑油的简便方法。

c. 再用油的过滤。有些设备采用在线过滤方式，对再用油进行过滤既可延长润滑油使用寿命，提升设备可靠运行质量，也能减少废油排放，是实现绿色润滑的一个发展方向。

采用检测分析技术，监控润滑油油质　应用油质检测分析技术分析各项指标，包括黏度、闪点、酸值、水分等，确认磨损部件状况，并根据润滑油分析结果，确定解决方案。

9.4.2　密封管理

动密封是过程动设备运转必不可少的部件，主要有填料密封和机械密封两种结构形式，其质量的好坏直接影响设备运转的效率和安全性，对保障设备运转的安全稳定起到重要的作用。

(1) 设备密封管理的基本要求
① 设备的密封件应具有良好的密封性能，能够抵抗介质压力和温度的影响。
② 设备的密封件应选择合适的材料和结构，以确保其可靠性和耐久性。
③ 设备的密封件应进行严格的安装和调试，确保其密封效果。
④ 设备的密封件应进行定期检查和维护，及时发现和排除故障。
⑤ 设备的密封件应采用节能和环保的措施，减少泄漏和能源消耗。

(2) 设备密封管理的工作流程
① 设备密封管理的工作流程包括设备选型、安装、调试、运行、维护和报废等环节。
② 设备选型应根据生产工艺的要求，选择合适的密封设备和材料。
③ 设备的安装应按照密封的要求进行，确保密封设备的安全性和可靠性。
④ 设备调试应进行密封性能测试和调整，确保密封效果。
⑤ 设备运行中应定期检查密封件工作状态，发现异常情况及时处理。
⑥ 设备维护应制订维护计划，定期对密封件进行保养和更换。
⑦ 设备报废时应进行密封件的拆卸和处置，确保环境的安全和卫生。

(3) 动密封的检验标准
① 各类往复压缩机曲轴箱盖（透平压缩机的轴瓦）允许有微渗油，但要经常擦净。
② 各类往复压缩机填料（透平压缩机的气封），使用初期不允许泄漏，到运行间隔期末允许有微漏。对有毒、易燃、易爆介质的填料状况，在距填料外盖 300mm 内取样分析，有害气体浓度不超过安全规定范围。填料函不允许漏油，而活塞杆应带有油膜。
③ 各种注油器允许有微漏现象，但要经常擦净。
④ 齿轮油泵允许有微漏现象，范围≤1 滴/2min。
⑤ 各种传动设备采用油环的轴承不允许漏油，采用注油的轴承允许有微渗，并应随时擦净。
⑥ 水泵填料允许泄漏范围初期不多于 20 滴/min，末期不多于 40 滴/min（周期小修 1 个月，中修 3 个月）。
⑦ 输送物料介质填料，不多于 15 滴/min。
⑧ 凡使用机械密封的各类泵，初期不允许有泄漏，末期不超过 5 滴/min。

9.4.3 冷却管理

动设备冷却管理可以保障设备的正常运转和延长设备的使用寿命，避免因过热而引发设备故障，规范设备的冷却操作，确保设备能够稳定地运行，同时还能达到节能环保的目的。

(1) 冷却方式的选择
① 根据设备的使用环境和技术要求，选择适当的冷却方式，包括水冷和风冷等。
② 在选择冷却方式时，尽量考虑设备制造商的建议，做到科学选型。

(2) 冷却措施的规定
① 根据设备类型及具体情况，设备必须安装相应的冷却设施。
② 定期清理设备冷却系统内部，包括水道、散热器和风道等部件，保证系统畅通。

(3) 冷却水的管理
① 为了保证冷却水的良好质量，要进行过滤和消毒处理，不得使用未经处理的工业废水等水源。
② 对冷却水每天进行定期检测，确保水质符合要求。
③ 要保证冷却水循环使用，在保证水质的前提下，减少水的浪费。

(4) 定时巡检

动设备冷却状况按时巡检是必须的，巡检质量是关键，巡检要一看、二摸、三测。看冷却水管线设备出口端的水视镜里的水是否在流动，摸冷却部位的温度是否异常，如果很烫手那说明冷却不好或者该部位已经出现问题，需要检修。注意监测进出口管线温差，简单的就是用手摸，再就是安装温度计或者测温枪等监测仪器。

思考题

9-1 何谓离心式压缩机的级？它由哪些部分组成？各部件有何作用？

9-2 离心式压缩机与活塞式压缩机相比，它有何特点？

9-3 离心泵有哪些性能参数？其中扬程是如何定义的？它的单位是什么？

9-4 简述汽蚀现象，并说明汽蚀的危害。

9-5 何谓有效汽蚀余量？何谓泵的必需汽蚀余量？并写出它们的表达式。

9-6 选用泵应遵循哪些原则？

9-7 简述泵的选型步骤。

习 题

9-1 某化工厂由储水池将清水输送至高位水槽中，要求供水量为 $100m^3/h$，储水池至泵的高度为 2.5m，泵至高位水槽的高度为 26m，吸水管长 8m，其上装有带滤网底阀 1 个、闸板阀 1 个、90°弯头 2 个、锥形渐缩过渡接管 1 个；压水管长 40m，其上装有止回阀 1 个、闸板阀 1 个、90°弯头 2 个、锥形渐扩过渡接管 1 个。要求选用恰当的水泵。

9-2 已知某化肥厂所选用的一台离心泵的性能见表 9-10。

表 9-10 习题 9-2 附表

$q_V/(m^3/h)$	H/m	$NPSH_r$
60	24	4.0
100	20	4.5
120	16.5	5.0

该厂当地的大气压头为 $10.35mH_2O$（约 0.1MPa），查得年平均 25℃ 下清水的饱和蒸气压为 $p_V=3168Pa$，泵前吸入装置是储水池至泵的高度 5m，吸入管径 250mm，管长 20m，沿程阻力系数为 $\lambda=0.02$，其中有带滤网底阀 1 个 $\zeta=8$，闸板阀 1 个 $\zeta=0.12$，90°弯管 4 个 $\zeta=0.88$，锥形渐缩过渡接管 1 个 $\zeta=0.05$。该泵的使用流量范围在 $80\sim 120m^3/h$，试问该泵在使用时是否发生汽蚀？如果发生汽蚀，建议用户对吸入装置的设计应做何改进方可使其避免发生汽蚀？

课程思政及能力训练题

查阅资料，调研国内外石油化工过程中的关键动设备，并进行对比分析，找出差距，浅谈本专业当代大学生应承担的使命和责任。

附录

附录Ⅰ 承压设备常用规范和标准

1. 《中华人民共和国特种设备安全法》
2. 《特种设备安全监察条例》
3. TSG 07—2019《特种设备生产和充装单位许可规则》
4. TSG 08—2017《特种设备使用管理规则》
5. TSG 21—2016《固定式压力容器安全技术监察规程》
6. TSG D0001—2009《压力管道安全技术监察规程——工业管道》
7. GB/T 150.1~4—2024《压力容器》
8. GB/T 4732.1~6—2024《压力容器分析设计》
9. GB/T 34019—2017《超高压容器》
10. NB/T 47003.1—2022《常压容器 第1部分：钢制焊接常压容器》
11. GB/T 38942—2020《压力管道规范 公用管道》
12. GB/T 34275—2017《压力管道规范 长输管道》
13. GB/T 20801.1~6—2020《压力管道规范 工业管道》
14. GB/T 32270—2024《压力管道规范 动力管道》
15. NB/T 47042—2014《卧式容器》
16. GB/T 151—2014《热交换器》
17. NB/T 47041—2014《塔式容器》
18. HG/T 20569—2013《机械搅拌设备》
19. HG/T 42594—2023《承压设备介质危害分类导则》
20. HG/T 20580—2020《钢制化工容器设计基础规范》
21. HG/T 20581—2020《钢制化工容器材料选用规范》
22. HG/T 20582—2020《钢制化工容器强度计算规范》
23. HG/T 20583—2020《钢制化工容器结构设计规范》

24. HG/T 20584—2020《钢制化工容器制造技术规范》
25. HG/T 20585—2020《钢制低温压力容器技术规范》
26. GB/T 25198—2023《压力容器封头》
27. NB/T 47065.1～5—2018《容器支座》
28. NB/T 11025—2022《补强圈》
29. HG/T 21514～21535—2014《钢制人孔和手孔》
30. GB/T 16749—2018《压力容器波形膨胀节》
31. HG/T 20592～20635—2009《钢制管法兰、垫片、紧固件》
32. NB/T 47020～47027—2012《压力容器法兰、垫片、紧固件》
33. HG/T 3796.1～12—2005《搅拌器》
34. NB/T 47013.1～13—2015《承压设备无损检测》
35. NB/T 47008—2017《承压设备用碳素钢和合金钢锻件》
36. NB/T 47009—2017《低温承压设备用合金钢锻件》
37. NB/T 47010—2017《承压设备用不锈钢和耐热钢锻件》
38. GB/T 713.1～6—2023《承压设备用钢板和钢带》
39. NB/T 47002.1～4—2019《压力容器用复合板》
40. GB/T 8163—2018《输送流体用无缝钢管》
41. GB/T 6479—2013《高压化肥设备用无缝钢管》
42. GB/T 9948—2013《石油裂化用无缝钢管》
43. GB/T 13296—2023《锅炉、热交换器用不锈钢无缝钢管》
44. GB/T 14976—2012《流体输送用不锈钢无缝钢管》

附录Ⅱ 承压设备用钢板国内外牌号对照表

中国现行标准	中国旧标准	美国 ASTM	日本 JIS	德国 DIN
Q245R	20R、20g	A285-C	SPV24	—
Q345R	16MnR、16Mng	A299	SPV36	19Mn6
18MnMoNbR	18MnMoNbR	A302-B	—	—
15CrMoR	15CrMog、15CrMoR	A387Gr12CL2	G4109SCMV2	13CrMo44
06Cr13Al	0Cr13Al	405	SUS405	X6CrAl13
06Cr13	0Cr13	410S	SUS4108	X6Cr13
06Cr19Ni10	0Cr18Ni9	304	SUS304	X5CrNi18-10
022Cr19Ni10	00Cr19Ni10	304L	SUS304L	X2CrNi19-11
06Cr18Ni11Ti	0Cr18Ni10Ti	321	SUS321	X6CrNiTi18-10
06Cr17Ni12Mo2	0Cr17Ni12Mo2	316	SUS316	X5CrNiMo17-12-2
022Cr17Ni12Mo2	00Cr17Ni14Mo2	316L	SUS316L	X2CrNiMo17-12-2
022Cr17Ni13Mo2N	00Cr17Ni13Mo2N	316LN	SUS316LN	X2CrNiMo17-13-3

注:ASTM——美国试验与材料协会标准;JIS——日本工业标准;DIN——德国国家标准。

附录Ⅲ 常用钢板许用应力

1. 非合金钢和合金钢钢板

牌号	钢板标准	使用状态	厚度/mm	常温强度指标下限值 R_m/MPa	常温强度指标下限值 R_{eL}/MPa	在下列温度(℃)下的许用应力/MPa ≤20	100	150	200	250	300	350	400	425	450	475	500	525	550	575	600
						非合金钢板															
Q245R	GB/T 713.2	热轧、正火	3~16	400	245	148	147	140	131	117	108	98	91	85	61	41					
		轧制、正火	>16~36	400	235	148	140	133	124	111	102	93	86	84	61	41					
			>36~60	400	225	148	133	127	119	107	98	89	82	80	61	41					
						合金钢板															
Q345R	GB/T 713.2	热轧、正火	3~16	510	345	189	189	183	170	167	153	143	125	125	93	66	43				
		轧制、正火、正火加回火	>16~36	500	325	185	185	183	170	157	143	133	125	125	93	66	43				
			>36~60	490	315	181	181	173	160	147	133	123	117	117	93	66	43				

注：空白栏表示材料不适用于此温度。

2. 高合金钢板

统一数字代号	钢板标准	厚度/mm	常温强度指标下限值 R_m/MPa	常温强度指标下限值 $R_{p0.2}$/MPa	在下列温度(℃)下的许用应力/MPa ≤20	100	150	200	250	300	350	400	450	500	525	550	575	600	625	650	675	700
S30408	GB/T 713.7	1.5~100	520	230	153	153	140	130	122	114	111	107	103	100	98	95	67	62	52	42	32	27
S32168	GB/T 713.7	1.5~100	520	205	137	137	103	96	90	85	82	79	76	74	73	71	67	62	52	42	32	27
		1.5~100	520	205	137	137	137	130	122	114	111	108	105	103	102	100	58	44	33	25	18	13
S31603		1.5~100	520	210	140	140	132	117	108	100	90	86	84									
					140	140	98	87	80	74	67	64	62				58	44	33	25	18	13

注：1. 对于奥氏体型不锈钢板，同一统一数字代号钢板第一行的许用应力仅适用于允许产生微量永久变形就会引起泄漏或故障的场合。
2. 空白栏表示材料不适用于此温度。

附录 IV 钢管许用应力

1. 非合金钢和合金钢钢管

牌号	钢管标准	使用状态	厚度/mm	常温强度指标下限值 R_m/MPa	常温强度指标下限值 R_{eL}/MPa	在下列温度（℃）下的许用应力/MPa ≤20	100	150	200	250	300	350	400	425	450	475	500	525	550	575	600
非合金钢钢管																					
10	GB/T 8163	热轧、冷拔	≤16	335	205	124	121	115	108	98	89	82	75	70	61	41					
10	GB/T 9948	正火	≤60	335	205	124	121	115	108	98	89	82	75	70	61	41					
20	GB/T 8163	热轧、冷拔	≤16	410	245	152	147	140	131	117	108	98	88	83	61	41					
20	GB/T 9948	正火	≤80	410	245	152	147	140	131	117	108	98	88	83	61	41					
合金钢钢管																					
Q345D	GB/T 6479	正火	≤16	490	345	181	181	181	181	180	167	153	143	125	93	66	43				
Q345E			>16~40	490	335	181	181	181	181	177	160	147	137	125	93	66	43				
12CrMo	GB/T 6479	正火	≤16	410	205	137	137	121	115	108	101	95	88	82	80	79	77	74	50		
12CrMo		正火加回火	>16~40	410	195	130	130	117	111	105	98	91	85	79	77	75	74	72	50		

注：空白栏表示材料不适用于此温度。

2. 高合金钢钢管

统一数字代号	钢管标准	厚度/mm	常温强度指标下限值 R_m/MPa	常温强度指标下限值 $R_{p0.2}$/MPa	在下列温度（℃）下的许用应力/MPa ≤20	100	150	200	250	300	350	400	450	500	525	550	575	600	625	650	675	700
S30408	GB/T 13296	≤40	520	205	137	137	137	130	122	114	111	107	103	100	98	95	71	67	62	52	42	32	27
S30408	GB/T 14976	≤30	520	205	137	137	137	130	122	114	111	107	103	100	98	95	71	67	62	52	42	32	27
S32168	GB/T 13296	≤40	520	205	137	114	103	96	90	85	82	79	76	74	73	71	74	58	44	33	25	18	13
S32168	GB/T 14976	≤30	520	205	137	114	103	96	90	85	82	79	76	74	73	71	74	58	44	33	25	18	13
S31603	GB/T 13296	≤40	480	175	117	117	117	108	100	95	90	86	84	78	75	74	100						
S31603	GB/T 14976	≤30	480	175	117	98	87	80	74	70	67	64	62										

注：1. 对于奥氏体型不锈钢钢管，同一统一数字代号钢板第一行的许用应力仅适用于允许产生微量永久变形的钢管。
2. 空白栏表示材料不适用于此温度。

附录 V 锻件许用应力

1. 非合金钢和合金钢锻件

牌号	锻件标准	使用状态	公称厚度/mm	常温强度指标下限值 R_m/MPa	常温强度指标下限值 R_{eL}/MPa	在下列温度(℃)下的许用应力/MPa ≤20	100	150	200	250	300	350	400	425	450	475	500	525	550	575	600	其他
						非合金钢锻件																
20	NB/T 47008	正火,正火加回火	≤100	410	235	152	140	133	124	111	102	93	86	83	61	41						
35	NB/T 47008		≤100	510	265	177	157	150	137	124	115	105	98	85	61	41						△
			>100~300	490	245	163	150	143	133	121	111	101	95	85	61	41						
						合金钢锻件																
16Mn	NB/T 47008	正火,正火加回火,调质	≤100	480	305	178	178	167	150	137	123	117	110	93	66	43						
20MnMo	NB/T 47008	调质	≤300	530	370	196	196	196	196	196	190	183	173	167	131	84	49					
			>300~500	510	350	189	189	189	189	187	180	173	163	157	131	84	49					
			>500~850	490	330	181	181	181	181	180	173	167	157	150	131	84	49					
16MnD	NB/T 47009	调质	≤100	480	305	178	178	167	150	137	123	117										

注：1. "△" 代表该类钢锻件不用于焊接结构。
2. 空白栏表示材料不适用于此温度。

2. 高合金钢锻件

统一数字代号	钢锻件标准	公称厚度/mm	常温强度指标下限值 R_m/MPa	常温强度指标下限值 $R_{p0.2}$/MPa	在下列温度（℃）下的许用应力/MPa ≤20	100	150	200	250	300	350	400	450	500	525	550	575	600	625	650	675	700
S30408	NB/T 47010	≤150	520	220	147	147	140	130	122	114	111	107	103	100	98	95	67	62	52	42	32	27
	NB/T 47010	>150~300	500	220	147	114	103	96	90	85	82	79	76	74	73	71	67	62	52	42	32	27
S32169	NB/T 47010	≤150	520	205	137	137	137	137	135	128	122	119	115	113	112	111	78	59	46	37	29	23
S31603	NB/T 47010	≤150	480	210	137	123	114	107	100	95	91	88	85	84	83	82	78	59	46	37	29	23
	NB/T 47010	>150~300	460	210	140	132	117	108	100	95	90	86	84									
					140	98	87	80	74	70	67	64	62									

注：1. 对于奥氏体型不锈钢锻件，同一统一数字代号锻件第一行的许用应力仅适用于允许产生微量永久变形的元件，不适用于法兰、平盖或其他有微量永久变形就引起泄漏或故障的场合。
2. 空白栏表示材料不适用于此温度。

参考文献

[1] 喻九阳，徐建民，郑小涛. 压力容器与过程设备. 2版. 北京：化学工业出版社，2022.
[2] 李云，姜培正. 过程流体机械. 2版. 北京：化学工业出版社，2020.
[3] 汤善甫，朱思明. 化工设备机械基础. 3版. 上海：华东理工大学出版社，2015.
[4] 潘永亮，吉华. 化工设备机械基础. 3版. 北京：科学出版社，2014.
[5] 郑津洋，桑芝富. 过程设备设计. 5版. 北京：化学工业出版社，2021.
[6] 余国琮. 化工容器及设备. 北京：化学工业出版社，1980.
[7] 岳进才. 压力管道技术. 2版. 北京：中国石化出版社，2006.
[8] 宋岢岢. 压力管道设计及工程实例. 3版. 北京：化学工业出版社，2022.
[9] 朱孝钦. 过程装备基础. 3版. 北京：化学工业出版社，2017.
[10] 华中科技大学理论力学教研室. 理论力学. 2版. 武汉：华中科技大学出版社，2018.
[11] 哈尔滨工业大学理论力学教研室. 理论力学. 9版. 北京：高等教育出版社，2023.
[12] 唐国兴，王永廉. 理论力学. 2版. 北京：机械工业出版社，2011.
[13] 单辉祖. 材料力学Ⅰ. 4版. 北京：高等教育出版社，2016.
[14] 刘鸿文. 材料力学Ⅰ. 6版. 北京：高等教育出版社，2017.
[15] 马志敏，黄忠文. 材料力学. 北京：化学工业出版社，2021.
[16] 王永廉. 材料力学. 2版. 北京：机械工业出版社，2011.